Claudius Mydorgius author huius examinis scripsit de sectionibus conicis. Parisiis 1632.

l'ouvrage de van Etten,
à Pont à Mousson, en 1626

in-12.

EXAMEN
DV LIVRE DES RECREATIONS MATHEMATIQVES:
ET DE SES PROBLEMES en Geometrie, Mechanique, Optique, & Catoptrique (par Van Etten)

Ou sont aussi discutées & restablies plusieurs experiences Physiques y proposees.

Par CLAVDE MYDORGE *Escuyer Sieur de la Maillarde, Conseiller du Roy, & Tresorier general de France en Picardie.*

A PARIS,
Chez ANTHOINE ROBINOT, au quatriéme pillier de la grand' Salle du Palais.

M. DC. XXX.

Auec Priuilege du Roy.

LE LIBRAIRE AV LECTEVR.

IL y a quelques années que ces Recreations Mathematiques ont esté données au public auec quelques legeres notes tirées des premieres & particulieres remarques de l'autheur de cet Examen, au moyen d'vn broüillon qu'il en auoit communiqué à quelqu'vn de ses amis : Et comme ce n'auoit point esté son intention que telles notes fussent publiées, aussi n'ont elles pas passé soubs son nom. Mais comme par apres il fut aduerty que contre son dessein il en estoit recogneu l'autheur, n'ayant peu comme il eust desiré en supprimer l'impression, en laquelle il a trouué son trauail si mal receu, & pour la plus part tellement estroppié qu'à peine il l'a peu recognoistre sien, bien qu'il peut facilement desadvoüer en public ce qu'il n'auoit faict que pour son particulier contentement : Il se resolut neantmoins, ou plustost il se laissa persuader par quelques siens amis de reuoir ce liure tout de nouueau, & à dessein, afin de faire etouffer par vne seconde presse ce premier fruict informe. Et comme il poursuiuoit son entreprise, il luy suruint vn subject de retardement, ce fut vne nouuelle impression de ces Recreations portãt en teste promesse d'y expliquer toutes les choses obscures & difficiles : dans laquelle d'abord sur le premier Probleme il trouua son premier trauail acuisé, quoy qu'a tort & sans raison, d'obmission & inaduertance, comme s'il eut manqué à son entreprise, ou qu'il n'eust assez entrepris augré & à la fantasie de ce prompt & leger accusateur. Quoy qu'il en soit, ce luy fut vne esperance que par la lecture de ce liure il trouueroit nouueau subiect d'arester & supprimer son dessein : Mais y ayant rencontré entre quelques transcriptions d'ailleurs, qu'il estima pouuoir passer pour vtiles, tout plein de propres notes inutiles, & la plus part nuisibles, (comme entre autres, celle en laquelle on publie vne faulse quadrature du cercle dont on promet ailleurs la demonstration) il iugea que l'aucteur de cette nouuelle impression n'en estoit pas grandement considerable, & que cet ouurage procedoit plustost d'vn dessein de se profiter en particulier, que pour se rendre vtile au public. C'est ce qui meut & encouragea deslors nostre aucteur de poursuiure son entreprise, & d'examiner les propositions de ce liure, principalement, & ce suiuant son premier dessein, celles qui concernent les experiences physiques, & les positions geometriques y contenues, dont il en a rencontré plusieurs heurter la verité, & d'autres ou mal entenduës, ou mal deduictes. En la discussion desquelles il a laissé libre à vn chacun d'en iuger pour en establir les vrayes causes, & s'est contenté d'en faciliter la recherche en reduisant les choses soubs la verité des apparences. Mais comme ce sien trauail fut pres à ietter soubs la presse, & que pour cet effect il en eust voulu gratifier (comme de plusieurs autres au precedent) defunct Maistre Jean Moreau Libraire, auquel il portoit vne particuliere amitié, le deceds suruenu dudict Moreau fut cause qu'il en retira sa minute, la quelle, par diuertissement & occupation sur autres nouueaux subiects, il a negligé iusques à present, que par vne longue priere & importunité nostre curiosité en fin l'à obtenuë pour luy faire veoir le iour. Que si ces particulieres remarques que l'aucteur ne desaduoüera point peuuent, auec ce dont il a cy-deuant gratifié ledit deffunct Moreau, meriter quelque fauorable accueil parmy les curieux: ce luy sera sans doubte vne obligation de les entretenir cy-apres de quelque chose plus à leur goust. A quoy si mon entremise peut estre en quelque sorte vtile, ie ne manqueray & d'affection, & de diligence.

ROLET BOVTONNÉ

L'AVCTEVR DV LIVRE DES RECREATIONS AV LECTEVR.

Cinq ou six choses me semblent dignes d'aduis, auant de passer outre.

Premierement, que ie n'enfonce pas trop auant dans la demonstration speculatiue de ces Problemes, me contentant de la monstrer au doigt. Ce que ie faicts à dessein, par ce que les Mathematiciens la comprendront facilement: & les autres, pour la plus part se contenteront de la seule experience, sans chercher la raison.

Secondement, que pour donner plus de grace à la practique de ces ieux, il faut couurir & cacher le plus qu'on peut la subtilité de l'artifice. Car ce qui rauit l'esprit des hommes, c'est vn effect admirable, dont la cause est incogneuë: autrement, si on descouure la finesse, la moitié du plaisir se perd, & on l'appelle meritoirement cousuë de fil blanc; voire on s'en donne garde, comme font les oiseaux du filet, & les poissons de l'hameçon descouuert. Toute la gentillesse consiste à proposer dextrement son fait, desguiser l'artifice, & changer souuent de ruses pour faire valoir ses pieces.

En troisiéme lieu, il faut bien prendre garde qu'on ne se trompe soy-mesme, en voulant, par maniere de dire, artistement tromper les autres: par ce qu'en ce faisant on rendroit le mestier contemptible aux personnes ignorantes, qui reiettent la faute plustost sur la science, que sur celuy qui s'en veut seruir. Que si par accident il arriue quelque faute, nommément de la part de ceux auec lesquels on practique semblables ieux, il la faut descouurir, & monstrer que le manquement ne vient pas des Mathematiciens, ains de quelque autre cause accidentelle.

En quatriéme lieu, quelques escriuains d'Arithmetique nous ont laissé des Problemes facetieux, semblables à ceux dont i'ay faict le recueil, comme Gemma Frisius, Forcadel, Ville-franche, & Gaspard Bachet plus que nul autre, mais ils se sont contentez de ceux qui se font par les nombres seuls, ie m'estends plus au large par toutes les parties de Mathematique, & adiouste mesme quelque chose de nouueau pour les nombres.

5. Quoy que le nombre de ces Problemes ne soit pas excessif, i'ay trouué bon d'en faire vn recueil par forme d'indice, afin qu'on voye tout à l'ouuerture du liure ce qu'il contient, & qu'vn chacun puisse choisir ce qui est plus à son goust. Tout n'y est pas de mesme estoffe, ny de pareille subtilité: mais quiconque aura tant soit peu de patience, trouuera que la fin & le milieu du liure valent encore mieux que le commencement.

RECVEIL DES PRINCIPALES FACECIES MATHEMATIQVES CONTENVES EN CE LIVRET, selon le nombre des Problemes.

En faict d'Arithmetique

Diuerses façons de deuiner fort plaisantes, partie par les nombres seuls, partie auec des gettons, des dames, des cartes, des dez, ou autres semblables corps, marquez d'vn certain nombre de poincts. Probleme 1. 8. 16. 21. 24. 25. 29. 30. 31. 35. 36. 37. 42. 43. 57. 62. 63. 64. 68.

Des proportions du corps humain : des statues Colossales : & des Geants monstrueux. Probleme 77.

Plusieurs questions gaillardes en matiere d'Arithmetique. Du nombre des grains de sable. Que deux hommes ont necessairement autant de cheueux, & de pistoles, l'vn que l'autre.

De l'Inuention d'Archimede touchant le meslange d'or & d'argent en la couronne. Le moyen de partager à trois hommes 21. tonneaux, 7 pleins, 7 vuides, 7 a demy pleins, en

En matiere de Geometrie.

QVestion gaillarde, S'il est plus difficile de faire vn cercle sans compas, que d'en trouuer le centre. Probleme 61.

Du ieu de quilles. 72. Ieu de paume. de Billart. de Truc, &c. 78

Auec mesme ouuerture du compas, descrire des cercles inegaux. 34.

Ioly tour de passe passe, faisant passer vn mesme corps dur & inflexible, par vn trou circulaire, quadrangulaire, & ouale, a condition qu'il les emplisse en passant. 22. 23.

Descrire vn cercle par 3. poincts donnez, tels qu'on voudra, pourueu qu'ils ne soient pas tous trois en ligne droicte. 32.

Changer vn cercle en vn parfaict quarré, sans rien adiouster ou diminuer. 33.

Descrire vne ouale tout d'vn coup, auec le compas vulgaire. 59. Question ridicule. Quand vne boule ne peut passer par vn trou, est-ce la faute du trou, ou de la boule. 66.

Procez facetieux entre Caius & Sempronius, sur le faict des figures qu'on appelle Isoperimetres, ou d'egal circuit. 90.

Touchant les Mechaniques.

DIre combien pese vn coup de poing, de marteau, de hache, &c. Probleme 3. Peser la fumée qui sort de quelque corps. 13.

Deux coffres tout semblables à l'exterieur

En matiere d'Optique ou perspectiue.

En la Musique.

En matiere de Cosmographie.

De quelques Horologes bien gaillards, auec le nez, auec les herbes, auec la main; auec les miroirs, auec l'eau. 85.

Comme l'on peut faire vn pont de pierre à l'entour du centre de la terre, qui se soustiendra sans arcades, 47.

Comme toute l'eau du monde pourroit enuironner l'air ou le Ciel liquide, sans tomber. 48. Comme tous les Elements pourroient naturellement demeurer renuersez, le feu au centre, la terre en haut, &c. 49. Comme vn homme peut auoir tout ensemble les pieds en haut, & la teste en haut 26. Comme deux hommes peuuent monter par vne mesme eschelle, tendants neantmoins à des parties contraires. 27. Comme il se peut faire qu'vn homme n'ayant qu'vne verge de terre, se vante à bon droict de pouuoir marcher en droicte ligne par son heritage l'espace de mille sept cens lieuës 28. où est le milieu du monde?

Quelle & combien grande est la profondeur de la terre, la hauteur des Cieux, & la rondeur du monde?

Si le Ciel ou les Astres tomboient, qu'en arriueroit-il?

Comment se peut-il faire que de deux Gemeaux qui naissent en mesme temps, & meurent puis apres ensemble, l'vn ait vescu plus de iours que l'autre. 91.

Extraict du Priuilege du Roy.

LE Roy par ses Lettres patentes, en datte du 18. Feburier 1630. à permis au Sieur Mydorge Conseiller &c. de faire imprimer par tel Libraire & Imprimeurs qu'il aduisera bon estre, vn liure par luy fait intitulé *Examen du liure des Recreations Mathematiques*, auec deffẽces à tous Libraires, Imprimeurs, & autres, d'imprimer ny faire imprimer ledit liure, vendre ny distribuer, ny alterer aucune chose d'iceluy: mesmes aux Estrangers d'en apporter ny vendre en quelque sorte & maniere que ce soit, pendant le tẽps & espace de neuf ans, à cõmencer du iour que ledit liure sera acheué d'imprimer, à peine de confiscation des exemplaires & de trois mil liures d'amende, & tous despens dommages & interests. & que mettant vn extraict des presentes à la fin ou au cõmencement dudit liure, elles soiẽt tenuës pour deuẽmẽt signifiées, à la charge d'en mettre deux exemplaires en nôtre Bibliotecque: ainsi qu'il est porté plus amplement ausdites patentes, données les iour & an que dessus., & signées.

Par le Roy en son Conseil,

RENOVARD.

Ledit Sieur Mydorge a choisi & eleu Rolet Boutonné & Anthoine Robinot Marchands Libraires en l'Uniuersité de Paris, pour imprimer ou faire imprimer ledit liure d'Examen des Recreations Mathematiques, & leurs a concedé la iouyssance dudit priuilege cy-dessus mentionné, pendant le temps porté par iceluy.

Acheué d'imprimer le 27. Mars 1630.

EXAMEN DV LIVRE DES RECREATIONS MATHEMATIQVES.

PROBLEME I.

Deuiner le nombre que quelqu'vn auroit pensé.

FAITES luy tripler le nombre qu'il aura pensé, & prendre la moitié du produit, au cas qu'il se puisse diuiser en deux parties égales sans fraction; que s'il ne peut estre ainsi diuisé; faictes qu'il adjouste vne vnité, & qu'ayant pris ceste moitié il la triple. Puis demandez combien de fois 9. en ce dernier triple, & pour chasque 9. prenez autant de deux, vous aurez le nombre pensé y adjoustant 1. si d'auenture la diuision ne s'est peu faire: que si au dernier triple il ne se trouue pas vne fois seulement 9. il n'aura pensé qu'vn

Nombre pensé. Triplé. Diuisé. Triplé.
4. 12. 6. 18.

Or est il que 18. contient deux fois 9. prenant donc pour chasque fois 9. chasque fois 2. il aura pensé 4.

Il y en a qui passent outre, & font encore diuiser par moitié le dernier triple, y adjoustant 1. s'il est besoin. Puis demandant combien de fois 9. en cette derniere moitié, ils prennent autant de fois quatre pour le nombre pensé, y adjoustant 1. si la premiere diuision ne s'est peu faire sans adionction de l'vnité, 2. si la seconde seulement 3. si la premiere & la seconde diuision, ne s'est peu faire. Que si 9. n'estoit pas vne fois contenu en la derniere moitié, & qu'on n'ayt peu faire la premiere diuision, l'on aura pensé 1. si la seconde seulement, on aura pensé 2. si l'on n'a peu faire ny l'vne ny l'autre, on aura pensé 3.

Autrement.

Dictes-luy qu'il double le nombre pensé, qu'il adjouste 4. à ce double, & qu'il multiplie toute la somme par 5. Puis apres faictes qu'il adjouste 12. à ce dernier produict, & qu'il multiplie le tout par 10. Ce qui se fera aysément, mettant vn zero au bout des autres chiffres. Pour lors demandez la somme totale de ce dernier produit, & soustrayez en 320. il aura pensé autant de fois vn, qu'il restera de fois cent.

Nombre pensé 7. Doublé 14. adjoustant 4. viennent 8. multiplié par 5. viennent 90. adjouſtant 12. viennent 102. multiplié par 10. viennent 1020. eſtant oſté 320. reſte 700. dont le nombre penſé eſt 7.

Encore autrement.

Dictes qu'il double le nombre penſé, & qu'il adjouſte au double 6. 8. ou 10. & tel nombre que vous voudrez, dictes qu'il prenne la moitié de la ſomme & qu'il la multiplie par 4. puis demandez la ſomme du dernier produict, & ſouſtrayez-en le double du nombre que vous luy aurez fait adiouſter, reſtera le quadruple du nombre penſé.

Aduertiſſement.

En matiere de nombres, afin qu'il ne ſemble pas qu'on nous deſcouure choſe quelconque, il eſt expedient de les colliger dextrement & taſcher à les ſçauoir par induſtrie, faiſant faire des ſubſtractions, multiplications, diuiſions, en demandant touſiours combien de fois 9. ou qu'eſt-ce qui vous reſte; mais combien de fois 10. combien de fois 100. ou bien diſant oſtez 10, du nombre qui vous reſte, oſtez en 8. &c. venant iuſques à l'vnité, où à tel nombre qu'il eſt neceſſaire de cognoiſtre, pour deuiner celuy qu'on a penſé.

Quant aux demonſtrations des faceties qui ſe font par les nombres, elles dependent principalement du ſecond 7. 8. & 9. liures d'Euclide & Gaſpard Bachet les a deſduites fort ſolidement.

Le Lecteur ſera aduerty ſur ce premier Probleme qu'il ne ſe doibt promettre dans cette impreſſion aucune note ou examen sur aucun Probleme qui concerne les nombres; l'examen en sera aisé à quiconque sçachant tant soit peu d'Arithmetique, s'en voudra donner la patience, le manque si aucun y a luy sera facile a descouurir & à restablir: mais pour la speculation des choses Physiques ou Geometriques proposées en la plus part des Problemes de ce liure, c'est à quoy nous nous sommes particulierement arrestez, & ce que nous nous sommes seulement proposez d'examiner. C'est pourquoy ce ie ne sçay quel nouueau Censeur qui s'est meslé de mettre le nez dans ce liure, & d'y corriger à sa fantasie, a eu tort dans vne sienne note sur ce premier Probleme d'Arithmetique de nous y accuser d'inaduertance & d'obmission. Comme si qui entrant dans vn jardin, & faisant rencontre de plusieurs plantes couchées par terre, en releueroit en passant quelques vnes, & negligeroit de donner pareil secours aux autres seroit blasmable de mègarde & d'obmission Or tel auoit esté nostre dessein à la premiere veuë de ce ramas de Problemes, & auions seulement examiné quelques experiences physiques, ausquelles pour nostre particulier contentement, nous auions ce nous sembloit lors apporté quelque sorte de secours: mais pour les Problemes que nous y rencontrasmes tomber soubs la subtilité des nombres, nous en auions mesmes negligé la lecture, & comme par importunité nos particulieres remarques ou plustost fantasies ont esté communiquées à quelques vns de nos amis, & de là iettées à nostre desçeu soubs la presse, encores voyons nous que le Libraire a eu plus de discretion que ce re-

gratiier de liures & escripts d'autruy, en ce que d'abord il a donné aduis de nostre dessein & faict cognoistre qu'il estoit seul l'aucteur de cette impression, laquelle outre que nos brouillons ny estoient pas disposez & preparez, a encores esté si malheureusement conduite qu'à peine y auons nous peu entendre ce qui estoit du nostre, tant nous l'auons trouué estroppié & balaffré de fautes, beaucoup plus lourdes & importantes que celles que ce Docteur remarque pour telles sur ce Probleme, que le moindre correcteur d'imprimerie auroit esté capable de restablir s'il l'eust entrepris. Aussi n'y a-il que telles fautes d'impression a restablir sur tels Problemes, dont la demonstration en a ja esté publiée ailleurs par un personnage sur lequel il ne faut rien entreprendre, comme a fait cét escumeur ordinaire des escripts & du trauail d'autruy. Lequel si lesdites demonstrations luy eussent manqué, comme aussi les escripts d'vn personne assez cogneuë pour son sçauoir, dont il cite souuent & le nom & les passages tous entiers, nous croyons qu'il seroit demeuré aussi muet sur ces curiositez que en plusieurs autres rencontres, quand il ne trouue rien d'ailleurs à propos, ou plustost selon son goust & sa portee, pour y reciter ou transcrire.

D.A.L.G.

PROBLEME. II.

Representer en vne chambre close tout ce qui se passe par dehors.

C'Est icy l'vne des plus belles experiences d'Optique, & se fait en cette maniere. Choisissez vne chambre qui regarde sur quelque place, ou ruë frequentee, sur quelque beau bastimẽt, ou parterre florissant, pour auoir plus de plaisir;

Fermez la porte, & les fenestres, bouchez toutes les aduenuës à la lumiere, fors vn petit trou qu'il faut laisser à dessein, cela fait, toutes les images, ou especes des objects exterieurs entreront à la foule par ce trou, & vous aurez du contentement à les voir, non seulement sur la paroy, mais beaucoup plus sur quelque feüille de papier blanc, ou sur vn linge que vous ferez tenir à deux, ou trois pres dudit trou : & encore bien plus, si vous appliquez au trou vn verre conuexe: c'est à dire vn peu plus espois au milieu qu'au bord, tels que les miroirs ardens, & les verres de lunettes dont se seruent les vieillards. Car pour lors les figures qui paroissent comme noires ou auec des couleurs mortes sur le papier, paroistront aysément auec les couleurs naturelles, voire plus viues que le naturel, & d'autant plus agreables, que le Soleil éclairera mieux ces objects, sans esclairer du costé de la chambre.

PROBLEME II.

EXAMEN.

Les termes dont le compilateur de ces Recreations Mathematiques a vsé sur ce subiect d'Optique, nous font croire d'abord qu'il n'estoit pas grand Mathematicien, estant une impertinence de s'ymaginer que les especes des objects passent à la foule, & comme contraintes, par le trou d'une fenestre pour prendre place à l'enuy l'une de l'autre sur une paroy, carte, ou feüille de papier opposés; car comme ainsi soit que chaque object, ou de soy lumineux, ou illuminé d'ailleurs & terminant en soy la lumiere, mesme chaque poinct imaginable en tel object rayonne de soy en Sphere entiere, ou reflechit du moins en Hemisphere dans un medium libre, si tel rayonnement ou reflexion n'est préocupée par aucun autre object interposé, ains passe & paruient libre jusques à la fenestre, nous disons qu'en chacun espace en toute la fenestre, égal au trou dont est question, & en tout autre espace égal imaginable dans le mesme medium libre & nonpreocupé en equidistance de celuy auquel la fenestre est situee, il y a, & se trouuera si l'on en fait espreuue, autant d'especes ou plustost autant de rayons directs ou reflechis que dans l'espace du mesme trou: mais comme ce Compilateur n'a pas eu bonne cognoissance de la nature particuliere de ce noble subject un peu trop releué pour luy, l'apparence luy a faict imaginer que l'admission des especes ou rayons plustost par un seul trou que par toute la fenestre alloit à l'effect d'en ramasser & resserrer plus grande quantité, ce qui est bien esloigné de la nature de la chose & de la verité.

Or comme il y a deux choses principales à considerer en ce noble effect, sçauoir l'illumination & la distinction en l'apparence des objects, quiconque sçaura ou s'estudiera à rechercher la raison pourquoy plus le trou est petit & plus l'apparence distincte & est mieux formée, quoy que plus obscure, il trouuera dequoy se mettre l'esprit en repos sur ce subject. D. A. L. G.

Sur tout il y a du plaisir à voir le mouuement des oyseaux, des hommes, ou autres animaux, & le tremblement des plantes agitées du vent : car quoy que tout cela se face à figure renuersée, neãtmoins cette belle peinture, outre ce qu'elle est racourcie en perspectiue, represente naïsuement bien ce que iamais peintre n'a peu figurer en son tableau, à sçauoir le mouuement continué de place en place.

Mais pourquoy est-ce que les figures paroissent ainsi renuersées? Parce que leurs rayons s'entrecoupent aupres du trou, & les lignes qui partent du bas montent en haut; celles qui viennent d'enhaut, descendent en bas. Là où il faut remarquer, qu'on les peut representer droittes en deux manieres, 1. auec vn miroir caue, 2. auec vn autre verre conuexe, disposé dans la chambre, entre le trou & le papier, comme l'experience, & la figure vous enseigneront mieux qu'vn plus long discours.

I'adiousteray seulement en passant, pour ceux qui se meslent de peinture, ou pourtraicture, que cette experience leur pourroit bien seruir à faire des tableaux racourcis de païsages, de cartes topographiques, &c. Et pour les Philosophes, que c'est icy vn beau secret pour expliquer l'organe de la veuë : Car le creux de l'œil est comme la chambre close, le trou de la prunelle respond au trou de la chambre, l'humeur cristaline à l'entille du verre, & le fond de l'œil à la paroy, ou feüille de papier.

EXAMEN.

CETTE methode & pratique de racourcir des tableaux de peinture & pourtraicture est bien assez prompte & plaisante ; mais non pas des plus exactes, & plus elle donne d'admiration, moins est elle iuste & reglée, comme quand on se sert d'vne lentille de verre conuexe : car les images des objects exterieurs se figureront & formeront sur le papier, carte, ou paroy, tout ainsi que l'œil les verroit au trauers de quelque lentille concaue, esquels cas outre la diminution en l'apparence, il s'y rencontre tousiours necessairement vne grande disproportion entre les parties ; differente neantmoins selon le plus ou moins de conuexité ou concauité desdites lentilles: en sorte que les parties de l'apparence ou de l'image, qui auoisinent l'axe, c'est à dire le rayon ou l'espece, comme parle le vulgaire, passant selon l'axe, ou par le poinct milieu de la lẽtille, sont plus naïfuement representées & mieux proportionnées entre elles que les plus éloignées.

Mais pour operer iustement, & selon la raison de la perspectiue, en sorte que toutes les parties de l'apparence ou de l'image soient proportionnées entre elles, & toute l'apparence à l'object, à raison de l'éloignement du trou (selon la section du cone imaginaire, dont la poincte seroit au trou de la fenestre, & la base en l'equidistance des objects,) le plus seur sera de se contenter d'vn seul pertuis fort petit, comme de la grosseur d'vne espingle, mais percé sur quelque matiere qui n'ayant que fort peu d'espoisseur, face neantmoins vne forte & entiere resistance à la penetration de la lumiere (comme seroit vne petite platine de fer ou letton attachée pour boucher quelque trou assez spatieux en vne fenestre en laquelle platine on auroit percé vn petit trou auec vne éguille) & prendre le temps quand le soleil & la fenestre seront d'vn mesme costé à l'égard des objects opposez que l'on voudra representer; car en cét estat les rayons passans droit par ledit pertuis depuis lesdits objects iusques au plan opposé, & faisans deux cones semblables, l'imaginaire lineation & representation desdits objects estant suiuie auec vne plume, crayon ou pinceau par vne main artiste & subtile, peut donner vne iuste & parfaicte perspectiue.

Il est bien vray, qu'en telle maniere l'apparence represente les objects renuersez à celuy qui ayant le dos tourné à la fenestre ou au trou d'icelle, voudroit les suiure & tracer auec vn crayon ou pinceau, mais la chose n'est pas de grande importance, car il ne gist apres qu'à renuerser la carte ou papier pour redresser le tout. Que si l'on veut auoir le contentement de voir vne representation droicte des objects, il se pourra faire par plusieurs manieres, dont l'aucteur n'en touche que deux, & encores bien legerement. Auec vn simple trou nuëment & sans autre ayde, il n'y a qu'vne seule voye: selon laquelle le spectateur estant couché sur vn plan au dessus du trou & du papier, regarde la presentation au dessous, car en cette maniere le tout luy sera representé droict & en l'estat naturel des objects. Auec vn seul verre, si le trou est fort petit, ce redressemẽt se pourra effectuer sur le papier, pourueu que le verre soit estably en une deuë distance entre le trou & la carte ou papier, mais si le trou est tant soit peu spatieux, un seul verre ne rendra que cõfusion. Que si le trou est ja garny d'une lentille, il en sera besoin d'une seconde, establie aussi en deuë & proportionnee distance entre la premiere & le papier, selon les differences des lentilles entre-elles.

Le mesme effect se fera encores d'une autre maniere mais plus simple, un miroir concaue opposé au trou en distance conuenable: car si l'on oppose à la fenestre une carte, papier, ou linge blanc, en sorte toutesfois que le trou n'en soit couuert, le miroir opposé au trou reflechira sur iceux une droicte apparence des objects exterieurs: mais à vray dire en toutes ces manieres auec verres & miroirs; il y aura tousiours tel manque en la representation des objects que nous auons cy-dessus remarqué.

Au reste on sera aduerty qu'en la deuxiéme figure sur ce Probleme, le trou figuré en la muraille n'est pas bien situé à l'egard de l'object exterieur, & de son image interieure; car il faut que toutes les lignes qui joingnent les poincts homologues de l'object & de son image passent toutes par ledit trou, ce qui ne se trouuera pas en cette figure. D. A. L. G.

PROBLEME. III.

Dire combien pese vn coup de poing, de marteau, ou de hache, au prix de ce qu'il peseroit s'il estoit en repos, & sans frapper.

IVles de l'Escale en son exercitation 331. contre Cardan, raconte que le Mathematicien de Maximilian Empereur propoſa vn iour cette queſtion, & promit d'en donner la resolution, neantmoins Scaliger ne la donne pas, & ie la conçois en ces termes. Prenez vne balance, & laiſſez poſer le poing, le marteau, ou la hache deſſus vn plat, ou ſur vn bras de la balance, & mettez dans l'autre baſſin autant de poids qu'il en faut pour contrepeſer; puis ſurchargeant touſiours le baſſin, & frappant deſſus l'autre coſté, vous pourrez experimenter combien chaque coup pourra faire leuer de poids, & conſequemment combien il vaut peſant. Car comme dit Aristote, le mouuement qui se fait en frappant, adjouste vn grand poids, & ce d'autant qu'il est plus viste : & en effect qui mettroit mille marteaux ou le poids de mille liures dessus vne pierre, voire mesme qui les presseroit à force de vis, de leuiers, & d'autres machines, ne feroit comme rien au prix de celuy qui frappe. Ne voyons nous pas qu'vn cousteau mis sur du beurre, & vne hache sur vne fueille de papier sans frapper ne l'entame point : Frappez vn peu, mesmes sur du bois, vous verrez quel effect elle aura. Cela vient de la vitesse ou lascheté du mouuement qui brise tout sans resistance quand il est extremement viste, comme nous experimentons aux coups de flesches, aux coups de canon, aux carreaux de foudre, &c.

EXAMEN.

LE Compilateur de ces Problemes ne s'est gueres monstré meilleur Philosophe sur ce subject, que Mathematicien sur le precedent : mais bien a il vsé d'vne grande discretion & respect enuers son aucteur Iule Scaliger, dont il a tiré ce Probleme, en ce qu'il n'a recherché autre raison de ce qu'il a proposé, que celle que ledit Scaliger a rapporté sur le mesme sujet tirée d'Aristote mais bien cruëmẽt. Ce noble effect d'vne petite coignée frappée mediocrement sur vne piece de bois, qui operera plus qu'vne forte compression d'vne autre semblable, mais beaucoup plus puissante & en volume & en pesanteur, n'a autre raison, disent-ils, que le mouuement, lequel selon qu'il sera viste ou lasche, adiouste cet aucteur, produira differents effects, en telle sorte qu'estant extremement viste, il brisera tout sans resistance. Doncques selon la seule qualité du mouuement, sans autre consideration, les corps agiront & feront violence & impressions differentes les vns sur les autres : par ainsi vn bien petit marteau meu de grande vistesse pour frapper sur vn mesme coing, fera plus d'effect sur vn mesme bois qu'vn plus fort marteau meu d'vne mediocre & proportionnée force, ce qui est absurde & contraire à l'experience ordinaire.

Il est bien vray que le mouuement est cause de l'effect, mais non pas cause immediate & prochaine ou specifique, & qu'ainsi ne soit, l'experience nous faict voir souuent que deux forces égales auec mouuement égal & d'vne égalle vistesse agiront differemment sur deux subjects égaux & semblables, comme, pour exemple, sur deux coings de fer semblables pour fendre deux pieces d'vn mesme bois & semblables, ou sur deux clouds semblables, que l'on voudra chasser dans lesdites pieces de bois, dont l'vne sera tellement suspenduë en l'air quelle puisse en quelque sorte obeyr au coup, & l'autre sera ou scellée en terre, ou appuyée sur quelque chose de ferme & stable : car il est tres certain que l'effect sera plus grand sur la piece suspenduë, que sur celle que l'on aura ou scellee ou appuyée. Ainsi d'ordinaire les ouuriers pour emmancher leurs outils tiennent l'outil en l'air d'vne main & frappent de l'autre, ou bien, selon la pesanteur, les poseront de plat en terre, ou sur quelque autre chose, afin qu'ils puissent aisément reculer & obeyr au coup, de sorte qu'à raison de cette obeyssance, on en peut dire ce paradoxe, neantmoins veritable, qu'en euitant le coup ils en reçoiuẽt vne plus forte impression & vne moindre en faisant resistance entiere.

Il y a donc icy autre chose à considerer outre le mouuement, n'en desplaise à Scaliger, Cardan auoit eu meilleur nez que luy pour ce subject, mais faute d'auoir bien cogneu la nature de la chose, il en a parlé en termes si doubteux & obscurs, que Scaliger en a pris occasion de le reprendre. si Cardan ou autre eut objecté à Scaliger, & demandé la raison pourquoy vne pierre tombant de la fenestre du grenier, offensera moins celuy qui sera à la fenestre du plus prochain estage, que celuy qui sera à la fenestre de la salle ou dans la cour: mais encores plus simplement, pourquoy le boulet de canon, balle d'harquebuse ou pistolet, vne fleche, vn carreau de foudre, qui sont les exemples qu'apporte cet autheur, & generalement tout missile (comme vne pierre à coup de main ou auec fronde, & vne balle dans vn tripot) offensent moins & font moins d'effect à vne certaine distance plus prochaine, qu'à vn autre espace plus éloigné, veu mesmes que le mouuement est plus viste & violent au lieu plus proche du canon, harquebuse, arc, main, fronde & raquette qu'en aucun autre plus éloigné. Nous estimons que Scaliger se fut autant debatu pour se desuelopper de cette difficulté qu'il a faict sur beaucoup d'autres dans ses exercitations, dont auec l'ayde de Dieu nous le desuelopperons quelque iour, aussi bien que Cardan embarassé *barrassé en plusieurs endroits de sa Subtilité, & de ses Proportions. D.A.L.G.*

PROBLEME IIII.

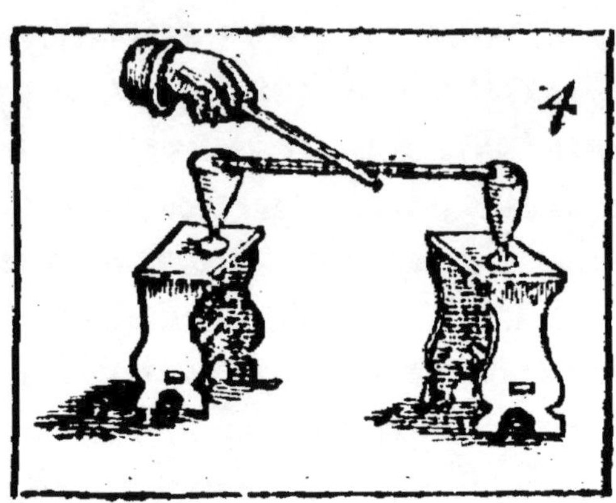

Rompre vn baston posé sur deux verres pleins d'eau sans les casser ny verser l'eau; ou bien sur deux festus ou brins de paille sans les rompre.

I. METtez les deux verres sur 2. sieges aussi hault l'vn que l'autre & distans d'vn à 2. ou 3. pieds. II. posez vostre baston sur le bout de deux verres, III. frappez de toutes vos forces auec vn autre baston sur le milieu du 1. vous le romperez en deux sans casser les verres. & tout de mesme le romperiez vous sur deux festus tenus en l'air, sans les briser. De mesme aussi les valets de cuisine rompent quelquefois des os de mouton sur la main, ou sur la nappe, sans l'endommager, frappans sur le milieu auec le dos d'vn cousteau. La raison de cecy est, que les deux bouts du baston rompu quittent en se rompant les deux verres sur lesquels ils estoient appuyez : d'où vient qu'ils ne les offensent point, non plus que les bastons qu'on rompt sur le genoüil, parce qu'ils cessent de les presser en se rompant, comme remarque Aristote en ses questions Mechaniques.

EXAMEN.

CE Propleme est assez plaisant comme il est proposé, mais il veut estre practiqué auec plus grande discretion & precaution que l'aucteur de ce liure ny en a rapporté, & peut estre cogneu, s'en donne de garde qui ne vouldra faire gaigner les verriers.

Est donc a remarquer en la practique, qu'il faut que le baston soit tellement posé sur les verres, que ses deux extremitez soient simplement posees sur les bords des verres, afin que selon la violence du coup, reçevant plus ou moins de courbure, & consequemment diminué d'estenduë, il puisse auoir libre eschappée entre les deux verres, soit qu'il se rompe ou non. Mais si le baston est vn peu gros, crainte que le coup ne rencontrant pas bien precisement sur le milieu, & partant la courbure du baston & sa diminution en estenduë, ne se faisant pas égallement à l'egard de ses extremitez, & qu'estant pressé il n'eschappe plus librement d'vn costé que d'autre, & pressant plus sur vn verre que sur l'autre, il ne casse le plus pressé: Ou bien passant inégalement & obliquement, il ne heurte par la superieure partie de l'vne de ses extremitez le bord du verre sur lequel elle sera posee. Il sera à propos en ce cas, pour euiter ces inconueniens, d'amenuiser les extremitez du baston & les reduire comme en pointe, & faire que la seule extremité de chaque pointe porte sur le bord de chaque verre, afin qu'auec la moindre courbure que le baston pourra reçeuoir par l'effort du coup, l'vne & l'autre extremité puisse facilement échapper entre les verres sans les offenser.

Ainsi il se pourroit faire que tel baston portant assez auant sur le bord des verres (pourueu qu'il ait quelque longueur, c'est à dire que les verres soient en sensible distance l'vn de l'autre) a raison de la promptitude & violence du coup, receuroit vne telle & si prompte courbure que ses extremitez s'esleuantes comme en vn moment échapperoient facilement entre les verres, quand bien ledit baston ne se romperoit pas, & selon le plus ou moins d'estenduë qu'aura le baston que l'on voudra rompre, on luy pourra bailler plus ou moins de portee sur le bord des verres, pourueu que l'on ayt égard à la force & violence necessaire pour le rompre, ou du moins assez ployer en le frappant auec vn autre: Car tel baston pourroit estre facilement rompu auec vn plus fort qui fera resistance à vn moindre, lequel au contraire il rompra auec perte de verres aussi.

Il y a plus, c'est que tel baston pourroit estre rompu par vn autre auec grande force, estant supporté par deux apuys fermes, qui ne le sera pas aisément supporté par deux verres, lesquels indubitablement il brisera. Pour donc proportionner le tout & le disposer à l'effect du Probleme, le plus seur sera d'en faire premierement essay sur deux festus ou brins de paille, & commençer par petis bastons fragiles, iusques à tel poinct que le baston en main porté de violence les puisse aysément rompre.

Mais comme par violence vn baston qui en frappe vn autre, supporté sur deux verres, le romp sans offenser les verres, & que mille fois plus pesant ne pourroit rompre le mesme baston, supporté d'ailleurs & plus solidement que sur lesdits verres (car ils n'y pourroient pas subsister.) Qui conferera cét effect auec celuy du precedent Probleme, & s'arraisonnera sur les deux conjointement, trouuera en fin dequoy se satisfaire sur le subject des deux verres qui sont garentis, & demeurent entiers soubs le debris du baston qu'ils supportent, dont l'autheur de ce liure ne nous peut donner pour raison autre chose que l'effect mesme, quand il dict que c'est à cause que les deux bouts du baston rompu quittent les verres en se rompant. pourquoy, & comment cela se faict: Passe si ne l'ayant sçeu, il ne l'a dict: mais ce nouueau Censeur qui se qualifie P E M. auec ses notes seruantes à l'intelligence des choses difficiles & obscures de ce liure, debuoit puis qu'il parle en general, auoir releué cette difficulté, luy qui se mesle de releuer les autres, & les accuser sans subject, de mesgarde & d'obmission. Et ce pendant en s'en taisant, il aduoüe que la discussion de la plus part de tels subjects ne luy est pas propre, ny de la portee du commun, encores que le rencontre s'en face assez ordinairement & indifferemment. D. A. L. G.

PROBLEME V.

Le moyen de faire vne belle carte Geographique, dans le parterre d'vn Prince.

C'Eſt le propre des grands Seigneurs de ſe plaire aux grandes cartes & globes Geographicques, voicy le deſſein d'vne qui n'eſt pas des plus cheres ny des plus difficiles du monde, i'eſtime neantmoins qu'elle n'eſt pas indigne de la penſée d'vn Prince, & qu'elle apporteroit beaucoup de profit & de contentement, ſi elle eſtoit bien faicte auec la direction d'vn Mathematicien expert.

Ie dis donc qu'on pourroit faire dans le parterre d'vn Prince, ou en quelque autre place choiſie, vne deſcription Geographicque de tout ſon domaine, releuée en boſſe, pour le moins autant que les bordures aux compartimens ordinaires, & par conſequent beaucoup plus agreable, que les mappemondes, ou cartes toutes plattes. Là dedans on repreſenteroit les villes villages, & chaſteaux, auec des petits edifices de gazon, de bois ou de verdure meſme. Les montagnes, & collines auec des petites mottes de terre proportionnées à la grandeur du prototype, & de tout l'ouurage. Les foreſts, & les bois, auec des herbes & arbriſſeaux; Les grands fleuues, les lacs & les eſtangs, par le cours & l'eau des fontaines, qu'on feroit couler à fleur de terre dans certains canaux, gardant les meſmes tours & retours que les riuieres principales. Chacun à son iugement, & se plaist en ses inuentions, pour moy, i'estime que cela seroit fort plaisant à voir, nommement au souuerain qui pourroit souuent, & en peu de temps visiter personnellement tout son domaine.

PROBLEME VI

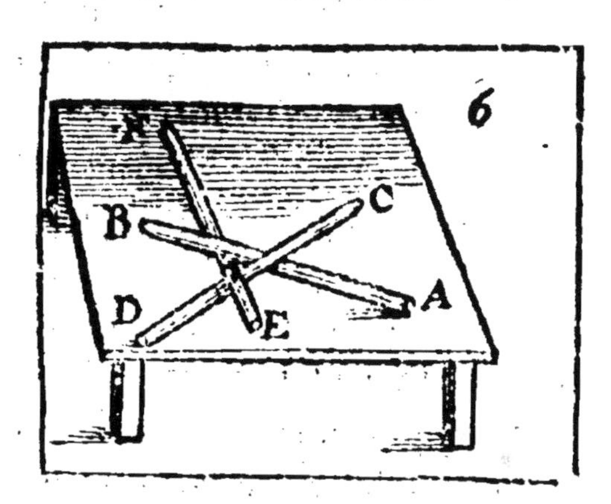

Faire que trois bastons, trois cousteaux ou semblables corps s'entresupportent en l'air sans estre liez, ou appuiez d'autre chose que deux mesmes.

PRenez le premier baston A, B. eleuez en l'air le bout B. dessus luy mettez en trauers le second baston C, D. Finalement disposez comme en triangle le 3. baston, E, F. de sorte qu'il passe dessoubs A, B, & posé sur C, D. ie dis que ces bastons ne sçauroient tomber & que l'espace C, B, E, s'affermira de tant plus en l'air, que plus on le pressera, si ce n'est que les bastons viennent à se rompre, & se disioindre. Car A, B, est soustenu par E, F: & E, F, par C, D: & C, D, par A, B : donc pas vn d'iceux ne tombera.

EXAMEN.

CE Probleme semble admirable comme il est proposé & deduit, & neantmoins la chose est triuiale & facile à comprendre en la practiquant. Il y a bien de la difference de proposer trois bastons ou autres choses s'entresupporter en l'air, ou faire voir trois bastons posez & appuyez chacun d'vn bout sur quelque plan, s'appuyer de l'autre extremité l'vn sur l'autre, en sorte que tous trois soient d'vn bout éleuez en l'air au dessus du mesme plan. D. A. L. G.

PROBLEME VII.

Disposer autant d'hommes, ou dautre chose qu'on voudra, en telle sorte que reiettant tousiours d'ordre le 6. 9. 10. ou le quantiesme on voudra, tousiours a vn certain nombre, restent seulement ceux qu'il vous plaira.

ON propose ordinairement le cas en cette façon : 15. Chrestiens & 15. Turcs se trouuent sur mer dans vn mesme nauire, & s'estant esleué vne terrible tourmente, le Pilote dit qu'il est necessaire de ietter dans la mer la moitié des personnes qui sont en la nef, pour descharger le vaisseau & sauuer le reste. Or cela ne se peut faire que par sort, & partant on est d'accord, que se rangeant tous par ordre & contant de 9. en 9. on iette chasque neufuiesme dans la mer, iusques à ce que de trente qu'ils sont, il n'en demeure que 15. Mais le Pilote estant Chrestien, veut sauuer les Chrestiens; Comment est-ce donc qu'il les pourra disposer, afin que le sort tombe sur tous les Turcs, & que pas vn Chrestien ne se trouue en la 9. place. La solution ordinaire est comprise en ces vers.

Populeam virgam mater Regina ferebat.

Ou bien cet autre. *Mort tu ne failliras pas en me liurant le trespas.*

Car prenant garde aux voyelles & faisant valoir A, 1. E, 2. I, 3. O, 4. V, 5. La premiere voyelle O, monstre qu'il faut mettre au commencement quatre Chrestiens de suitte, la 2. V, cinq Turcs en suiuāt, la 3. E, 2. Chrestiēs, & puis la 4. A. 1. Turcs, & ainsi du reste, rangeant alternatiuement le nombre des Chrestiens & des Turcs, selon que les voyelles font cognoistre.

Voire mais, la question proposée de la sorte est trop contrainte, veu qu'elle se peut estendre à toute sorte de nombres, & peut de beaucoup seruir aux Capitaines, Magistrats & Maistres, qui ont plusieurs personnes à punir, & voudroient seulement chastier les plus discoles, en dismant ou prenant le 20. le 100. &c. comme nous lisons auoir esté souuent prattiqué par les anciens Romains. Voulant donc appliquer cet artifice à toute sorte de nombres soit qu'il faille reietter le 9. 10. 4. ou 3. soit que l'on propose 30. 40. 50. personnes, ou plus, ou moins, faudra ainsi proceder. Prenez autant d'vnitez qu'il y aura de personnes, & les disposez en ordre en vostre particulier : comme par exemple soyent 24. hommes proposez, & que de ce nombre il n'en faille oster, ou reietter que 6. en contant de 8. en 8. Prenez 24. vnitez, ou escriuez 24. zero, & commençant à conter par la premiere de ces vnitez marquez la huictiéme, & continuant de là à conter marquez tousiours de mesme chasque huictiéme, iusques à ce que vous en ayez marqué 6. vous verrez en quelle place il faudra disposer les 6. personnes que vous desirez oster, ou reietter, & ainsi des autres. Il est croyable que Iosephe Aucteur de l'histoire Iudaïque, euita le danger de la mort, par l'artifice de ce Probleme. Car Hegesippe autheur digne de foy rapporte au chapitre 18. du liure 3. de la destruction de Ierusalem, que la ville de Iotapa estant emportée de viue force par Vespasian, Iosephe qui en estoit Gouuerneur, suiuy d'vne trouppe de 40. Soldats, se cacha en vne grotte, dans laquelle comme ils mouroient de faim, & ce pendant aymoient mieux mourir, que de tomber entre les mains de Vespasian. Ils se fussent resolus a vne sanglante & mutuelle boucherie, n'eut esté que Iosephe leur persuada de tirer par sort, afin qu'on tuast d'ordre selon que le sort tomberoit sur chacun. Or puis que nous voyons que Iosephe a survescu cet acte, il est probable qu'il se seruit de cette industrie à disposer les soldats, faisãt que de 41 persõnes qu'ils estoient chasque troisiéme seroit tué, & luy se mettant en la 16. ou 31. place, il pouuoit enfin demeurer sauf auec vn second auquel il osta la vie, ou persuada aisément de se rendre aux Romains.

PROBLEME VIII.

De trois choses, & de trois personnes proposées, deuiner quelle chose aura esté prise par chaque personne.

QVe les trois choses soient vne bague A. vn escu E. & vn gan I. ou autres semblables que vous designerez en vous mesme par ces trois voyelles A. E. I. Qu'il y aye pareillement 3. personnes. Pierre 1. Claude 2. Martin 3. que vous nommerez à part vous, premier, second, troisiéme. Puis ayez 24. gettons, ou semblables pieces preparées, & donnez au premier homme vn getton, au second 2. au troisiesme 3. laissant les 18. gettons de reste sur la table. Cela fait retirez vous à l'escart, afin que chasque personne puisse cacher vne des trois choses à vostre insçeu. Et chacun ayant pris sa piece, dictes que celuy qui aura pris la bague, A. prenne autant de gettons que vous luy en auiez donné auparauant, & que celuy qui aura prins l'escu E. prenne le double de ce que luy auiez donné; comme s'il en auoit 3, qu'il en prenne encore 6. Et finalement que celuy qui aura prins le gan I. prenne le quadruple des gettons que luy auiez donné, tellement que s'il en a 2. qu'il en prenne 8. par dessus, s'il en a 3. qu'il en prenne encore 12. Cecy estant acheué, demandez en retournant, ou voyez le reste des gettons, & prenez garde qu'il n'en peut rester que 1. ou 2. ou 3. ou 5. ou 6. ou 7. & iamais 4. si ce n'est qu'on aye manqué. Or pour ces 6. façons differentes, souuenez-vous de ces 6. paroles.

1. 2. 3. 5. 6. 7.
Salue, certa anima, semita, vita, quies.

Ou bien de 1. 2. 3. 5.
celles-cy. *Par fer, Cesar, Jadis, deuint, si grand Prince.*
6. 7.

Car il faudra prendre l'vn de ces mots selon le nombre des gettons restans, s'il n'y en reste que 1. vous vous seruirez du premier mot *Parfer*. S'il y en a 3. de reste, , prenez la troisiesme parole *Jadis*, si 5. le mot *Deuint*. Or en chasque mot, la premiere syllabe denote le premier homme, & la voyelle de cette syllabe, monstre la chose qu'il aura cachée. La seconde syllabe, la seconde personne, & la voyelle, la chose cachée, &c. Par exemple s'il y auoit 6. gettons de reste ; prenez le mot *si Grand*, la premiere syllabe duquel, vous aduertira, que le premier homme a caché la chose designée par I. c'est à dire le Gan. La seconde syllabe monstre que le second a caché A. c'est à dire la bague, & par consequent le troisiesme aura caché E. qui est l'escu.

Quelques vns au lieu de vers, se seruent de cette petite table, qui monstre quasi tout l'artifice de ce jeu par la diuerse conjonction des 3. voyelles A, E, I.

Gettons reſtans.	Hommes.	Choſes cach.	Gettons reſtans.	Hommes.	Choſes cach.
	1	A		1	E
1	2	E	5	2	I
	3	I		3	A
	1	E		1	A
2	2	A	6	2	E
	3	I		3	I
	1	A		1	E
3	2	I	7	2	E
	3	E		3	A

Il y a auſſi qui praticquent de ce ieu en 4. perſonnes, mais celuy-cy eſt plus court.

PROBLEME IX.

Partager egalement 8. pintes de vin n'ayant que ces 3. vaſes inegaux, l'vn de 8. pintes, l'autre de 5. & le dernier de 3. pintes.

QVe ces vases s'appellent, celuy de 8. pintes A. celuy de 5. pintes B. celuy de 3. C. versez dedans B. du vin qui est en A. autant qu'il en peut tenir, & de B. en C. puis transuersez ce qui est en C. dedans A. Et ce qui reste dedans B. c'est à dire 2. pintes, mettez le dedans C. Emplissez de rechef B. du vin qui est dedans A. & de celuy qui sera en B. emplissez le reste de C. Puis donc que C. auoit desia deux pintes, vous n'y en verserez qu'vne, & resteront 4. pintes dedãs B. qui sera iustement la moitié, dont il est question.

PROBLEME X.

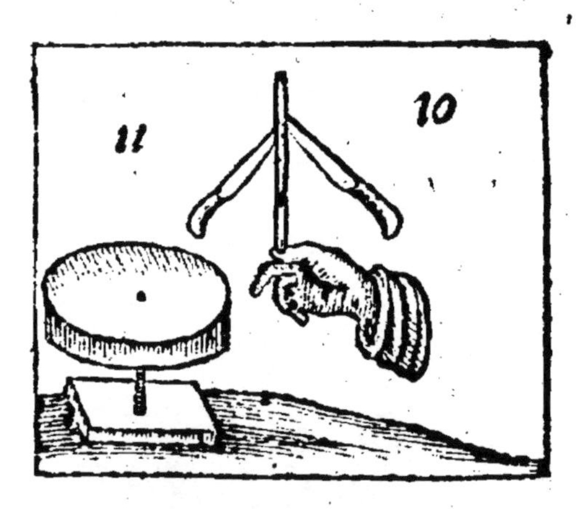

Faire qu'vn baston se tienne droict dessus le bout du doigt sans tomber.

ATtachez deux cousteaux ou semblables corps penchans de part & d'autre, à guise de contrepoids, deuers l'extremité du baston, comme la figure vous monstre.

II. Mettez cette extremité dessus le bout du

doigts, ie dis qu'il demeurera droict sans tomber: Car s'il tomboit ou il tomberoit tout ensemble, & comme l'on dict a plomb, ou il tomberoit à costé, vne partie deuant l'autre, le premier ne se peut, car le centre de la pesanteur du baston est droictement supporté par le bout du doigt, & puis qu'vne partie n'est pas plus pesante que l'autre à cause des contrepoids, le second n'arriuera non plus, donc il demeura tout droict. Le mesme se pourroit faire auec des soliueaux & grosses pieces de bois, si on leur apposoit des conttepoids à proportion: Voire vne lance & vne picque demeureroit droicte en l'air, soustenuë par vn doigt, ou sur le milieu d'vn paué, si le bout de la picque estoit iustement à plomb, dessus le centre de sa pesanteur.

EXAMEN.

Il y a quelque chose à redire en la deduction de ce Probleme, que celuy qui l'a proposé n'a pas entendu: Car de s'imaginer qu'absolument vn baston armé de deux costez, auec deux cousteaux ou autre chose semblable pour contrepoids, comme le monstre la figure & le discours l'enseigne, sans autre determination se puisse maintenir droict sur le bout du doigt, l'experience conforme à la raison fera voir le contraire, puisque supposant ledit baston seul ainsi eleué, il a de toutes parts vne infinité de differentes prepensions pour tomber (car il n'est point icy question d'vn baston tellement vniforme & precisement posé sur son centre de grauité, qu'il ne puisse incliner en aucune part, auquel cas il ne seroit besoing d'y appliquer contrepoids, & puis le bout du doig n'est pas vn appuy trop asseuré pour telles experiences:) Pour le retenir droict, & l'empescher non seulement de tomber, mais de s'incliner mesmes, ou en cas d'inclination pour le redresser, il luy faut appliquer vn remede qui le remettant de toutes parts en equilibre, le contraigne de demeurer en cet estat; par vne plus grande pesanteur au dessoubs du bout du doigt, ou autre support, c'est à dire au dessoubs du centre du mouuement de l'inclination.

Or l'affixion de deux cousteaux, en la maniere qu'elle est icy representee & enseignee, ne peut garentir cette inclination ny empescher la cheute; ce que ne feront pas dauantage quatre ne huict autres cousteaux semblablement affichez, qui ne seruiroient, en cas de la moindre inclination, qu'a precipiter le tout plus rapidement, d'autant qu'en ce cas la partie superieure a raison du centre du mouuement, c'est à dire du bout du doigt, est tousiours renduë d'autant plus pesante, & consequemment moins en repos.

Nous disons donc que pour pratiquer ce Probleme. il faut absolument que les deux cousteaux (car ils sufisent) ou autres choses semblable affichez pour contrepoids, excedent le bout du baston que l'on pose sur le bout du doigt, en sorte que le baston & les cousteaux, pris ensembles comme vn mesme corps, aient leur cẽtre de grauité, au bout du baston qui repose sur le bout du doigt, si l'on veut que le tout se tiẽne horisontalement & à la hauteur du doigt, ce qui sera encore trouué plus estrange & admirable si le doigt, estant renuersé, on appuye le bout du baston sur le bord de l'ongle, car il semblera que le tout se tiendra au bout du doigt par vn seul contact sans *aucun support: Mais si l'on faict que le centre de la grauite du total excedde tant soit peu le bout du baston, le tout s'en tiendra plus ou moins incline, selon le plus ou moins de distance entre ledit centre & le bout dudict baston, Ainsi auec plus grand éloignement dudit centre, le baston estant posé d'vn bout sur le bout du doigt & incline de l'autre, le tout s'en redressera plus promptement, & s'en maintiẽdra plus droict, & non autrement.*

PROBLEME XI.

Il faut icy la figure qui a ja serui pour le dixsiéme Probleme. pag. 29.

Mettre vne pierre aussi grosse qu'vne meule de moulin sur la pointe d'vne aiguille, sans qu'elle tombe, rompe, ou plie aucunement l'aiguille.

QVe l'aiguille soit fichée perpendiculairement à l'horison & que le centre de la pesanteur qu'a la pierre soit mis directement sur la pointe de l'aiguille, ie dis que cette pierre ne tombera pas, d'autant qu'elle sera contrebalancée de toutes parts & partant elle ne pliera pas l'aiguille plustost d'vn costé que de l'autre. Elle ne la rompera non plus

sans

ſans plier, autrement il faudroit que les parties de l'aiguille s'enfonçans l'vne dedans l'autre ſe penetraſſent. Choſe qui eſt impoſſible en la nature. L'experience qui ſe faict aux aſſietes ou ſemblables corps plus petits rend croyable ce qui eſt dict des plus grands corps.

EXAMEN.

Il faut ſuppoſer en ce Probleme trois choſes neceſſaires, par le manque de l'vne deſquelles tout le Probleme tombe en ruine. La premiere l'vniformité de l'eguille & en ſa matiere & en ſa figure. La 2. ſon erection bien perpendiculaire ſur l'horizon. La 3. le centre bien precis de la grauité de la pierre ou autre corps. D. A. L. G.

PROBLEME. XII.

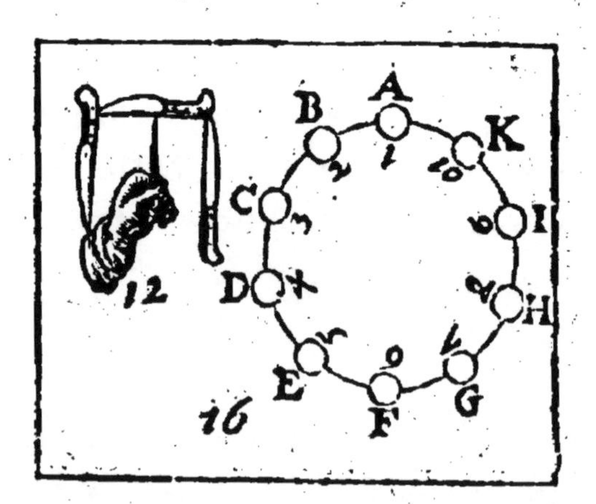

Faire danſer trois couſteaux ſur la pointe d'vne aiguille.

AGencez les trois couſteaux en forme d'vne balance, & tenant vne aiguille en main, mettez sa poincte soubs le dos de celuy qui est en trauers, aux bouts duquel les autres deux cousteaux sont pendans comme les 2. bassins d'vne balance. pour lors vous pourrez en souflant tourneuirer aisement, & faire danser les cousteaux sur la pointe d'vne aiguille.

PROBLEME XIII.

Peser la fumée qui exhale de quelque corps combustible que ce soit.

POsons le cas qu'vn grand bucher, ou bien vne chartée de foin pesant 500. liures soit embrasee, il est euident que tout s'en y ira en cendres, ou en fumée. Pesez donc premierement les cendres qui resteront du brasier, l'experience monstre, qu'elles pourront reuenir au poids de 50. liures ou enuiron, & puis que le reste de la matiere ne perit pas, mais s'exale en fumée ostant 50. liures de 500. resteront 450. pour la pesanteur, à peu prés, du reste qui s'exhale, & iaçoit qu'il semble que la fumée ne pese que comme rien, à cause qu'elle est esparse & deliée en l'air, neantmoins asseurement si elle estoit toute ramassée & reduicte à l'espesseur qu'elle auoit auparauant, elle seroit bien sensiblement pesante.

EXAMEN.

PAr ces termes dont vse l'aucteur de ce liure, qu'il semble que la fumee ne pese que comme rien, nous disons qu'il semble plustost qu'il luy veule donner quelque poids, puisque il ne le luy denie pas absolument, nous le prierons volontiers de nous dire auec quelle balance, & dans quel medium il en a faict experience. Or il est certain qu'en l'eau & en l'air la fumee s'esleue, ou que ce qui s'esleue dans vn medium puisse estre dit auoir aucune grauitation ou pesanteur en ce mesme medium, cela est bien nouueau. La pesanteur donc estant dicte des choses qui s'abaissent, & selon la difference de leur mouuement, dicte plus grande ou moindre pesanteur; Nous disons que la legeretè doibt estre absolument dicte des choses qui s'esleuent, encores que selon la difference de leur mouuement, elles puissent estre dites les vnes plus, les autres moins legeres. Absolument donc la fumee est legere, & n'a aucune pesanteur; sauf si l'aucteur en peut faire porter au dessus de la moyenne region de l'air pour recognoistre si elle s'y abaissera ou esleuera encores: Car en ce cas de changement de medium, nous changerions peut estre de discours. D. A. L. G.

PROBLEME XIIII.

Des trois Maistres & des trois Valets.

TRois Maistres auec leurs 3. valets, se trouuent au passage d'vne riuiere où ils ne rencontrent qu'vn petit batteau sans battelier, & si estroit qu'il n'est capable que de deux personnes. Or ces 9. personnes sont tellement animées que les 3. Maistres s'accordent bien par ensemble, & les 3. valets aussi, mais chasque maistre veut mal de mort aux 2. valets des autres. On demande comme ces 6. personnes passeront 2. à 2. tellement que iamais aucun seruiteur ne demeure en la compagnie d'vn ou de deux autres Maistres que le sien, autrement il seroit batu. Response I. deux Seruiteurs passent, puis l'vn rameine le batteau, & repasse auec le troisiéme Seruiteur. Cela faict, l'vn des 3. Seruiteurs rameine le batteau, & se mettant en terre auec son Maistre laisse passer les deux autres Maistres, qui vont trouuer leurs Seruiteurs. Alors l'vn de ces Maistres, auec son seruiteur rameine le batteau & mettant son seruiteur en terre, prend l'autre Maistre, & passe auec luy. Finalement le Seruiteur qui se trouue passé auec les 3. Maistres, entre dedans le batteau & en deux fois va querir les 2. autres Seruiteurs. Par ainsi tous passent en six fois, & tousiours deux en allant; mais pour ramener le batteau il n'y a tousiours qu'vn. excepté la troisiéme fois.

PROBLEME. XV.

Du Loup, de la Cheure, & du chou.

SVr le bord d'vne riuiere se rencontrent vn loup, vne cheure, & vn chou. comment est-ce qu'vn bastelier les passera à l'autre bord de la riuiere, seul à seul, tellement que le loup ne fasse point de mal à la cheure, ny la cheure au chou en son absence. Ceste question aussi bien que la precedente, semble ridicule, neantmoins encores ont elles quelque ſubtilité, & quelque cauſe certaine, puis que ce ſont des effects certains. La ſolution eſt telle 1. Le Batelier paſſe la cheure 2. il retourne vers le loup, & le paſſe remenãt quand & ſoy la cheure, 3. laiſſant la cheure ſur terre, il paſſe le chou, 4. il retourne à la cheure & la paſſe, ainſi arriue, que iamais le loup ne rencontre la cheure, ny la cheure le chou, que le baſtelier ne ſoit preſent.

PROBLEME. XVI.

Voyez la figure cy-deſſus, Probleme 12. page 33.

De pluſieurs choſes diſpoſees en rang, ou en quelque autre façon, deuiner celle qu'on aura pen-ſé ou touché à voſtre inſçeu.

POſons le cas que de dix choſes arrangées, on ait penſé, ou touché la ſeptiéme, qui eſt G. demandez à celuy qui l'aura penſée, de quelle choſe il veut commencer à conter vn nombre que vous donnerez, diſant que vous luy laiſſez libre de commencer à C. D. E. &c. ou bien vous meſme determinez ceſte place, & poſons le cas qu'il vueille commencer de la cinquiéme qui eſt E, alors adioustés le nombre de cette place qui est 5. au nombre de toutes les choses disposées qui est 10. & viendront 15. Puis apres dictes luy qu'il prenne à par-soy le nombre de la chose qu'il a pensé ou touché, c'est a dire 7. & qu'il le pose tacitement dessus 5. c'est à dire sur la chose dont on veut commencer le conte. Bref qu'il poursuiue de là à conter ainsi tacitemét iusques à 15. retrogradant vers la premiere & touchant faict à faict chasque chose, ou monstrant sur quelle chose il acheuera de conter, par exemple ayant mis 7. sur E, il contera 8. sur D, 9. sur C, 10. sur B, 11. sur A, 12. sur k, Et infaliblement à la fin il tombera sur la chose pensée, se descouurant luy mesme sans qu'il l'apperçoiue. Si l'on commençoit à conter sur 4. adioustant 4. à 10. il faudroit faire conter iusques à 14. ou bien pour deguiser l'affaire, iusques à 24. ou 34. prenant le double, ou le triple du nombre des choses proposées.

Il y en a qui se seruent des grains de leur chapelet, de dames, ou de cartes renuersées, pour ce ieu & pourueu que leur nombre soit bien disposé cela a beaucoup de grace, quand au bout du conte on vient à renuerser la carte, & trouuer le nombre pensé.

PROBLEME. XVII.

Faire vne porte qui se puisse ouurir de costé & d'autre.

TOut l'artifice gist à disposer 4. bandes de fer, deux en haut & deux au bas de la porte, & en telle façon que chasque bande d'vn costé se puisse mouuoir sur les gonds des montans, & par l'autre bout soit attachée a la porte moyennant des autres gonds, ou charnieres, de maniere que la porte s'ouure d'vn costé auec deux bandes, & de l'autre costé auec les deux autres.

PROBLEME. XVIII.

Faire qu'vn seau tout plein d'eau se soustienne pour ainsi dire soy-mesme au bout de quelque baston.

AYez vn baston C. E. qui soit vn peu applaty (quelques vns mesme prennent le plat d'vn cousteau) mettez-le dessous l'anse du seau paralelle à l'horizon, puis disposez au milieu du seau vn autre baston, F, C, qui prenne depuis le fond perpendiculairement iusques au premier baston, de sorte que le baston C, E. soit fermement serré entre l'anse. & l'autre baston F, C. Cela fait, mettez l'autre bout du baston C, E. dessus l'extremité d'vne table, vous verrez que le seau se tiendra en l'air sans tomber. Car ne pouuant tomber qu'à plomb, il en est empesché par le baston C.E. qui est paralelle à l'horizon, & posé dessus la table. Et c'est vne chose admirable; que si le baston C, E, estoit tout seul, ayant le bout C, hors de la table plus grand & plus pesant que l'autre, il tomberoit, neantmoins depuis que le seau y est appendu, il ne tombe point, par ce qu'il est contrainct de demeurer paralelle à l'horizon.

EXAMEN.

VCicy vn Probleme que nous estimons auoir ja faict perdre bien du temps a tout plein de curieux, & qui ne s'en donnera de garde, y en perdra bien encores, & pour le certain l'aucteur de ce ramas n'en a iamais faict l'experience, & s'il l'a veu faire par d'autres, il ne l'a pas bien remarquee ny recogneuë; Quoy qu'il en soit, son discours nous rend bon tesmoignage qu'il n'y a gueres entendu de chose, tant s'en faut qu'il nous face iuger, que sans experience il ayt eu quelque cognoissance de la possibilité ou impossibilité de ce Probleme; c'est la vraye pierre de touche en tels rencontres, que de discuter premierement si les choses sont possibles en la nature, puis si elles peuuent tomber dans l'experience, & soubs les sens.

Ainsi sans aucune experience, nous disons que ce Probleme, selon la figure, & selon le discours qui y est entierement conforme, est absolument absurde & impossible; Et que iamais il n'arriuera que l'on face tenir vn seau de cette façon sur le bord d'vne table, que lors que la ligne tiree du bord de la mesme table, (où est en ce cas le cẽtre du mouuemẽt) perpendiculaire à l'horizon, passera par le centre de la grauité de tout le seau, plein d'eau ou vuide, & des deux bastons pris comme vn seul corps. Et sur cette maxime absolument veritable & necessaire, si on examine le discours sur ce Probleme, on le trouuera plein d'absurdité impertinences & fadaises que l'aucteur de ce ramas veut affermir, & faire tenir en l'air, sans raison, fondement ny appuy, aussi bien que son seau plein d'eau. ses paralelles à l'horizon, sur lesquelles il fait force, ne sont gueres en ce cas paralelles à la raison, & sera tousiours assez rare en telles experiences, que le baston d'apuy posé sur quelque support autre qu'vne table, soit bien parallele à l'horizon, si ce n'est que l'on se soit proposé cette condition: mais le bout vers le seau se rencontrera d'ordinaire plus éleué que celuy de l'appuy, & iamais plus bas Et quand l'experience s'en fera sur vne table, si le baston d'apuy est tant soit peu court, le semblable arriuera: mais estant plus long, il sera necessaire d'y accommoder le seau, en telle inclination, que posant ledit baston sur le bord de la table, & aduançant ou reculant le tout si besoing est, le centre de grauité se trouue soubs ledit bord. D.A.L.G.

PROBLEME XIX.

D'vne boule trompeuse au ieu de quilles.

CReusez vn costé de la boule, versez y du plõb, & bouchés le trou en sorte qu'on ne descouure la fourbe, vous aurez le plaisir de voir que bien souuent, quoy qu'on roule tout droict au ieu, la boule se detournera à costé, par ce qu'il y aura vne partie plus pesante que l'autre, & iamais elle n'ira bien droict, si ce n'est que par artifice, ou par hazard ceux qui ne le sçauent pas, disposent la boule en sorte, que la partie plus pesante soit tousiours au dessus, ou dessous en roulant : car si elle est d'vne part, ou d'autre a costé, la boule ira de biais.

PROBLEME. XX.

Le moyen de partager vne pomme, en 2. 4. 8 & semblables parties sans rompre l'escorce.

IL ne faut que faire passer vne aiguille auec son fil dessous l'escorce de la pomme, & ce en rondeur à diuerses reprises, iusques à ce qu'ayant fait le tour vous arriuiez au lieu d'où vous auez commencé, & pour lors tirant dextrement les deux bouts du filet ensemble, vous partagerez la pomme en dedans tant qu'il vous plaira. Les trous de l'aiguille seront petits, & la partition ne paroistera pas qu'apres auoir osté l'escorce.

PROBLEME. XXI.

Trouuer le nombre que quelqu'vn aura pensé sans qu'on luy face aucun interrogat, certaines operations estans acheuées,

I DIctes luy qu'il adiouste au nombre pensé sa moitié, si faire se peut sans fraction, sinon, qu'il luy adiouste sa plus grande moitié, qui excede l'autre d'vne vnité. II. qu'il adiouste encore à ce produit sa moitié, ou sa plus grande moitié comme dessus. Et remarquez cependant si la premiere, ou seconde addition ne s'est peu faire par la vraye moitié. Si la seconde mettez 2. en reserue, si la premiere 3. III. Dictes qu'il oste du second produict, deux fois le nombre qu'il aura pensé, & qu'il diuise le reste par moitié s'il se peut, sinon qu'il en oste vn & diuise, & faictes ainsi continuer la diuision de chasque moitié prouenante, iusqu'à ce qu'on vienne à l'vnité. IIII. Cependant prenez garde combien de diuisions on aura fait, & pour la premiere diuision prenez 2. pour la seconde en remontant prenez le double qui est 4. pour la troisiesme encore le double 8. & ainsi des autres, adioustant tousiours des vnitez au lieu où vous les auriez fait oster pour la diuision. Par ce moyen vous trouuerez le nombre qu'on aura diuisé. Multipliez ce nombre par 4. & du produit ostez en ce que vous auez mis en reserue durant les additions; c'est à dire 3. si la premiere addition ne s'est peu faire 2. si la seconde, 5. si l'vne ny l'autre, le reste sera le nõbre pensé. Comme si l'on auoit pensé 6. adioustant sa moitié sont 9. & parce qu'on ne peut sans fraction adiouster à 9. la iuste moitié, adioustant sa plus grande moitié viennent 14. duquel ostant deux fois le nombre pensé restent 2. Diuisant ce nombre par moitié l'on vient incontinent à l'vnité. Il n'y a donc qu'vne diuision, pour laquelle on prend 2. qui sera le nombre diuisé, & le multipliant par 4. viennent 8.

desquels ostans 2. par ce que la seconde addition ne s'est peu faire. reste 6. pour le nombre pensé.

PROBLEME. XXII.

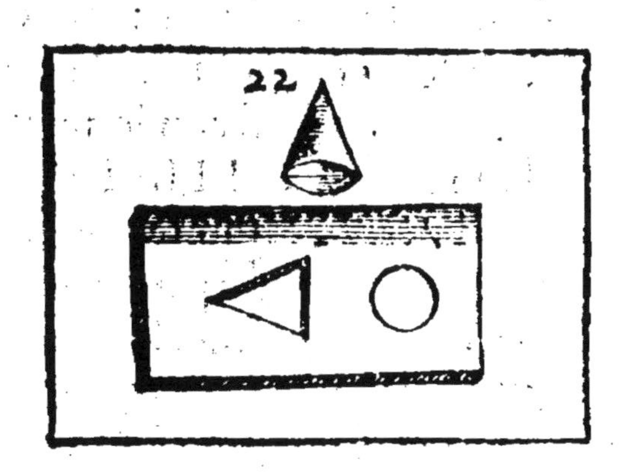

Faire passer vn mesme corps dur, & inflexible, par deux trous bien diuers, l'vn circulaire, l'autre quarré, quadrangulaire, ou triangulaire, à condition qu'il les remplisse iustement en passant.

N'Est-ce pas là vn ioly tour de passe-passe, fondé sur la plus fine Geometrie, aussi bien que le Probleme suiuant, qui sera encore plus admirable que celuy-cy. Voicy tout l'artifice, commençant par le plus aysé. I. Ayez vne Pyramide ronde, autrement dicte vn Cone, & faictes dans, quelques ais vn trou circulaire, égal à la base du Cone. Item vn trou triangulaire, qui ait l'vn des costez égal au diametre du cercle, & les deux autres egaux aux deux costez de la Pyramide, depuis la base iusques à la poincte. C'est chose claire, que ce corps passera par le trou circulaire, mettant la poincte la premiere. Et par le triangulaire, en le couchant de son long & qu'il emplira ces trous en passant.

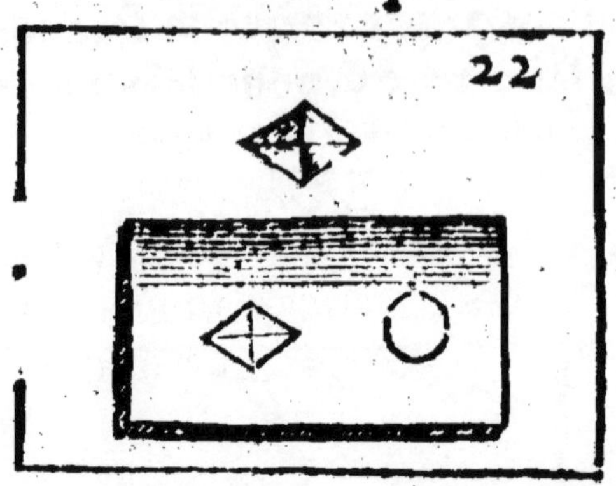

II. Faictes tourner vn corps semblable à deux Pyramides rondes, ou Cones accouplez par le base, & ayant les poinctes à l'opposite l'vn de l'autre. Puis faictes perçer vn ais en sorte que le trou circulaire soit du tout egal au cercle, qui est le base commune des deux Pyramides opposees, & le trou quadrangulaire ayt l'vn de ses diametres egal au diametre du cercle, l'autre egal à vne ligne droicte, tiree par le milieu des Pyramides, de bout en bout. Ce corps passant par le trou circulaire, l'emplira sans faute, à cause de la rondeur qu'il a au milieu, & tout de mesme, passant par le quadrangulaire, à cause que sa longueur, & largeur, & le lignes tirées de long en large, sont égales à celles du trou, lequel seroit parfaictement quarré, si la poincte des pyramides estoit allignée à angle droict.

EXAMEN.

Ce probleme à la verité a quelque gentillesse en sa seule proposition : mais l'artifice que l'autheur de ce ramas a rapporté pour le pratiquer, est assez plat, quoy qu'il en face vn chef-dœuure de subtilité, fondé sur sa plus fine Geometrie, mais que dira-il si on luy propose vn solide, qui passant par vn triangle Isoscele, par plusieurs triangles scalenes,

& par le plan d'vne ellipse, les rẽplisse chacun iustement; & encores vne autre solide, qui passant par vn triãgle isoscele, par plusieurs triangles scalenes, & par vn cercle, les remplisse aussi chacun justement, sans doubte cette Geometrie luy sera encores plus fine que la sienne, & cependant la subtilité n'en est pas grande. Le premier se fera auec vn Cone elliptiquement coupé, & le second se fera auec vn autre Cone scalene. La mesme curiosité se pourroit rechercher sur le subiet des solides, doubles des dessusdits en figure.

PROBLEME XXIII.

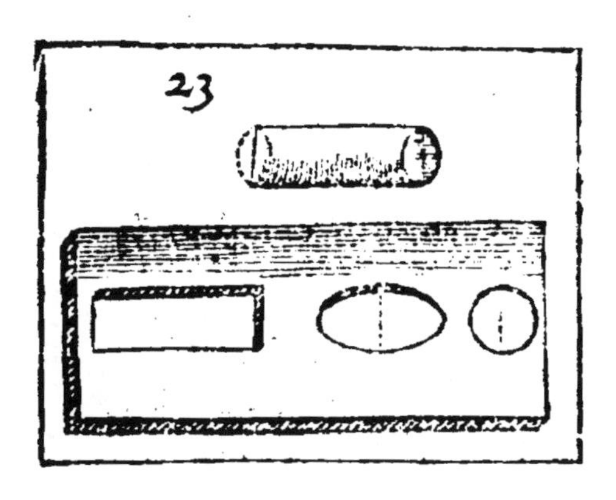

Faire passer à mesme condition que dessus, vn mesme corps par trois sortes de trous, l'vn circulaire l'autre quarré, ou quadrangulaire, de telle longueur qu'on voudra, & le troisiéme ouale.

C'Est icy, à mon aduis, l'vn des plus subtils tours que ie sçache, & se peut pratiquer en deux façons. Pour la premiere & plus facile, prenez vn corps cylindrique, ou colomnaire, de telle grandeur qu'il vous plaira, c'eſt choſe euidente, qu'eſtant mis droit, il emplira vn trou circulaire auſſi grand qu'eſt ſa baſe; Et couché de ſon lōg, il emplira en paſſant vn trou quadrāgulaire auſſi long, & large qu'il eſt par ſon milieu. Et parce que comme Serenus demonſtre en ſes Elements Cylindriques, la vraye ouale ſe fait quand on couppe de biays vn cylindre, en paſſant de biays, il emplira vn trou oual, qui aura la largeur égale au diametre du cercle, & la longueur telle qu'il vous plaira, pourueu qu'elle ne ſoit pas plus grande que celle du cylindre.

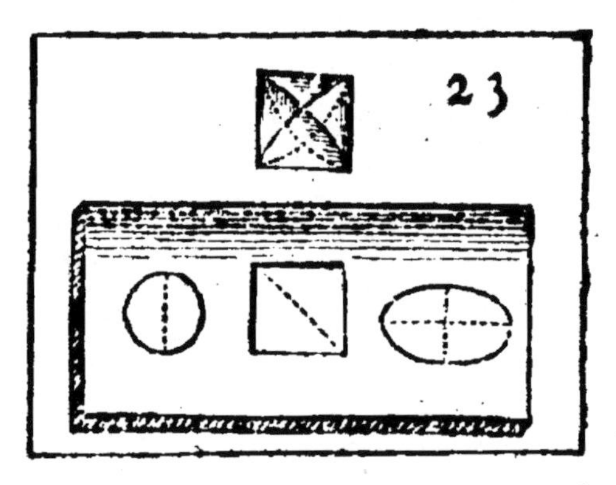

La ſeconde eſt vn peu plus ſpirituelle en cette maniere. Soit premierement fait en quelque ais vn trou circulaire, & puis vn quarré, ayant les coſtez eſgaux au diametre du cercle, & finalement vn trou en ouale, ayant la largeur égale au meſme diametre & la longueur égale à la diagonale du quarré. Secondement ayez vn corps cylindrique, auſſi long que large, & tel, que ſa baſe ſoit egale au trou circulaire, par ce moyen il pourra emplir le trou circulaire, & couché de ſon long le trou quarré, & par la raiſon ſuſdite, le couchant de biais, il emplira l'ouale. Mais affin que cela ſe face plus plauſiblement, il eſt expedient de le faire eſcorner, au tour c'est à dire, il le faut tourner, & arrondir par le large, tant que faire se pourra, sans oster chose quelconque du quarré qui passe par le milieu du cylindre.

EXAMEN.

L'Autheur de ce ramas n'a pas esté beaucoup ambitieux & curieux de subtilité, puis que il n'en a point cogneu de plus grande que celle qu'il nous rapporte sur ce Probleme, pour luy en descouurir donc quelque vne plus fine, aussi bien que sur le precedent, nous luy proposerions volontiers vn mesme corps inflexible, qui passant par vn quarré, par vn cercle, par plusieurs & differens parallelogrammes, par plusieurs & differentes ellipses, differentes mesmes en leurs deux diametres, les remplira chacun iustement (prestez la main à l'Autheur, ie crains fort qu'il ne tombe en pasmoison & foiblesse.) Et cependant vn solide colomnaire elliptiquement tourné, ayant pour hauteur son plus grand diametre en largeur, sera le subtil subiect qui fera tout ses tours de passe passe, & si il ne sera point besoin de rien écorner au tour, non plus que nous n'estimons pas estre besoing de le faire sur le subiect des exemples de ce liure, n'en desplaise à l'autheur. D. A. L. G.

PROBLEME. XXIIII.

Deuiner le nombre que quelqu'vn auroit pensé, d'vne autre façon que par cy deuant.

Dictes luy qu'il multiplie le nombre pensé, par tel nombre qu'il vous plaira, puis faictes luy diuiser

diuiser le produict par quelqu'autre nombre que vous voudrez. Puis multiplier le quotient par quelque autre, & derechef multiplier, ou diuiser par vn autre, & ainsi tant qu'il vous plaira; voire mesme vous pourrez remettre cela à sa volonté, pourueu qu'il vous dise tousiours par quels nombres il multiplie, & par quels il diuise.

Or en mesme temps, prenez quelque nombre à plaisir, & faites à l'entour d'iceluy secretement les mesmes multiplications, & diuisions, & lors qu'il vous plaira de cesser, dictes luy qu'il diuise le dernier nombre qu'il luy reste par le nombre pensé.

Diuisez aussi vostre dernier nombre par le premier que vous aurez pris. Pour lors, le quotient de vostre diuision sera le mesme, que le quotient qui luy reste, chose qui semblera assez plaisante & admirable à ceux qui en ignorent la cause. Mais pour auoir le nombre pensé, sans faire semblant de sçauoir ce dernier quotient, faictes luy adiouster le nombre pensé, & demandez, ou taschez par industrie, de cognoistre la somme de cette addition car en ostant le quotient cogneu, restera le nombre pensé. Par exemple, soit le nombre pensé, 5. faictes le multiplier par 4. viennent 20. puis diuiser par 2. viendront 10. puis multiplier par 6. viennent 60. & diuiser par 4. viendront 15. & vous aussi prenez en mesme temps vn nombre 4. multipliez-le par 4. viennent 16. diuisez par 2. viennent 8. multipliez par 6. viennent 48. diuisez par 4. viennent 12. Puis faictes diuiser 15. par le nombre pensé, viendront 3. & diuisez 12. par le nombre pris viennent aussi 3. le mesme quotient pour l'vn que pour l'autre.

PROBLEME XXV.

Deuiner plu[illegible]eurs nombres ensemble, que quelqu'v[illegible]n que diuerses personnes a[illegible]ent pensé.

SI la multitude des nombres pensez, est impaire comme si l'on en auoit songé trois, cinq, ou sept à la fois prenons pour exemple ces nombres, 2. 3 4. 5. 6. Dictes qu'on vous declare la somme du premier, & du second, ioincts ensemble, qui sera 5. Du second & du troisiéme qui sera 7. Du troisiéme, & du quatriéme, qui est 9. Du quatriéme & du cinquiéme, qui est 11. & ainsi tousiours prenant la somme des deux prochains: Et finalement la somme du dernier, & du premier, qui est 8. Alors prenant toutes ces sommes par ordre, adioustez ensemble toutes celles qui se trouueront és lieux impairs; A sçauoir la premiere, troisiéme, cinquiéme. 5. 9. 8. qui feront 22. Semblablement adioustez toutes celles qui se trouueront és lieux pairs; à sçauoir le second, & quatriéme 7. & 11. qui feront 18. ostez la somme de celles cy, de la somme des autres 18. de 22. restera le double du nombre pensé. Or l'vn des nombres pensez estant troué, vous aurez facilement tous les autres, puisque l'on cognoist les sommes qu'ils font, estans pris deux à deux.

Que si la multitude des nombres pensez est pair, comme si l'on en auoit pensé ces six, 2, 3. 4. 5. 6. 7. faictes prendre les sommes d'iceux, deux à deux, & puis la somme du dernier & du second, viendront 5. 7. 9. 11. 13. 10. En apres adioustez ensemble toutes les sommes des lieux impairs, excepté la premiere; c'est à dire 9. & 13. qui font 22. Adioustez aussi les sommes des lieux pairs, c'est a dire 7. 11. 10. qui font 28. Ostez celles là de celles-cy 22. de 28. restera le double du second nombre pensé.

PROBLEME XXVI.

Comme est-ce qu'vn homme peut auoir en mesme temps la teste en haut, & les pieds en haut, encore qu'il ne soit qu'en vne place.

LA responſe eſt facile, il faudroit qu'il fut aſſis au centre de la terre: Car comme le Ciel eſt en haut de tous coſtez. *Cælum vndique ſurſum,* tout ce qui regarde le Ciel en s'eſloignant du centre, eſt en haut. C'eſt en ce ſens que Maurolycus en ſa Coſmographie Dialogue premier, introduit vn certain *Dantes Aligerius*, feignant qu'il a eſté mené par vne Muſe aux enfers, & que là il a veu Lucifer, aſſis au millieu du monde, & au centre de la terre, comme dans vn throſne, ayant la teſte, & les pieds en haut.

EXAMEN.

CE Probleme eſt mal propoſé par l'autheur pour le rendre ſubtil, & le faire tomber ſous ſon ſens: car il n'eſt pas inconuenient qu'vn homme en meſ-

me temps, & en vne seule place, comme il dit, (nous ne voyons pas comment vn homme pourroit en mesme temps estre en deux lieux) puisse auoir la teste & les pieds en haut, si nous nous imaginons vn homme couché par terre releuer sa teste & ses pieds en telle sorte, qu'embrassant ses cuisses, & ayant les iambes droictes, & estenduës il baise ses genoux. Mais si l'on propose comment vn homme se tenant droict puisse en mesme temps auoir la teste & les pieds en haut, la question tombera sous le sens de l'Aucteur, & faudra s'imaginer vn homme pouuoir estre tellement constitué droict au centre de la terre, qu'en mesme temps il ayt les pieds & la teste éleuez vers le Ciel. Or Vitruue & Albert Duret entre-autres qui ont traicté des proportions & symmetries du corps humain, nous ayans assez discouru & declaré quel est, & en quelle partie du corps se considere le centre de l'homme, tel qu'y ayant posé vne poincte d'vn compas, l'autre poincte contournée puisse atteindre les extremitez d'vn homme ayant les bras & les jambes estendues, il ne sera pas mal aisé de s'imaginer encore vn homme tellement constitué centralement au centre de la terre, qu'en mesme temps il puisse auoir toutes les parties exterieures de son corps tendantes en haut; mais de la façon que l'Aucteur de ce ramas nous fait imaginer vn homme assis au centre de la terre; Le subject de son liure, qu'il intitule Recreation Mathematique, fait que par recreation nous luy demanderions volontiers, & luy laissons à nous resoudre si tel homme en cét estat laschoit quelque vent par le derriere, en quelle partie du Ciel il tireroit, & si les pieds en doiuent plustost auoir nouuelle que son nez. D. A. L. G.

PROBLEME XXVII.

Le moyen de faire vne eschelle par laquelle deux hommes montent à mesmes temps, de façon neantmoins qu'ils tendent à deux termes diametralement opposez.

CEla arriueroit, s'il y auoit vne eschelle moitié deçà, & moitié de là le centre du monde, & que deux hommes commençassent en mesme temps à monter l'vn deuers nous, l'autre vers nos Antipodes.

PROBLEME XXVIII.

Comme se peut-il faire; qu'vn homme qui n'a qu'vne verge de terre, se vante de pouuoir marcher par son heritage en droicte ligne, par l'espace de plus de 1700. lieuës Françoises.

LA raison est euidente, parce qu'il ne possede pas seulement la surface exterieure; mais il est maistre du fonds qui s'estend iusques au centre de la terre, par l'espace de 1700. lieuës, & plus. Or en ceste façon tous les heritages sont comme autant de Pyramides, qui ont leur pointe au centre de la terre, & la base n'est autre que la surface du champ, qui est distante du centre, autant que le demy diamettre de la terre : & partant on pourroit par cét espace faire vne descente à vis, pour aller par le fonds de son heritage iusqu'au centre. Quoy, me direz-vous, seroit-ce donc à luy tous les thresors toutes les richesses & minieres qu'il rencontreroit dans ce fond ? ie ne veux pas me mesler de decider ce qui appartient aux Legistes, pardonnez-moy s'il vous plaist, si ie vous renuoye à leurs arrests, il y en a qui adiugent ces thresors aux Princes, les autres en reseruent quelque part pour le proprietaire, Ie m'en rapporte à eux.

EXAMEN.

PVis que la proposition est conceuë pour vn acheminement en ligne droicte, il semble qu'elle se pouuoit souldre par imagination d'vne simple descente comme d'vne eschelle sans y rechercher ny desirer vne descente à vis, qui ne pourroit donner vn mouuement en ligne droicte.

PROBLEME XXIX.

Dire à quelqu'vn le nombre qu'il pense, apres quelques operations faictes, sans luy rien demander.

FAictes prendre vn nombre à quelqu'vn : Dictes qu'il le multiplie par tel nombre que vous luy assignerez, & au produit qu'il adiouste vn certain nombre. Puis qu'il diuise ceste somme, ou par le nombre qu'il a multiplié, ou par quelqu'vn qui le mesure aussi bien que le nombre adiousté, ou bien absolument par tel nombre qu'il vous plaira.

En mesme temps diuisez à part vous le nomb. multipliant, par le diuiseur, & autant d'vnitez, ou parties d'vnitez qu'il y aura en ce quotient, faictes autant de fois oster le nombre pensé, du quotient prouenu, à celuy qui a songé le nombre. Puis diuisez le nombre que vous auez fait adiouster, par celuy qui a seruy de diuiseur: Le quotient sera ce qui reste à vostre homme, & partant vous luy direz sans luy rien demander, cela vous reste. Par exemple qu'il ait pris 7. multipliant par 5. viennent 35. adioustant 10. viennent 45. qui diuisé par 5. donne 9. duquel si vous faictes oster vne fois le nombre pensé (par ce que le multiplicateur diuisé par le diuiseur donne 1.) le rest. sera 2. qui prouient aussi diuisant 10. par 5.

PROBLEME XXX.

Le ieu des deux choses diuerses.

C'est plaisir de voir les ieux, & ébatemens que nous fournit la science des nombres, comme se verra encore mieux au progrez. Cependant pour en produire tousiours quelqu'vn: Posons qu'vn homme ait deux choses diuerses, comme sont l'or & l'argent, & qu'en l'vne des mains il tienne l'or, & en l'autre l'argent. Pour sçauoir finement, & par maniere de deuiner, en quelle main il a l'argét, donnez à l'or vn certain prix & à l'argent aussi vn autre prix, à condition que l'vn soit pair, & l'autre impair : comme par exemple, dictes-luy que l'or vaille 4. & l'argent 7. Apres dictes qu'il multiplie par le nombre impair, ce qu'il tient en la dextre, & ce qu'il tient en la senestre par le nombre pair. Et puis ces deux multiplications estans adioustées ensemble demandez luy si la somme totale est nombre pair, ou impair ; car s'il est impair, c'est signe que l'argent est en la dextre, & l'or en la senestre. S'il est pair, c'est signe que l'or est en la dextre, & l'argent en la senestre.

PROBLEME. XXXI.

Deux nombres estans proposez. l'vn pair, & l'autre impair, deuiner de deux personnes lequel d'iceux chacun aura choisi.

COmme par exemple, si vous auiez proposé à Pierre, & Iean, deux nombres de dragées, de pieces de monnoye, ou choses semblables, l'vn pair. & l'autre impair, tels que sont 10. & 9. & que chacun deux choisisse de ces nombres à vostre insçeu. Deuinez qui aura pris 10. & qui 9. Ce Probleme n'est gueres different du precedent, & pour le resoudre. Prenez deux autres nombres, l'vn pair & l'autre impair, comme 2. & 3. Puis faictes multiplier celuy que Pierre aura choisi par 2. & celuy que Iean aura choisi par 3. Apres faictes ioindre ensemble les deux produicts, & que la somme vous soit manifeſtée, ou bien demandez ſeulement ſi cette ſomme eſt nombre pair, ou impair, ou par quelque moyen plus ſecret taſchez de le deſcouurir, comme leur commandant de le diuiſer par moitié, & s'il ne ſe peut ſans fraction, vous ſçaurez qu'il eſt impair S'il arriue donc que cette ſomme ſoit nombre pair; infaliblement le nombre que vous auez faict multiplier par voſtre pair, c'eſt à dire par 2. c'eſtoit le nombre pair 10. Que ſi ladicte ſomme eſt nombre impair, le nombre que vous auez, faict multiplier par voſtre impair à ſçauoir par 3. eſtoit infailliblement le nombre impair 9. Comme ſi Pierre auoit choiſi 10. & Iean 9. les produicts ſeront choiſi 20. & 27. donc la ſomme eſt 47. nombre impair; d'où vous conclurez que celuy que vous auec faict multiplier par 3. c'eſt le nombre impair, & partant que Iean auoit choiſi 9. & Pierre 10.

PROBLEME. XXXII.

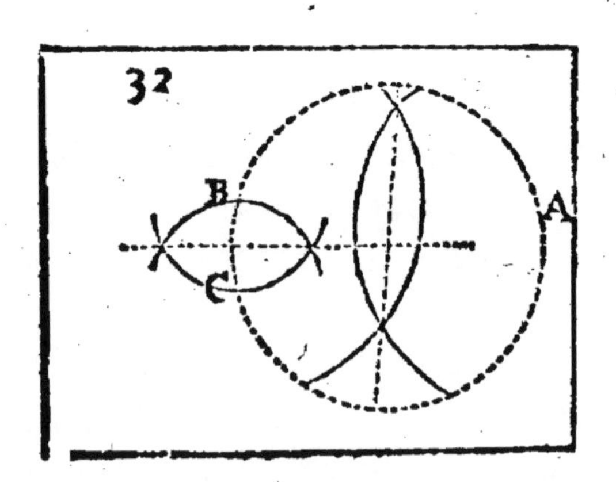

Descrire vn cercle par 3. poincts donnes disposez en telle façon qu'on voudra, pourueu seulement qu'ils ne facent pas vne mesme ligne droitte.

AYant les 3. poincts A.B. C. mettez vn pied du compas sur A. & descriuez vn arc de cercle, puis sur B. & à mesme distance faictes vn autre arc qui couppe le premier en deux endroicts, faictes de mesme entre B. & C. Puis tirez deux lignes droictes occultes, elles s'entrecouperont en vn poinct, qui est le centre du cercle, qui doit passer par les poincts A. B. C. comme vous experimentez par le compas. Par mesme moyen prenant au tour d'vn cercle 3. poincts à plaisir, & operant comme dessus vous trouuerez le centre du mesme cercle, chose trop facile aux apprentifs de la Geometrie.

EXAMEN.

Ce Probleme meritoit-il pas vn grand éclarcissement, voyez la note de ce P. E. M. vous en serez grandement bien instruicts. Mais sur tout donnez vous de garde de sa note sur le Probleme suiuant, car en vous proposant il vous imposera. D. A. L. G.

PROBLEME. XXXIII.

Changer vn cercle en vn parfaict quarré sans rien adiouster, ou diminuer.

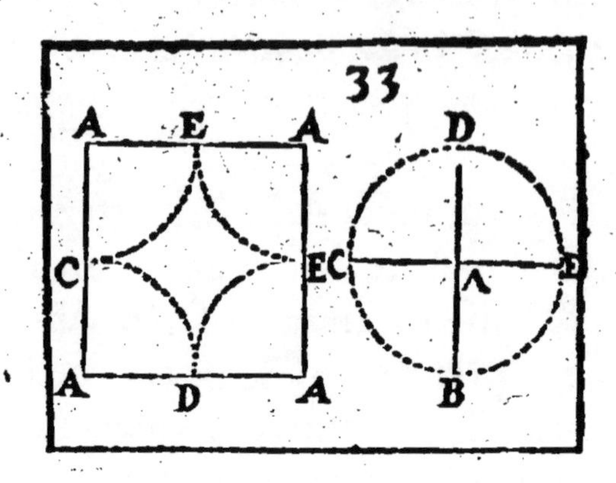

AYez vn cercle de carton, ou autre telle matiere qu'il vous plaira, coupez le en 4. quartiers, A, B, C. A, C, D. A, D, E. A, E, B. Disposez ces 4. quartiers en sorte, que le point A. se trouue tousiours en dehors, & que les arcs du cercle soient en dedans, addossez l'vn contre l'autre par le bout; vous aurez vn quarré parfaict, qui aura chasque costé egal au diametre du cercle. Il est bien vray que le quarré sera plus grand que le cercle, d'autant que les quartiers addossez, laissent beaucoup de vuide au milieu.

EXAMEN.

IL suffisoit d'aduertir icy les plus faciles à surprendre, que le changement qui y est proposé d'vn cercle en vn quarré parfaict, sans rien adiouster ou diminuer, est bien differend du changement qui se proposeroit d'vn cercle en vn quarré égal. Et de verité l'vn reuient à l'autre à cause de ce terme sans rien adiouster ne diminuer : mais comme ce n'a pas esté le dessein de celuy qui a faict la proposition de reduire vn cercle en vn quarré egal, ains sulement d'vn cercle en composer vn quarré, aussi disons nous que s'il l'auoit fait sans rien adjouster ne diminuer, le quarré composé seroit égal au cercle, mais tel quarré est composé de quatre quartes du cercle & d'vne figure curuiligne interieure, laquelle est égale à l'excez du quarré circonscrit audict cercle, lequel excez estant rejecté, la figure ne sera plus vn quarré parfaict, comme on pretend, bien qu'elle reste terminee exterieurement de quatre lignes formees en quarré.

Or que ce curuiligne à l'égard du quarré & à l'egard du cercle, ne soit la difference de l'vn à l'autre, ou l'excez de l'vn au dessus de l'autre, c'est à dire de combien le quarré circonscrit au cercle excedde le mesme cercle, c'est chose notoire & vulgaire, en sorte que nous auons honte de l'impudence de ce presomptueux Censeur, d'imposer dans sa notte sur ce Probleme, que personne n'ayt encores jusques à present enseigné la raison que tient cèt excez curuiligne, soit au quarré, soit au cercle: & qu'il soit le premier qui en a dict quelque chose à propos: les escrits de tant de grands & signalez autheurs, Archimede, Romain, Clauius, Ludolphe, Snellius, & infinité d'autres, reclament contre cette imposture. Aussi que generallement de deux choses données & cogneuës, la diference est donnée & cogneuë, & consequemment sa raison à chacune d'elles. Or le diametre d'vn cercle estant posé de quelque mesure certaine, telle qu'on voudra son quarré sera donné & cogneu: & selon cette mesme mesure ayant estably la circonference du cercle inscrit, soit par la voye d'Archimede dicte Royalle, ou autre, le rectangle compris soubs la moitié du diametre, & ladite circonferēce sera ègal audit cercle inscrit, c'est à dire à laire ou superficie renfermee par ladite circonference: Cela est de l'ordinaire & triuial, soustrayez donc l'vn de l'autre, sçauoir l'aire circulaire de la quarrèe, leur difference sera le curuiligne interieur en question.

Mais si cette nouuelle quadrature du cercle mise en suitte est veritable, & quelle soit de son inuention, nous auons tort: car à la verité il seroit le premier qui auroit exprimé cette difference entre le quaré circonscrit & son cercle inscrit en terme precis & exactes, iusques ou l'immensité du labeur des aucteurs susnommez ne les a peu porter, bien que leur trauail soit certain & veritable.

Voyons donc ce qui en est, & disons premierement que cette piece par luy rapportée sur ce Probleme n'est point de son inuention, ains est de la qualité du reste de ses remarques, c'est à dire furtiue & dèrobee d'ailleurs. Si l'on en demande des nouuelles au bon Longomontanus, il fera voir qu'il l'a publiée sienne dans le Danemarck, cette inuention cyclometrique il y a ja quelques annees, & de faict les exemplaires s'en voyent pardeça, & nous ont esté cy deuant communiquez & enuoyez expres par vn personnage de singuliere erudition & loüable curiosité, Conseiller au Parlement d'Aix, auquel nous les auons renuoyez accompagnez de nostre iugement & censure assez exacte, ainsi le dementy en demeureroit indubitablement à ce Plagiaire, Et comme toute nouueauté luy est indifferemment propre pour se l'attribuer, soit bonne soit mauuaise, l'examen de cette faulse Cyclometrie surpassant sa capacité, il a osé là publiant sienne, la maintenir veritable, remettant neantmoins d'en donner la demonstration ailleurs.

Pour le releuer donc de cette peine, nous examinerons icy la construction de cette nouuelle quadrature circulaire. Soit dict on proposé vn cercle A, B, C, D. duquel le diametre estant A, C. il faille trouuer vne ligne droicte égale à la moitié de la circonference, & puis apres le costé du quarré egal à laire du mesme cercle.

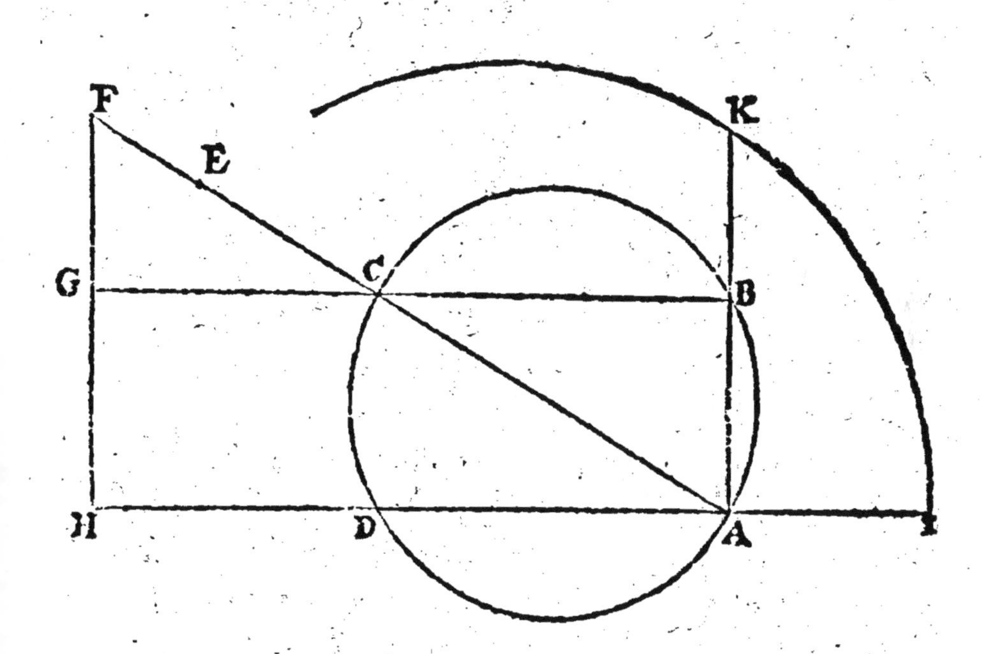

Soit prolongé interminement le diametre A, C. & ayant pris C, E. égale au semidiametre du cercle soit prise F E. de 27. parties telles que C, E. en contiét 41. en apres soit pris le costé de l'Exagone A, B. & par les poincts B & C. tiré indeterminement la ligne B, C, G. & sur icelle soit tiré perpendiculairement

F, G. qui rencontre en H, la ligne droicte A, D, H. pararelle & égale à B, C, G : ce faict la ligne A, H. ou B, G. sera égale à la moitié de toute la circonference A, B, C, D. & le rectangle A, B, G, H. sera égal à l'aire dudict cercle. Finalement soit trouué la ligne droicte A, K. moyenne proportionnelle entre les deux costez A, H. A, B. Et le quarré descrit sur icelle ligne droicte A, H. sera egal au cercle proposé. Dont, adiouste on, la demonstration se verra en vn certain traitté des curuilignes que lon nous promet.

Releuons donc de peine ce subtil Archimede, & disons d'abord que suiuant cette construction, il est faux que la ligne A H ou B G, soit égale à la demycirconference du cercle A B C. & que veritablement & par la suiuante demonstration elle est plus grande. Puis que A, C. est diametre, l'angle A B C, est droict : mais F G, est perpendiculaire à B, C, G. donc F, G, B, A, sont paralleles, & l'angle G, F, C. est egal à C, A, B. Partant acause de legalité du trosiéme C. comme A, B. est moitié de A, C. aussi F, G. est moitié de F, C. Or F, C. est donnée & cogneuë, donques F, G. est aussi donnée & cogneuë : Mais F, H, A, B. sont paralleles & par la construction, aussi B, G, A, H. paralleles & égales, partant G, H. est égale à A, B. & consequemment donnée & cogneuë, donc la toute F, H. est donnée & cogneuë : mais F, A. est aussi donnee & cogneuë, & partant les deux quarrez de F, A. & F, H. seront donnez & cogneuës, & consequemment leur difference, sçauoir le quarré de A, H. Dont la racine cest a dire la ligne A, H. est posée égale à la demy-circonference A, B, C.

Or E, C. estant de 43 *parties* F, E, A. *est de* 86, *&* F, E. *estant posee de* 27. *la toute* F, A. *est de* 156. *&* F, C. *de* 70. *donc F, G. estant la moitié sçauoir* 35. *&* G, H. 43. *la toute* F, H. *est de* 78. *le quarré donc de* F, A. 156. *estant* 24336. *& celuy de* F, G. 78. *estant* 6084. *leur difference sera* 18252. *pour le quarré de la ligne* A, H. *c'est a dire de la demy circonference* A, B, C. *partant le quadruple* 73008. *sera le quarré de la double* A, H. *cest a dire de toute la circonference dont la racine* 270. $\frac{99}{500}$ *fort proche sera la circonference dudit cercle en mesme partie, dont le diametre est posé* 86. *double de C, E.* 43.

Or en mesme raison le diametre du cercle estant posé de 100000. *parties, la circonference sera de* 314183 $\frac{41}{43}$. *Car comme* 86. *de diametre donnent* 100000. *de diametre, ainsi* 270. $\frac{99}{500}$. *de conference donneront* 314183 $\frac{41}{43}$. *pour circonference partant la raison du diametre du cercle a sa circonference, selon cette inuention sera en mesmes parties, comme de* 100000 *a* 314183 $\frac{41}{43}$. *Mais en ces mesmes parties Ludolphe & Snellius, entr'autres, ont ja demonstré selon Archimede, que le diametre d'vn cercle estant estimé & posé de* 100000. *parties, la circonference sera bien de telles parties plus grande que* 314159. *mais moindre que* 314160. *a plus forte raison ils l'ont demonstré moindre que* 314183 $\frac{41}{43}$.

Et de plus supposé, comme il est tres veritable que tout Polygone inscrit au cercle est moindre que le cercle, & le circonscrit plus grand: Les mesmes Ludolphe & Snellius ont ja demostre (le tout pour ne leur en rien dérober) que posãt le diametre d'vn cercle de 100000. *parties, la circonference du Polygone circonscrit de* 320. *costez est moindre que de* 31418 *de semblables parties*

ties : mais le double de la ligne en question est de 31418. $\frac{3}{10000}$ & plus de telles parties, & partant la circonference du cercle posé égal au double de cette ligne seroit plus grande que celle de Poligone de 320. costez qui luy seroit circonscrit, ce qui est absurde. Telle ligne donc estant beaucoup plus grande que la moitié de la circonference du cercle dont elle est deriuée, il est faux de dire quelle luy soit égale, & par consequent le quarré de A, K. moien proportionnel entre A, H. & A, B, demidiametre sera plus grand que l'aire dudict cercle, ce que nous auions à demonstrer.

Nous conclurrons donc que le diametre du cercle estant posé de 86. parties sa circonference sera moindre que √ 73008. & son aire moindre que √. 33747948. & partant de quarré du diametre estant 7396. le quadrilatere curuiligne formé au milieu sera plus grand que 7396 — √ 33747948. n'en desplaise à ce nouueau cyclometre. ny à son pretendu traicté des Curuilignes, c'est auoir le iugement curuiligne que d'admettre telles absurditez. Si cette faulse monnoye prend cours en Dannemark, la France, ou du moins Paris, ne la releuera iamais, ou bien elle n'y aura cours que parmy les ignorans.

D. A. L. G.

PROBLEME. XXXIV.

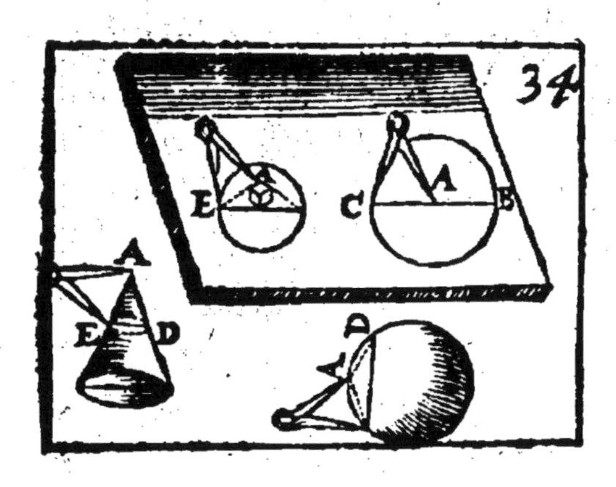

Auec vn mesme compas, & mesme ouuerture d'iceluy, descrire deux, voire tant qu'on voudra de cercles inegaux, & en telle proportion qu'il vous plaira plus grands, ou plus petits, iusques à l'infiny.

CE n'est pas sans cause qu'on admire d'abord cette proposition, voire qu'on la iuge impossible, ne considerant pas l'industrie qui la rend possible, & tres-facile en plusieurs manieres. Car en premier lieu, si vous faictes vn cercle dessus quelque plan, & puis que sur le mesme plan, & sur le mesme point, vous esleuiez vn peu le centre, mettant quelque bois pour rehausser le pied du compas, auec la mesme ouuerture vous ferez vn cercle plus petit. Secondement si vous descriuez vn autre ercle sur vne boule, ou sur vne surface bossuë ou creuse en quelque façon que ce soit; & plus euidément encore, si vous mettez la pointe du compas au bout d'vne Pyramide ronde descriuant auec l'autre pointe vn cercle tout au tour d'elle vous le rendrez d'autant plus petit que la Pyramide sera plus mince. Et comme ainsi soit que ces Pyramides peuuent tousiours aller de plus minces en plus minces à mesure que leur bout se termine par vn angle plus aigu, c'est chose claire qu'on y peut faire par ce moyen, & auec mesme ouuerture du compas vne infinité de cercles tousiours plus petits que les premiers.

Cela se demonstre par la 20. proposition du premier l. d'Euclide : car le diametre E. D. estant plus petit que les lignes A. D. A. E. prises ensemble, & les lignes A. D. A. E. estans égales au diametre B. C. à cause de la mesme ouuerture du compas, il s'ensuit que le diametre E. D. & tout ensemble son cercle, est plus petit que le diametre, & le cercle B. C.

EXAMEN.

Comme l'aucteur de ce liure remarque, que d'abord cette proposition donne de l'estonnement, aussi nous disons que d'abord selon quelle est conceue, elle heurte la verité en partie, Car de proposer d'vne seule ouuerture d'vn mesme compas, d'escrire tant de cercles inegaux, & en telle proportion qu'on voudra plus grands à l'infiny, cela est impossible, bien qu'il soit possible de les descrire infiniement plus petit : Et pour examiner ce qui se peut dire de cette subtilité, nous disons que si on la restraint à l'effect des seules pointes du compas, le plus grand Cercle que ledit compas pourra descrire quelque ouuerture qu'il puisse auoir, sera celuy qui aura son centre & pole de mouuement dans le mesme plan que sa circonference.

Mais s'il est libre de considerer tout ce qui se pourroit faire auec vne seule ouuerture de compas, il se trouuera qu'a raison des differentes, élevations ou depressions que l'on pourra donner à l'vne de ses pointes au dessus ou au dessous du plan sur lequel se descriront, ou du moins sur lequel seront imaginés estre descrits les cercles, il sera possible de descrire quelque cercle plus grand que celuy que les pointes descriront posees sur vn mesme plan. Car comme par exemple de toute ouuerture d'vn compas soubs vn angle moindre que de 60. degrez, si l'vne des pointes dudict compas est enfoncée sous le plan sur lequel sera descrit quelque cercle, en sorte que le centre & pole du mouuement soit dans le mesme plan, il est certain que tel cercle sera plus grand que celuy que lesdites pointes descriront, estans posees sur le mesme plan: mais en ce cas il faut considerer sa pointe enfoncee estre mobile, car si elle est retenuë immobile & posee pour pole du mouuement, il est certain que les cercles qui en seront descrits sur le plan releué seront tousiours plus petits.

Or tout ce que l'on pourroit augmenter auec vn compas ouuert d'vn angle moindre de 60. degrez, est borné dans l'estendue de l'vne de ses branches, posé qu'elles soient egales, ou de la plus grande, si elles sont inegales auec cette supposition que l'autre branche se puisse entierement enfonçer au dessous du plan, sur lequel on voudra descrire de differents cercles: Et pour le compas ouuert de 60. degrez & plus, il est absolument impossible en quelque façon qu'on le considere, d'en descrire aucun cercle plus *grand que celuy qu'il descrira ayant ses pointes posees sur vn mesme plan. D. A L. G.*

PROBLEME XXXV.

Deuiner plusieurs nombres pensez, pourueu que chacun d'iceux, soit moindre que dix.

FAictes multiplier le premier nombre pensé par 2. puis adiouster 5. au produit, & multiplier le tout par 5. & à cela adiouster 10. puis y adiouster le second nombre pensé, & multiplier le tout par 10. (chose facile mettant vn zero derriere toute la somme) Puis faictes y adiouster le troisiéme nombre pensé, & si l'on auoit pensé d'auantage de nombres, faictes encore multiplier ce dernier tout, par 10. & adiouster le quatriéme nombre pensé, & ainsi des autres. Puis faictes vous declarer la derniere somme, & si l'on n'a pensé que deux nombres, ostez 35. de cete somme, resteront les deux nombres pensez, dont le premier sera le nombre des dizaines, & l'autre en suiuant. Que si l'on a pensé 3. nombres, il faut oster de la derniere somme 350. Et du reste, le nombre des centaines sera le premier nombre pensé : celuy des dizaines le second, &. Si l'on en a pensé 4. ostez de la derniere somme 3500. & du reste le nombre des mille sera le premier nombre pensé. Le mesme faut il faire en deuinant d'auantage de nombres, soustrayant tousiours vn nombre augmenté d'vn chiffre. Comme si l'on auoit pensé 4. nombres 3. 5. 8. 2. faisant doubler le premier viennent 6. adioustant 5. vient 11. qui multiplié par 5. donne 55. auquel adioustant 10. vient 65. & adioustant à celuy-cy le second nombre pensé, vient 70. qui multiplié par 10. faict 700. auquels adioustant le troisiéme nombre pensé vient à 708. qui multiplié par 10. vient à 7080. auquel adioustant le quatriéme nombre pensé vient à 7082. Et en ostant 3500. restent 3582. qui exprime par ordre, les quatre nombres pensez.

Or d'autant qu'à la fin, & quand on vous declare la derniere somme, les deux derniers nombres à main droicte, sont les mesmes, que le troisiéme & quatriéme nombre pensé, & partant il appert trop euidemment, que vous faictes declarer la moitié de ce qu'il faut deuiner. Pour mieux couurir l'artifice, il faudroit encore faire adiouster quelque nombre, par exemple 12. viendroient 7094. & puis en substrayant 3512. vous auriez les nombre pensez comme deuant, par vn bien plus secret artifice.

PROBLEME. XXXVI.

Le ieu de l'Anneau.

EN vne Compagnie de 9. ou 10. personnes, quelqu'vn a pris, ou porte sur soy, vn anneau, vne bague d'or, ou chose semblable. Il faut deuiner qui l'a, en quelle main, en quel doigt, & en qu'elle iointure. Cela iette bien vn profond estonnement dans l'esprit des ignorans, & leur faict croire qu'il y a de la magie, ou sorcellerie en cette façon de deuiner.

Mais en effect, ce n'est qu'vne soupplesse d'Arithmetique, & vne application du Probleme precedent. Car on suppose premierement que les personnes soient ordonnees, tellement qu'vne soit premiere, l'autre seconde, l'autre troisiéme, & ainsi du reste, s'il y en auoit iusqu'a dix. Semblablement on s'imagine, que des deux mains l'vne est premiere, l'autre seconde. Et aussi que des 5. doigts de la main, l'vn est premier, l'autre second, l'autre troisiesme, &c. Bref qu'entre les iointures de chasque doigt, l'vne est comme 1. l'autre comme 2. l'autre comme 3. &c. Do'ù il appert qu'en faisant ce ieu, on ne faict rien autre chose que deuiner quatre nombres pensez. Par exemple si la quatriéme personne auoit la bague, en la seconde main, au cinquiéme doigt, en la troisiéme iointure, & que ie le voulusse deuiner, ie procederois comme au 33. Probleme, faisant doubler le premier nombre, c'est à dire, le nõbre de la personne, lequel estant 4, doublé, fera 8. Puis adioustant 5. vient 13. multiplié par 5. donne 65 adioustant 10. vient 75. Puis i'y fais adiouster le second nombre qui est 2. nombre de la main, & viennent 77. ie les fais multiplier par 10. viennent 770. ie dis encore adioustez y le nombre du doigt viendront 775. adioustez y le nombre de la iointure qui est 3. viendront 7753. faictes y encore adiouster 14. pour mieux couurir l'artifice viendront 7767. desquels ostant 3214. resteront 4553. dont les figures expriment par ordre tout ce qu'on veut deuiner : car la premiere à main gauche, qui est 4. monstre le nombre de la personne, 2. la main 5. le doigt 3. la iointure.

PROBLEME XXXVII.

Le ieu des 3. 4. ou plusieurs dez.

CE qui a esté dit aux deux precedents Problemes, peut encore estre appliqué au ieu des dez & à plusieurs autres choses particulieres, pour deuiner combien il y aura de poincts en chasque dez de tout autant qu'on en aura jetté : car les poincts d'vn dé, sont tousiours au dessous de dix, & les poincts de chaque dé peuuent estre pris pour vn nombre pensé, & la reigle est toute la mesme. Par exemple, qu'vn homme ait ietté 3. dez, si vous desirez sçauoir les points d'vn chacun par soy, & de tous ensemble, dictes luy qu'il double les points de l'vn d'iceux. A ce double faictes adiouster 5. & multiplier le tout par 5. & adiouster encore 10. à cette multiplication, puis faictes luy adiouster à toute la somme le nombre du second dé, & multiplier le tout par 10. finalement qu'il adiouste à cette derniere somme le nombre du troisiéme dé, & qu'il vous declare le nombre qui viendra apres toutes ces operations; Car si vous en soustrayez 350. resteront les nombres des 3. dez.

PROBLEME XXXVIII.

Le moyen de faire boüillir sans feu; & trambler auec bruit l'eau auec le verre qui la contient.

PRenez vn verre quasi plein d'eau, ou d'autre semblable liqueur, & mettant vne main sur son pied pour l'affermir, faictes dextrement tourner vn doigt de l'autre main sur le bord de la couppe, ayant au prealable moüillé ce doigt en cachette, & pressant mediocrement fort sur le bord du verre en tournant. Pour lors il se fera premierement vn grand bruit II. les parties du verre trembleront à veuë d'œil, auec notable rarefaction, & condensation III. l'eau tournera en tremblottant & boüillonnant. IV. elle se iettera mesme goutte à goutte, sautelant hors du verre, auec grand estonnement des assistants particulierement s'ils en ignorent la cause qui depend seulement de la rarefaction des parties du verre, occasionnée par le mouuement du doigt humecté, & pressant.

EXAMEN.

CE Probleme est bien conceu & proposé, mais il y a quelque chose à reformer en la deduction, & exposition. Il est bien vray qu'ayant moüillé le doigt & le contournant moderement sur le bord d'vn verre plein d'eau il excite vn bruit ; & que si l'on presse tant soit peu, & que le mouuement soit plus lent, incontinent le verre tremblera, & à l'instant l'eau semblera boüillir, & reialira goutte à goutte, mais que le verre tremble seulement en quelque vne de ses parties auec notable rarefaction & condensation selon le mouuement local du doigt : & que l'eau tournoye en tremblotant, c'est dont on ne demeure pas d'accord, non plus que de dire obsolument que l'eau sautille hors du verre, comme s'il n'en retomboit & reiallissoit pas la plus grande partie dans le verre.

Pour le tremblement du verre en ses parties auec notable rarefaction ou condensation dudict verre, la raison y resiste, qui nous faict cognoistre & dire que plus les corps auoisinent d'vne qualité, & moins sont ils subiects & susceptibles d'vne autre qui luy seroit contraire. La condensation & rarefaction sont qualitez contraires, & partant des trois corps considerables en ce Probleme, sçauoir le verre, l'eau incluse, & l'air circonfus, nous dirons asseurement que le verre estant le plus dense & impenetrable sera moins subiect & susceptible de rarefaction que l'eau, & l'eau moins que l'air.

S'il arriue donc icy quelque rarefaction ou condensation, elle doit estre plus considerable en l'air circonfus qu'en l'eau & plus en l'eau qu'au verre. Aussi que le verre estant, comme dict est agité, agite l'vn & l'autre, & cõme le verre est vn corps cõtinu les parties plus proches du mouuemẽt du doigt, estans agitees agitẽt encore les plus éloignees: mais l'apparẽce en est selon le plus ou moins de violence au mouuement. Aussi ce tremblement de verre ne tombe quelque fois sous les sens, ou ne se recognoist que partial, vne autre fois il paroist general de tout le verre: Mais pour l'eau il arriue peu que ses parties interieures paroissent beaucoup agitees t: elles sont celles qui sont contiguës aux parties du verre vers le fons moins subiectes à l'agitation. & partant moins èbranlees. Et qu'elle tourne dans le verre, celà ne se recognoistra point auec les autres apparences susdictes, mais, comme nous auons ià dit, le doigt contourné legerement & vitement exitera moins de mouuement au verre,

& d'ebulition en l'eau, voire nous osons dire point en tout : aussi ce leger & viste mouuement circulaire du doigt pourroit tellement agiter l'air circonfus, que l'eau en receuroit quelque affection, plus ou moins tousiours apparante, selon le plus ou moins de vitesse & violence au mouuement du doigt.

Ces choses reduictes à la verité de l'apparence nous laissons quant à present aux plus curieux à en rechercher les vrayes causes. Et nous reseruons à faire voir quelque iour auec l'aide de Dieu, & moyennant plus de loisir, ce que nous en auons examiné & resolu dans nos disquisitions physicomathematiques. Seulement nous les aduertirons de se donner de garde, que les raisons que touche cet auteur en ce traicté ne preoccupent tellement leurs esprits & imaginations, qu'elles les detournent d'vne plus curieuse recherche de la verité. D.A.L.G.

PROBLEME. XXXIX.

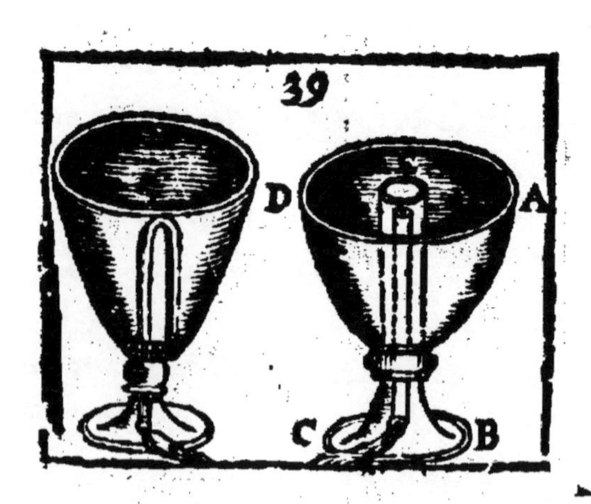

D'vn gentil vase, qui tiendra l'eau, ou le vin qu'on y verse, moyennant qu'on l'emplisse iusques à vne certaine hauteur; mais si on l'emplit vn peu plus haut, tout se vuidera iusqu'au fond.

SOit vn vase A.B.C.D. par le milieu duquel passe vn tuyau, le bas duquel est ouuert dessous le fond du vase en F.& l'autre bout E est vn peu moins haut que le bord du vase. A l'entour de ce tuyau, il y en a vn autre H L.qui monte vn peu au dessus d'E & doit estre diligemment bouché en L. de peur que l'air n'entre par là. Mais tout pres du fond, il doit auoir vn trou H. pour donner libre passage à l'eau Versez maintenant de l'eau, du vin, ou autre liqueur dans ce vase, Tandis que vous ne monterez pas iusques à la hauteur E. tout ira bien mais si tost que vous emplirez iusques au dessus d'E. Adieu toute vostre eau, qui s'escoulera par E. F. comme par le bout d'vn Siphon, & vuidera le vase tout entier, à cause que le bout du tuyau est plus bas que le fond.

Le mesme arriueroit, disposant en vn vase quelque tuyau courbé, à la mode d'vn Siphon, tel que la figure vous represente en H. car emplissez au dessous d'H. tant qu'il vous plaira, le vase tient bon: mais remplissez iusques au poinct H, & vous verrez beau ieu, lors que tout le vase se vuidera par embas, & la finesse sera d'autant plus admirable, que vous sçaurez mieux cacher le tuyau, par la figure de quelque oyseau, serpenteau, ou semblable chose.

Or la raison de cecy n'est pas difficile à ceux qui sçauent la nature du Siphon : c'est vn tuyau courbé qu'on met d'vn bout dedans l'eau, le vin, ou autre liqueur & l'on ſucce par l'autre bout iuſqu'à ce que le tuyau s'empliſſe de liqueur, puis on laiſſe librement couler ce qu'on a tiré, & c'eſt vn beau ſecret naturel, de voir que ſi le tuyau exterieur eſt plus bas que l'eau elle coulera ſans ceſſe, mais ſi la bouche de ce tuyau vient a eſtre plus haute que la ſurface de l'eau, ou iuſtement à ſon niueau, iamais elle ne coulera, quand bien le tuyau ſeroit 2. & 3. fois plus gros que la partie qui eſt plongée dans l'eau; pourueu qu'il y ait aſſez d'eau dans le vaſe, pour contrepeſer à ce qui eſt dehors ; car c'eſt le propre de l'eau qu'elle garde touſiours exactement ſon niueau.

EXAMEN.

Cette caution adiouſtee ſur la fin de ce Probleme eſt impertinente & mal à propos adiouſtee par l'auteur de ce liure : car à ſon dire, ſi la branche exterieure du Siphon eſt plus ample & ſpatieuſe que l'interieure, & partant qu'eſtant pleine d'eau, elle en occupe plus grande quantité & plus peſant qu'il n'en reſte dans le vaſe, quand l'emboucheure de ladite branche exterieure ſe trouueroit, ou plus haute, ou à niueau de la ſurface de l'eau dans le vaiſſeau, ladite eau ne laiſſeroit de couler, faute que dans le vaiſſeau il n'y en auroit pas aſſez pour contrepeſer à ce qui ſeroit dehors, voyez l'impertinence de cette concluſion, & en quelle abſurdité cette caution adiouſtee mene neceſſairement qu'vne moindre hauteur d'eau peſeroit plus qu'vne plus grande hauteur; c'eſt combattre le principe le plus simple & le plus naturel qui soit considerable sur ce noble subiect faute d'intelligence duquel, cet aucteur est tombé dans cette absurdité.

Nous disons donc que la hauteur de l'eau se considere depuis sa superficie interieure, iusques à sa superficie extante, & ce selon les perpendiculaires de l'vne en l'autre, en sorte que s'il y a quelque inegalité, & que l'eau soit continue & libre de mouuoir, elle se restablira naturellement en equilibre. Or ces perpendiculaires de hauteur sont autant considerables en vn Siphon dont les branches tendent en bas, qu'en celuy dont les branches tireroient contremont: car si les emboucheures en l'vne & l'autre position sont à niueau, & le Siphon plein d'eau, l'eau n'aura aucun mouuement, quelque inegalité qu'il y ayt en volume & quantité d'eau d'vne branche à l'autre. Tellement qu'au suiect du Siphon, dont est icy mention pour espuiser l'eau d'vn vaisseau, l'eau restante dãs le vaisseau n'est en façon quelconque cõsiderable, supposé comme il y est dict qu'elle soit en mesme niueau que les emboucheures du Siphon plein d'eau. Car soit que le Siphon soit entierement extant & superieur, soit qu'il touche la superficie de l'eau dans le vaisseau, pourueu qu'il soit plein d'eau & en equilibre à l'egard de ses emboucheures, l'eau ne coulera point, que si on l'incline tant soit peu vers le vaisseau, l'eau y coulera incontinent iusques à ce qu'elle se soit restablie en equilibre par mesme hauteur dans le Siphon, c'est à dire que sa superficie dans le vaisseau soit à niueau de celle qui sera dans la branche exterieure du Siphon, comme aussi si on èleue tant soit peu le Siphon, en luy donnant quelque inclination il se vuidera incontinent, soit *dans le vaisseau, soit dehors, selon que l'inclination sera vers lè vaisseau ou dehors.*

Mais voicy ce qui se rencontrera plus estrange & admirable, c'est que, supposé que le Siphon soit plein d'eau, si l'emboucheure interieure dans le vaisseau touche seulement la superficie de l'eau en icelny, en sorte qu'il soit étouppé par l'eau mesme, quelque inclination que puisse auoir à la branche exterieure, l'eau ne s'écoulera non plus que si le Siphon estant extant, vous bouchiez ou estoupiez vne de ses emboucheures auec le doigt.

PROBLEME. XL.

Gaillardise d'Optique.

LEs enfans ont diuerses façons de ieux parmy lesquels on en treuue quelquefois qui meritét d'estre considerez par les Philosophes & Mathematiciens. Celuy donc ie veux parler est de la sorte. Quelqu'vn tient en la main vn petit baston tout droict. & faisant fermer l'œil à ses compagnons, il gage contre eux, qu'en portant le doigt de trauers, & se guidant auec vn seul œil, ils ne toucheront pas du bout du doigt le baston qu'il leur monstre. Que vous semble de cette gageure; l'experience monstre en effect que le plus souuent ils se trompent, & au lieu de toucher le but, ils portent le doigt tantost deçà tãtost delà, & s'ils le rencõtrent, c'est par hazard. Mais quelle est la raison de cette fallace; Briefuement: c'est qu'vn œil tout seul ne sçauroit iuger combien le baston, ou autre corps visible, est éloigné en droicte ligne, comme les perspectifs demonstrent en leur science. Et pour cette mesme cause, l'experience faict aussi veoir qu'il est difficile de toucher vne araignée penduë en l'air, ou de passer le fil dans le trou d'vne aiguille, ou de bien iouer à la paume quand on va de costé & auec vn seul œil.

PROBLEME XLI.

D'vne façon de verre fort plaisante.

ON faict quelquesfois des couppes de verre redoublé, tout de mesme que si l'on auoit mis vne couppe dans vne autre; & tout à dessein, il y a vn peu d'espace entre-deux dans lequel on verse de l'eau, ou du vin, auec vn entonnoir, & ce par vn petit trou qu'on a laissé au bord de la couppe. Or il arriue en ce cas deux tromperies bien gentilles: car encore qu'il n'y ait goutte d'eau, ny de vin, dans le creux de la couppe, mais tant soit peu dans l'entredeux, neantmoins ceux qui regardent la couppe du costé que vient le iour estiment que c'est vn verre ordinaire plein d'eau, ou de vin, & nommement si ce qui est entre-deux vient a se remuer, car il semble proprement que ce soit le mouuement de ce qui est au milieu de la couppe. Mais ce qui donne plus de plaisir, c'est quand quelque simplart porte la couppe à sa bouche pensant aualer vne verrée de vin, la où il ne hume que de l'air, apprestant à rire pour toute l'assistance qui se mocque de luy. Ceux

qui

qui sont plus clairuoyants se mettent à l'opposite du iour, & considerans que les rayons de lumiere ne sont pas reflechis à l'œil comme s'il y auoit du vin, ou de l'eau dans la couppe, ils en tirent vne preuue asseurée, pour conclure que le creux de la couppe est totalement vuide,

EXAMEN.

Selon que le vin ou autre liqueur auroit plus ou moins de tainture ou force en couleur, la chose en sera plus ou moins difficile à recognoistre, mesmes contre le iour. D. A. L. G.

PROBLEME. XLII.

Si quelqu'vn auoit autant de pieces de monnoye, ou d'autres choses, en l'vne des mains. comme en l'autre, le moyen de deuiner, combien il y en a en tout.

Dites luy qu'il transporte d'vne main en l'autre, vn nombre tel qu'il vous plaira, pourueu qu'il le puisse faire; car s'il n'en auoit pas tant; il luy faudroit amoindrir ce nombre. Cela fait, dictes luy que de la main, où il a mis ledict nombre, il remette en l'autre main, autant qu'il y en est demeuré. Pour lors soyez asseuré, que dans la main, dans laquelle s'est fait le premier transport, se trouue iustement le double du nombre transporté. Par exemple, s'il auoit en chacune main 12. deniers, & que de la main droicte, il mit en la gauche 7. deniers puis apres que de la gauche, il remit en la droicte, autant qu'il en resteroit, c'est à dire 5. infaliblement, en la senestre, il y auroit 14. deniers, qui est le double de 7. Puis donc que vous sçauez le nombre qu'il a premierement transporté qui est 7. vous luy direz, qu'en la senestre, il a 14. deniers, & par quelque autre subtilité, vous pourrez deuiner ce qu'il a en la droicte: c'est a dire 10. & par consequent ce qu'il tient en ses deux mains qui sont 24.

PROBLEME XLIII.

Plusieurs dez estans iettez, deuiner la somme des poincts qui en prouiennent.

PAr exemple, quelqu'vn aura ietté trois dez à vostre insçeu: Dictes luy qu'il adiouste ensemble tous les poincts qui sont en haut, puis laissant vn dez à part sans y toucher, qu'il prene les poincts qui sont dessous les deux autres, & qu'il les adiouste à la somme des precedents. Dictes encore qu'il reiette derechef ces deux dez, & qu'il conte leurs poincts, qui paroissent en haut, les adioustant à la somme produicte: Puis laissant vn des deux à part, sans le bouger, qu'il prenne les poincts qui sont dessous l'autre, & qu'il les adiouste auec le reste. Finalement qu'il iette encore ce troisiéme dé, & qu'il adiouste à la somme totale, les poincts qui viendront dessus, laissant ce dez en l'estat auquel il se trouue de present, auec les deux autres. Cela fait, approchez de la table, & regardez les poincts, qui paroissent sur les trois dez, & adiouster leur 21. vous aurez la somme totale, qu'auoit celuy qui a ietté les dez, apres toutes les operations susdictes. Comme si la premiere fois, les poincts des trois dez, sont 5. 3. 2. leur somme sera 10. & laissant le 5. a part, on trouuera sous 3. & 2. 4. & 5. qui adioustez a 10. font 19. Puis iettant derechef ces deux dez, si les poincts de dessus sont par exemple 4. & 1. adioustez à 19. ils seront 24. Et laissant le 4. à part auec le premier dé, dessous l'autre dé on trouuera 6. qui adioustez à 24. feront 30. En fin iettant ce troisiéme dé, & adioustant les poincts qui seront sur luy, par exemple, 2. viendront 32. & laissant au mesme estat ce dé auec les autres, vous verrez que les poincts qui paroistront dessus, sont 5. 4. 2. donc la somme est 11. à laquelle adioustant 21. ou 3. fois 7. viendront 32. qui est la somme totale requise. On pourroit de mesme pratiquer ce ieu en 4. 5. 6. & plusieurs dez, ou mesme en d'autre corps, obseruant seulement qu'il faudroit adiouster a la fin, autant de fois 7. que de fois on a fait adiouster les poincts opposez d'vn dé: car c'est là dessus que se fonde toute la demonstration du ieu, qui suppose que les dez soyent bien faits, & que les poincts qui se trouuent dessus, & dessous vn mesme dé, fassent tousiours 7. que s'ils faisoyent vn autre nombre, il faudroit, autant de fois adiouster vn autre nombre.

PROBLEME. XLIV.

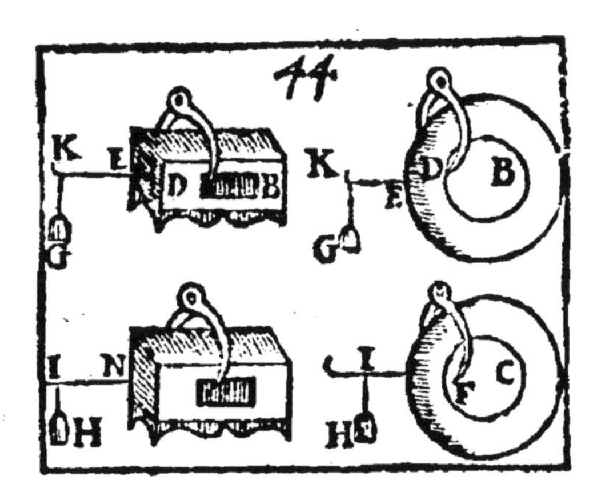

Le moyen de choisir sans difficulté ny doute la boiste pleine d'or : & laisser celle qui est pleine de plomb, quoy que l'vne, & l'autre soyent semblables à l'exterieur, & aussi pesante l'vne que l'autre.

ON dit qu'vn Empereur requis par vn sien seruiteur de luy assigner quelque recompense le fit entrer dans son cabinet, & mettant sur la table deux vases, ou coffres de pareille grandeur, de poids egal, & du tout semblables à l'exterieur, auec cette seule difference, que l'vn estoit plein d'or & l'autre de plomb, il luy donna le choix de prendre celuy des deux qu'il luy plairoit. Mais que feroit vn pauure seruiteur en ce cas? s'il choisit le coffre plein d'or, le voila richement recompensé, s'il prend le plomb, il est miserable comme deuant. Or il n'y a point d'apparence de demeurer entre deux indeterminé, comme l'asne de Buridan qui mourut de faim au milieu de deux picotins d'auoine, ne sçachant auquel se ruer. Qui sera-ce donc qui luy fournira des yeux de linx, pour voir à trauers l'espaisseur du coffre, ou quel sera le Mercure, qui luy suggerera vn conseil industrieux au besoin

Plusieurs estiment qu'il n'y a que la fortune, qui le puisse rendre heureux en ce rencontre: mais, ne leur en déplaise vn bon Mathematicien pourra sans entamer ny ouurir la boiste, choisir aseurément celce qui est pleine d'or, & laisser celle qui est pleine de plomb.

Car premierement, si on luy permet de peser l'vne & l'autre boiste dedans l'air, & puis dedans l'eau: c'est chose claire, par la proportion des metaux, & selon les principes d'Archimede, que l'or sera moins pesant de sa dixhuictiéme partie, & le plomb enuiron de l'onziéme: partant l'on pourra colliger ou l'or, ou le plomb.

Mais parce que cette experience, pour diuers accidens, peut estre suiette à caution, & signamment à cause que la matiere du coffre empesche ce semble, de iuger si c'est à raison du coffre ou du metail qu'il contient, que ce dechet arriue.

EXAMEN.

CEs deux Apuis que l'auteur de ce liure apporte pour caution de son dire, l'vn de la proportion des metaux, l'autre des principes d'Archimede, ne verifieront pas sa premiere maniere d'examiner, & ce qui l'a abusé, c'est qu'il n'a pas consideré l'egalité du volume des deux boistes ou coffres, & ne s'est arresté que sur l'egalité de la pesanteur en l'air. laquelle à la verité selon la proportion des differentes grauitez des metaux en l'air & en l'eau, pourroit estre differente en l'eau, supposé qu'il n'y eut aussi egalité en volume & grandeur: Mais Archimede qu'il appelle à son secours, ayant demonstré qu'vn solide est d'autant moins pesant & graue en l'eau qu'en l'air, que le volume d'eau egal au volume du solide, sera pesant, les deux coffres estans egaux en volume, les 2. volumes d'eau, selon lesquels ils diminueront de pesanteur en l'eau, seront aussi egaux & égalements pesans: ils diminueront donc chacun d'vne egale pesanteur en l'eau: mais leur pesanteur en l'air estoit aussi égale, doncques le residu sçauoir leur pesanteur en l'eau sera aussi égale. Et par ainsi quel choix? Il ne faut donc point chercher d'autre accident que cet inconuenient pour recognoistre que cette experience est non seulement subjette à caution, mais absolument faulse & absurde.

D. A. L. G.

Voicy vne inuention plus subtile, & plus certaine, pour trouuer le mesme hors de l'eau. L'experience & la raison nous monstre que deux corps metalliques de mesme forme, & egale pesanteur, ne sont pas d'egale grandeur: & que l'or, estant le plus pesant de tous les metaux, occupe moins de place, d'où il s'ensuit, qu'vne mesme pesanteur de plomb occupera plus de lieu. Soit donc qu'on presente deux globes, ou coffres de bois, ou d'autre matiere semblables & egaux. dans l'vn desquels, & au milieu y ait vn autre globe, ou corps de plomb, pesant 12. liures, (comme C.) & au milieu de l'autre, vn globe, ou semblable corps d'or, pesant 12. liures

(comme B.) le tout fait en sorte, que la boïste & le contenu d'vn costé, soit egal & de mesme pesanteur à la boïste & cõtenu de l'autre. Pour sçauoir auquel des deux est l'or, prenez vn instrument en forme de compas crochu, & pincez auec les pointes d'iceluy, vne partie du coffre, comme vous voyez en D. puis fichez dans le milieu des deux poinctes du compas vne aiguille, ou autre chose semblable de certaine grandeur, comme E. K. au bout de laquelle mettez vn poids G. tellement qu'il soit en equilibre, & qu'il contrebalance, en forme de pezon, le premier coffre suspendu en l'air, sur les poinctes du compas. Faictes tout le mesme en l'autre coffre.

Or tandis que le compas ne comprendra rien des metaux enfermez, vous verrez qu'il ne se trouuera aucune difference entre les distances du poids suspendu à l'aiguille de chacun coffre. Mais aduançant le compas, & prenant plus auant auec les poinctes, il se pourra faire, que vous compreniez aussi partie du metail enfermé, ou bien les poinctes seront iustement sur l'extremité de l'or, comme pour exemple en D. & posons que le poids G. soit en equilibre auec tout le reste, il est certain qu'ẽ l'autre coffre où sera le plomb, les poinctes estans de mesme ouuerture, & autant aduancées comme au poinct F. comprendront vne partie du plomb, à cause qu'il occupe plus grande place que l'or, & cette partie de plomb, entre F. & N. aydera au poids H. & diminuera de l'autre costé C. qui sera cause, que pour rendre H. en equilibre auec C. la distance N, I. ne sera si grande que E, K. parce qu'en ces deux balances, le poids B. qui est tout or est plus pesant d'vn costé du centre, & des poinctes qui supportent la balance, que le poids C. qui n'est qu'vne partie du plomb, partant il faudra que le contrepoids G. soit plus reculé d'autre costé que le contre-poids H. Et par cette pratique nous concluons, que là où sera la plus petite distance entre le contre-poids & le coffre, là dedans sera le plomb, & en l'autre l'or.

PROBLEME XLV.

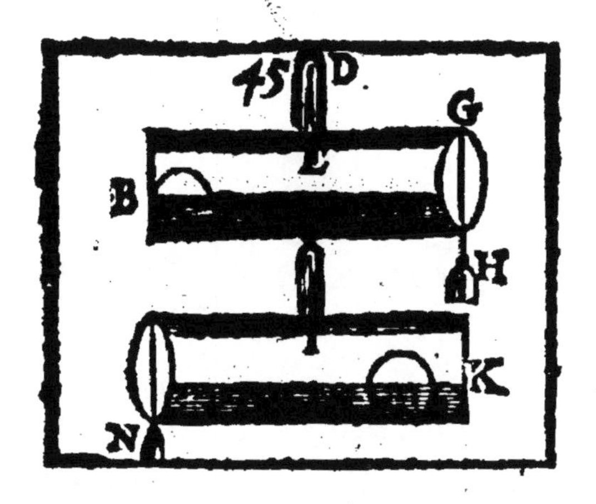

Deux globes d'egale pesanteur, & de diuers metaux (comme d'or & de cuiure) estans enfermez dans vne boiste B, G. soustenuë du point E. & mise en equilibre, par vn contrepoids H. deuiner lequel des deux est plus proche de l'examen D, E.

IL ne faut que faire changer de place au deux boules, faisant que le mesme contrepoids H. soit suspendu de l'autre costé, comme en N. & si l'or, qui est le plus petit globe, estoit auparauant le plus proche de l'examen D. E. ayant changé de place il se trouuera plus éloigné du mesme examen, comme en K. & partant le centre de la grauité des deux globes pris ensemble, sera plus éloigné du milieu de la boiste, qu'il n'estoit auparauant. Donc, l'examen demeurant tousiours au milieu, il faudroit augmenter le poids N. pour garder l'equilibre: & par ce moyen on cognoist, que si en la seconde fois le contre-poids est trop leger, c'est signe que l'or est le plus éloigné du milieu, & qu'auparauant il estoit le plus proche: mais si au contraire le contre-poids deuenoit plus pesant, il faudroit conclurre le contraire.

PROBLEME XLVI.

Le moyen de representer icy bas diuerses Iris. & figures d'arc en ciel.

S'Il y a chose aucune admirable en ce monde qui rauisse les yeux & les esprits des hommes, c'est l'arc en ciel, ce riche baudrier de l'vniuers, qui se voit bigarré sur le fond des nuées, auec toutes les couleurs que nous pourroient fournir le brillant des estoilles, l'esclat des pierreries, & l'ornement des plus belles fleurs qui tapissent & fleurdelisent la terre. On l'apperçoit en certains endroits flamboyant comme les astres, le feu de l'escarboucle, & la rose. On y voit la teinture bleuë & violette de l'air, de l'Occean, du Saphir, & des Hyacintes: Toute la gayeté des Esmeraudes & des plantes est assemblée dans sa verdure; c'est la plus riche piece du thresor de la nature: c'est le chef-d'œuure du Soleil, ce diuin Appelles qui porte ses rayons, au lieu de traicts de pinceau, & couche ses couleurs en rond dessus la fumée vaporeuse, comme sur sa table d'attente: voire mesme, dit Salomon en l'Eccles. 43. c'est le chef-d'œuure de Dieu. Neantmoins on a laissé aux Mathematiciens plusieurs industries pour le faire descendre du ciel en terre, & pour le peindre en partie, sinon en perfection, du moins auec le mesme meslange de couleurs, & mesmes ingrediens qu'il a là haut.

N'auez vous iamais veu des galeres, qui volent sur l'eau à force d'auirons, Aristote mesme ce grand genie de la nature, vous apprendra que remuant ces auirons d'vne certaine grace, l'eau s'esparpille en gouttelettes, & formant mille petits atomes de vapeur, faict voir aux rayons du Soleil vne espece d'Iris.

Ceux qui ont voyagé par la France, & l'Italie auront peu voir dedans les maisons, & iardins de plaisance, des fontaines artificielles qui iettent si dextrement la rosée de leurs gouttes d'eau, qu'vn homme se tenant entre le Soleil, & la fontaine, y apperçoit vne perpetuelle Iris.

Mais sans aller si loing, ie vous en veux monstrer vne, tout à vostre porte, par vne gentille & facile experience. Prenez de l'eau en vostre bouche, tournez le dos au Soleil, & la face contre quelque lieu obscur, puis soufflez l'eau que vous auez hors de vostre bouche, afin quelle s'esparpille en gouttelettes & vapeurs, vous verrez parmy les atomes de ces vapeurs, aux rayons du Soleil, vne tres-belle Iris: tout le mal est, qu'elle ne dure gueres, non plus que l'arc en Ciel.

Voulez-vous, peut estre, voir quelque Iris plus stable, & permanente en ses couleurs ? prenez vn verre plein d'eau, & l'exposez au Soleil, faisant que les rayons qui passent à trauers soyent receus sur quelque lieu ombragé, vous aurez du plaisir à contempler vne belle forme d'Iris. Prenez vn verre trigonal, ou quelque autre cristal taillé à plusieurs angles, & regardez à trauers, ou faictes passer dedans les rayons du Soleil, ou mesme d'vne chandelle, faisant que leur apparence soit receuë sur quelque ombrage, vous aurez le mesme contentement.

Ie ne diray rien des couleurs d'Iris qui paroissent aux bouteilles de sauon, quand les petits enfans les font pendre au bout d'vn chalumeau, ou voler en l'air ; c'est chose trop commune : aussi bien que l'apparence d'Iris qui se voit à l'entour des chandelles & lampes allumées, specialement en hyuer. Ie passe viste à vn autre Probleme : car sans mentir, i'ay peur que vous ne m'interrogiez plus outre, touchant la production, disposition & figure de ces couleurs : ie vous respondray qu'elle vient par la reflexion, & refraction de la lumiere, & puis c'est tout. Platon a fort bien dit, que l'Iris, est fille d'admiration, non pas d'explication : & celuy là n'a pas mal rencontré, qui a dit, que c'est le miroir où l'esprit humain a veu en beau iour son ignorance ; puisque tous les Philosophes & Mathematiciens, qui se sont employez à en rechercher & expliquer les causes en tant d'annees, & de speculations, n'y ont appris sinon qu'ils n'y sçauent rien, & qu'ils n'ont que l'apparence de verité.

EXAMEN.

NOus ne pouuons laisser passer ce Probleme sans y dire vn mot du manque que l'Autheur de ce liure a faict, de n'auoir remarqué en la methode qu'il rapporte d'imiter l'Iris par la proiection de l'eau que quelqu'vn feroit rejalir auec sa bouche vers vn lieu obscur ayant le dos au Soleil, cōme estāt adossé cōtre la fenestre de quelque chambre: que non seulement il s'y void l'Iris premiere & principale, mais aussi la seconde auec telle proportion en force, & ordre de couleur, & en grandeur au premier, qu'elle se void & remarque souuent ez deux Iris qui paroissent en l'air, par la resolution d'vne nuee en pluye à l'opposite du Soleil & de nostre veuë. Ce que nous ne faisons aucun doute, qu'il ne se puisse aussi obseruer ez apparences d'Iris formees dans le rejalissement des gouttes d'eau ez fontaines par le vent & sur mer & riuieres, par les auirons.

Or en ce suject de haute speculation, comme en toutes autres apparences dont nous recherchons les causes, ce n'est pas peu d'auoir par deuers nous, & comme en nos mains, des experiences & apparences particulieres & familieres, que nous puissions comparer aux autres plus eloignees: car plus nous trouuons de rapport & rencontres communs, & plus par la cognoissance des vns nous atteindrons, & approcherons à la cognoissance des autres: ce qui est le plus seur moyen de philosopher & ratiociner sur tous sujects, mesmes les plus releuez. D.A.L.G.

PROBLEME. XLVII.

Comment pourroit on faire tout autour de la terre, vn pont de pierre, ou de bricque, qui fut suspendu en l'air sans arcade, ou appuy qui le supporte.

POsons le cas qu'on bastisse tout autour de la terre sur des arcades de bois, tellement que toute la structure soit egalement pesante, & espoisse en toutes ses parties. Puis apres qu'on oste toutes les arcades de bois: Ie maintiens que ce pont demeurera pendu en l'air, sans qu'vne seule piece vienne à se dementir, & que par ce moyen l'on pourroit faire le tour de la terre à couuert dessous ce Pont, ou bien tourner tout au tour en l'air dessus le mesme pont: car comme nous voyons que les voutes, & arcboutans demeurent fermes, à cause que leurs parties s'entresupportent, & s'entretiennent elles-mesmes, aussi les parties de ce pont estans égalements espoisses, & pesantes, & égalements distantes du centre, s'entresupporteroient mutuellement, seruans toutes de clef & d'appuy; & n'y ayant point d'occasion pourquoy l'vne tombast plutost que l'autre ne pouuans d'ailleurs tomber toutes ensemble, elles demeureroient infailliblement toutes suspenduës en l'air.

PROBLEME. XLVIII.

Comment est-ce que toute l'eau du monde pourroit subsister en l'air, sans qu'vne goute tombast sur terre.

SI elle estoit toute également espoisse, pesante, & disposée tout a l'entour de la moyenne region de l'air tandis que l'impetuosité des vents, ou la rarefaction, & condensation du chaud & du froid, ou quelque autre cause exterieure, n'y apporteroit point d'inegalité, elle demeureroit tousiours suspenduë en l'air: car elle ne sçauroit tomber tout ensemble sans penetration; & d'ailleurs il n'y a point de raison pourquoy vne partie tomberoit poustost que l'autre.

C'est-ce qui a fait dire à quelques vns, que quand le ciel seroit liquide, & delié comme l'air, & quand bien il y auroit grande quantité d'eau sur les cieux comme l'Escriture semble tesmoigner assez euidemment, il ne faudroit point d'autre support pour la soustenir là haut, que l'egalité de sa pesanteur & espoisseur en toutes ses parties.

PROBLEME. XLIX.

Comment se pourroit il faire, que les elemens fussent renuersez sens dessus dessous, & que naturellement ils demeurassent en tel estat.

CEla arriueroit, si Dieu auoit mis I. le feu à l'entour du centre de la terre, cõme quelques-vns ont creu, à cause de l'enfer, que c'est son lieu naturel, II. l'air à l'entour du feu. III. l'eau pardessus l'air, & IV. la terre par dessus l'eau, le tout auec vne parfaicte vniformité de parties, d'espoisseur, & de pesanteur. Car pour lors la terre seroit comme vn pont basty par dessus l'eau tout à l'entour du centre. L'eau ne pourroit tomber, comme nous auons monstré au Probleme precedent. Le feu ne pourroit abandonner le centre, ny par pieces, ny tout ensemble; non par pieces, car pourquoy l'vne plustost que l'autre; ny tout ensemble, autrement il resteroit du vuide à l'entour du centre. Doncques tous les elements demeureroient naturellement en cet estat.

PROBLEME. L.

Le moyen de faire que toute la poudre du monde enfermee dans vne petite boule de papier, ou de verre & embrazee de toutes pars, ne puisse rompre sa prison.

SI la boule & la poudre estoit vniforme en toutes ses parties. Car par ce moyen la poudre presseroit & pousseroit égalemẽt de tous costez, & ny auroit pas d'occasion pourquoy le debris commençast par vne partie plutost que par l'autre. D'ailleurs il est impossible que la boule se brise en toutes ses parties, car elles sont infinies.

Le moyen de faire, que tous les Anges & les hommes du monde poussants de toutes leurs forces vn fil d'araignée pour le rõpre, n'en puisse venir à bout. Si le fil d'araignée estoit en rond, & que leur force fust appliquée également a pousser toute la rondeur de ce fil vniforme en toutes ses parties, ils ne le romperoient pas ; autrement il le faudroit briser en vne infinité de parties, chose impossible. Neantmoins si les Anges prenoient à tache chacun quelque partie determinée, ils pourroient bien tous en poussant également emporter leur piece. Comme aussi je crois que si deux hommes ou deux cheuaux tiroient l'vn contre l'autre vn filet, ou autre chose fragile, mais egalement forte en toutes ses parties, ils ne le romperoient iamais, s'ils ne le rompoient iustement au milieu : car hors de là, l'on ne sçauroit dire pourquoy ils le deussent rompre plustost en vn endroit, qu'en vn autre.

EXAMEN.

CE Probleme aussi bien que quelques precedens, depend entierement de la subtilité de l'imagination, & ne peut estre soubmis à la possibilité de l'experience : Mais il y a quelque chose à redire en la deduction des trois premiers exemples y rapportez

tez, esquels on suppose bien l'uniformité du subiect passif en toutes ses parties pour faire par tout vne égale resistance : mais on n'y particularise pas assez vne semblable vniformité d'action, pression & violence de la part du subject qui agit. Soit la poudre tant vniforme en ses parties que l'on se peut imaginer, soit la boule qui la renferme de mesme, l'application du feu en quelque partie seulemẽt brisera le tout, car il changera premierement cette vniformité de la boule & de la poudre: mais le feu également & vniformement appliqué en toutes les parties trouuant vne égale resistance par tout n'opereroit rien ; de mesmes vn fil d'araignée formé en rond quelque vniformité qu'il puisse estre imaginé auoir en toutes ses parties s'il n'estoit imaginé aussi en mesme temps également pressé en toutes ses parties il seroit subiect à debris. Et ce que l'on y adiouste, que neantmoins si les Anges prenoient à tasche chacun quelque partie determinée ils pourroient bien en poussant tous également emporter leurs pieces, semble impertinent: car s'ils n'agissent également que sur quelques parties, ils ne faut point souhaitter des Anges pour causer ce debris: mais s'ils agissent tous également & en mesme temps sur toutes les parties, il nous semble que c'est estre aux termes de la proposition qui prend la negatiue & en ce cas y auroit contradition.

Le 3. exemple a quelque chose de plus particulier à discuter. Car accordé soit que le filet soit vniforme & égal en toutes ses parties, deux hommes, deux cheuaux ou autre chose le tirant d'égale force l'vn contre l'autre ne feront pas vne égale violence sur toutes les parties du filet, & partant il est indubitable qu'ils le romperont, mais que ce soit iustement au milieu, c'est dont on ne demeure pas d'accord: car si nous considerons en cet exemple quelles parties du filet souffrent plus de violence, nous trouuerons indubitablement que le debris doibt arriuer aux deux bouts. Autre chose seroit si l'on s'imaginoit vn filet dont chaque moitié seroit egallement, mais differemment violentée en toutes ses parties, c'est à dire qu'il y eut autant de force egale appliquée à chacune des parties du filet (ce qui ne peut estre par deux forces qui tireroient également les deux bouts l'vn contre l'autre.) Car en ce cas la rupture arriueroit seulement au milieu. Mais hors cette imagination, & se retirant dans les choses Physiques & possibles à experimenter, il est certain par la raison & par l'experience qu'vne corde, vne fisselle, vn fil de fer, de letton d'acier ou dautre matiere, estant tirés de violence se rompront ordinairement par l'vn des bouts: & s'il arriue autrement, ce sera en vn endroit ou la corde, fisselle ou filets auront quelque inegalité en la matiere ou difformité touchant le volume & la grosseur, & partant seront plus foibles en cét endroit & feront moins de resistance.

Ee cette verité s'experimẽterá tousiours en quelcõque position de corde, soit tirée des deux bouts, soit attachée de l'vn & tirée de l'autre, & ce encores ou horizõtalement & en toutes sortes d'inclination, ou suspenduë & attachée, & tirée à plomb par vn poids qui la violente iusques à rupture. Et de plus il se verra assez frequemment que si les inegalitez ou difformitez vers le milieu de la corde ne sont beaucoup sensibles & apparentes, elles feront plus de resistance que les deux bouts qui seront proche de la violence, & partant que la corde ou fisselle ne laissera *encores de se rompre par l'vn des bouts, pourueu toutesfois que la corde ait notable estenduë, du moins à raison de sa grosseur. Ces experiences bien faictes, & examinées peuuent descouurir tout plein de beaux secrets en la nature, & fournir vn assez beau subject pour philosopher. D. A. L. G.*

Le moyen de faire qu'vne grosse boule de fer tombant de bien haut sur vne planche de verre delicate au possible, ne la rompe en façon quelconque; si la boule est parfaictement ronde, & le verre bien plat, & bien vniforme en toutes ses dispositions, la boule ne le touchera qu'en vn poinct, qui est le milieu d'vne infinité de parties qui l'enuironnent; & n'y a point d'occasion pourquoy le debris se doiue faire d'vn costé plustost que de l'autre; Puis donc qu'il ne se peut faire de tous les costez ensemble, il faut conclure que naturellement parlant, vne telle boule tombant sur vn tel verre, ne le briseroit pas. Mais ce cas est bien Methaphysique, & tous les ouuriers du monde ne pourront iamais auec toute leur industrie, faire vne boule parfaictement arrondie, & vn verre vniforme.

PROBLEME LI

Trouuer vn nombre qui estant diuisé par deux il reste 1. estant diuisé par 3. reste aussi 1. & semblablement estant diuisé par 4. ou par 5. ou par 6. il reste tousiours 1. mais estant diuisé par 7, il ne reste rien.

DAns quelques Arithmeticques on propose cette question vn peu plus gayement en cette sorte : Vne pauure femme, portant vn panier d'œufs pour vendre au marché, vient à estre heurtée par vn certain, qui faict tomber le panier & casser tous les œufs, Or desirant cette homme, de satisfaire à la pauure femme s'enquiert du nombre des œufs, elle respond qu'elle ne le sçait pas certainement, mais qu'elle a bonne souuenance, que les contant deux à deux, il en restoit vn, semblablement les contant trois à trois, ou 4. à 4. ou cinq à cinq, ou six à six, il resteroit tousiours vn, & les contant sept à sept, il ne restoit rien : Ie demande combien elle auoit d'œufs.

Gaspard Bachet deduit cette question subtilement & doctement selon sa coustume : mais parce que ie fais icy profession de n'apporter rien de difficile ou speculatif, ie me contenteray de vous dire, que pour soudre cette question, il faut trouuer vn nombre mesuré par 7. qui surpasse de l'vnité vn nombre mesuré par 2, 3 4. 5. 6. Or le premier qui a ces conditions, est le nombre 301. auquel se verifie la teneur du Probleme. Que si vous en voulez encore des autres, adioustant 420. a 301. viendra 721. qui faict le mesme effect, que 301. & adioustant de rechef 420. a 721. vous en aurez encore vn autre, & ainsi plusieurs autres sans fin, adioustant tousiours 420. D'où s'ensuit, que pour bien deuiner le nombre des œufs, il faudroit sçauoir s'ils passoient 400, ou 600. Car y ayant plusieurs nombres, qui peuuent soudre la question proposée, on pourroit prendre l'vn pour l'autre, n'estoit que par le poids des œufs, on colligeast que ce nombre ne passe pas 4. ou 5. cens, à cause qu'vn homme ou vne femme venant au marché, n'en sçauroit apporter passé 4. ou 5. cens.

PROBLEME LII.

Quelqu'vn ayant certain nombre de pistolles, & les ayant par megarde laissé mesler parmy vn grand nombre d'autres pistolles qu'vn sien amy contoit deuant luy, redemande son or : mais pour luy rendre on veut sçauoir combien il en auoit, luy respond qu'il n'en sçauoit rien au vray : mais qu'il est bien asseuré que les comptant deux à deux, il en reste 1. les comptant trois à trois, il en restoit 2. comptant quatre à quatre, il en restoit 3. comptant cinq à cinq, restoient 4. comptant six à six, restoient 5. mais comptant sept à sept, il ne restoit rien, l'on demande combien cet homme auoit de pistolles.

CEtte question a quelque affinité auec la precedente, & sa solution depend quasi de mesmes principes : car il faut trouuer icy vn multiple de 7. qui estant diuisé par 2. 3. 4. 5. 6. laisse tousiours vn nombre moindre d'vn que le diuiseur. Or le nombre auquel cela arriue, est 119., & qui en voudroit d'autres pour soudre la question en plusieurs nombres, deburoit adiouster 420, a 119, viendroient 539. auquel adioustant derechef 420. viendroit encore vn autre nombre, qui peut soudre la question.

PROBLEME LIII.

Combien de poids pour le moins faudra-il employer pour peser toute sorte de corps, depuis vne liure iusques à 40. iusques à 121. iusques à 364. &c.

PAr exemple, pour peser depuis 1. iusques a 40. Prenez quelques nõbres en proportion triple, tellement que leur somme soit égale, ou tant soit peu plus grande que 40. comme sont 1. 3. 9. 27. ie dis qu'auec 4. poids semblables, le premier d'vne liure, le secõd de 3. le troisiéme de 9. le quatriéme de 27. liures, vous peserez en la balance tout ce qu'on vous presentera, depuis vne liure, iusques à 40. Pour exẽple, voulez vous peser 21. liures, mettez le poids de 9. liures d'vn costé, & dans l'autre bassin vous mettrez 27. & 3. qui contrebalanceront 21. & 9. liures En voulez-vous 20. mettez d'vn costé 9. & 1. & d'autre part 27. & 3. & ainsi des autres.

En la mesme façon prenant les 5. poids, 1. 3. 9. 27. 81, vous pourez peser, depuis vne liure, iusques a 121. & prenant les 6. consecutifs, 1. 3. 9. 27. 81. 243. vous peserez iusques a 364. sans qu'il soit besoing d'auoir vn poids de 2. 4. 5. 6. 7. 8, 20. liures, ny autres que les susnommez. Tout cela est fondé sur vne proprieté de la proportion triple, commençante par l'vn; qui est, que chasque nombre dernier contient tous les precedents deux fois & 1. par dessus.

PROBLEME LIIII.

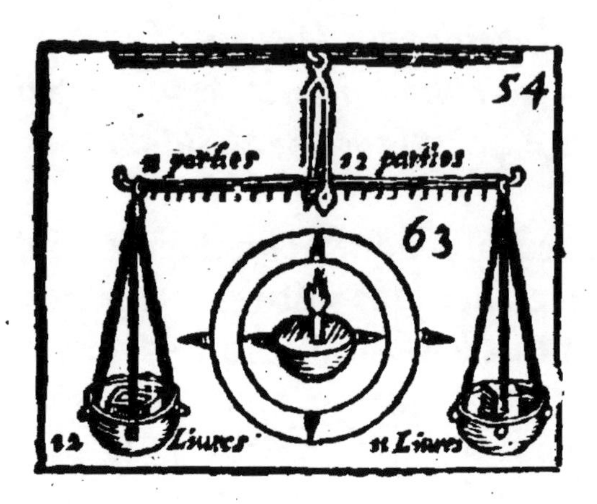

D'vne balance, laquelle eſtant vuide ſemble eſtre iuſte, parce que les baſſins demeurent en equilibre & neantmoins, mettant 12. liures par exemple d'vn coſté, & 11 tant ſeulement de l'autre elle demeure encore en equilibre.

ARiſtote faict mention de cette balance en ſes queſtions mechaniques, & dit que les marchands de pourpre s'en ſeruoiét de ſon temps pour tromper le monde. l'Artifice en eſt tel. Il faut qu'vn bras de la balance ſoit plus grand que l'autre, à meſme proportion qu'vn poids eſt plus grand que l'autre, comme ſi l'vn des bras eſt d'vnze parties, l'autre ſera de 12. mais à condition que le plus petit bras ſoit auſſi peſant que l'autre, choſe facile s'il eſt de bois plus peſant, ou ſi l'on y verſe du plomb, ou bien ſi le plus grand baſton eſt rendu plus leger. Bref faisant que les bras de la balance nonobstant qu'ils soient inegaux en longueur, soient toutesfois d'egale pesanteur, & demeurent en equilibre, qui est la premiere partie du Probleme. Puis apres mettez dans les bassins deux poids inegaux en mesme proportion que les bras de la balance: mais a tel si, que le plus grand poids, qui est 12. liures soit au plus petit bras, & le plus petit qui est 11. soit au plus grand bras. Ie maintiens que la balance demeurera encore en equilibre, & semblera tres equitable, quoy qu'elle soit tres inique. La raison se prend d'Archimede, & de l'experience, qui monstre que deux poids inegaux se contrebalancent, lors & quand il arriue qu'ils ont mesme proportion que les deux bras de la balance, attachant le grand poid au petit bras. Ce qui se voit clairement en nostre balance; d'autant que par ce moyen l'inegalité des poids recompense alternatiuement l'inegale grandeur des bras. Et iaçoit que les deux poids qu'on adiouste au bras de la balance soient inegaux en leur propre pesanteur, neantmoins ils sont rendus egaux à cause de l'inegale distance qu'ils ont du centre de la balance, estant chose claire & experimentée aux pezons ordinaires, qu'vn mesme contrepoids, tant plus il s'esloigne du cẽtre du piuot sur lequel tourne la balance, d'autant se monstre il plus pesant en effect. Or pour descouurir toute la tromperie, il ne faut que transporter les poids d'vn bras en vn autre, car si tost que le plus grand poids se trouuera auec le plus grand bras, vous verrez qu'il descendra bien tost, tant parce qu'il est plus pesant que l'autre, comme parce qu'il est plus distant du centre.

PROBLEME LV.

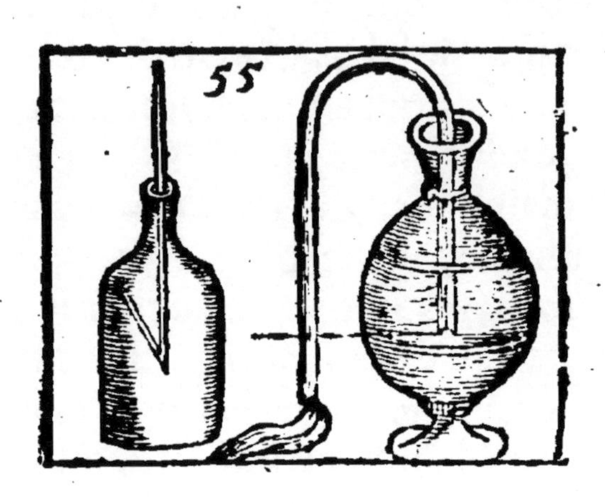

Leuer vne bouteille auec vne paille.

AYez de la paille non foulée, pliez-la en ſorte qu'elle face vn angle, faictes la entrer dans voſtre bouteille, de maniere que le plus grand bout demeure droict dans le col, & que l'autre bout ſe iette à coſté: pour lors à raiſon de l'angle qui ſe faict dans la bouteille, prenant la paille par dehors vous pourrez leuer ladicte bouteille, & ce d'autant plus aſſeurément, que l'angle ſera plus aigu, & que le bout qui eſt plié auoiſinera de plus pres la ligne perpendiculaire qui reſpond à l'autre bout.

EXAMEN.

CEtte experience eſt mal entenduë & mal deſignée dans la figure: car il eſt certain que le brin de paille sera tousiours courbé a l'emboucheure de la bouteille & ce plus ou moins., selon que plus ou moins ladite emboucheure ou goulet sera évasée, ou que la bouteille où autre vaisseau sera spacieux par dedans du moins à l'endroit ou l'angle du festu peut atteindre & se mouuoir. Et n'y aura que le bout entre la suspension & ledit goulet que l'on puisse dire conuenir à une ligne perpendiculaire à l'horizon : Car la pesanteur de la bouteille ou vaisseau pressant sur le bout du festu reflechy contremont, pressera aussi sur l'extremité de l'autre bout qui faict l'angle & le contraindra à mouuoir & se retirer iusques à ce qu'il trouue resistance & prenne apuy contre le corps de la bouteille, de sorte qu'en se retirant il faict angle à l'endroit du goulet auec le bout de la suspension. D.A.L.G.

PROBLEME LVI.

Comment voudriez vous au milieu des bois, & d'vn desert, sans Soleil, sans Estoilles, sans ombre, sans aiguille frottée d'aymant, trouuer asseurement la ligne meridienne, & les poincts Cardinaux du monde, qui sont l'Orient, l'Occident, le Septentrion, & Midy.

PEut estre prendrez vous garde aux vents, & s'ils sont chauds, vous marquerez le midy du costé d'où ils soufflent; mais cela est incertain, & subiect à caution. Peut-estre coupperez vous quelque arbre, & considerant les cercles qui paroissent autour de la seue, plus serrez d'vn costé que de l'autre, vous direz que le Septentrion est du costé auquel ils sont plus serrez, par ce que le froid, qui vient de ce quartier là, resserre, & le chaud du midy élargist, & rarefie les humeurs, & la matiere dont se forment ces cercles. Mais ce moyen est encore peu exacte, quoy qu'il aye plus d'apparence que le premier.

EXAMEN.

Nous demanderions volontiers caution de ce iugement, & bien que la chose ne nous soit pas cogneuë & certaine par experience, nous estimons pourtant que si le differend aspect donne differente croissance & augmentation de volume aux arbres, que la partie entre le centre & la superficie exposée au midy, doit estre la plus estroicte, & ce par la mesme raison que l'on nous la veut faire croire la plus élargie & bouffie. car si tant est que la chaleur & froidure y soient considerables pour produire si notables effects. Nous disons que l'humeur qui fournit la nourriture & augmentation à vn arbre est rarefiée par le chaud du Midy, & reserree par le froid du Septentrion, & cette rarefaction opere d'vn costé vne deperdition d'vne partie de l'humeur encore fluide, qui se dissipe & euapore aysement, & s'euaporant emporte auec soy vne partie du sel qui cause la solidation, & par ainsi il ne resteroit qu'vne partie de la nourriture que la chaleur à la fin recuit & desseiche, & consequemment estressit. Où au contraire de l'autre costé la condensation & reserrement de l'humeur, faisant qu'y ayant moins d'euaporation & de deperdition il y demeure plus de nourriture, le tout en fin se consolidant augmenteroit le volume de l'arbre de ce costé: car cõme les arbres ne prẽnent pas leur croissance ny augmentation en volume l'hyuer dautãt que leurs pores aussi bien que ceux de la terre sont reserrés. Aussi quand en sa saison les pores sont ouuerts, & que l'humeur est succée & attirée par iceux, il ne faict pas tel froid du costé du Septentrion qu'il puisse condenser & reserrer tout à coup cét humeur: comme au contraire du costé du Midy, la chaleur peut estre telle qu'en peu de temps & continuellement elle en dissipe vne grande partie. & puis le froid n'est pas ce qui solide, durcit, & affermit l'humeur & la nourriture des Arbres, & la conuertit en bois. D. A. L. G.

Voicy le meilleur de tous, prenez vne aiguille de fer, ou d'acier, telle que sont celles dont les couturiers se seruent, sans qu'il soit besoing qu'elle ait touché l'aymant. Mettez la dextrement couchée de son long sur vne eau dormante. Premierement si elle n'est pas des plus grosses, elle nagera dessus l'eau, qui est desia vn assez grand plaisir. En second lieu, vous la verrez tourner, iusques à ce que ses deux bouts seront droictement pointez, l'vn au midy, l'autre au Septentrion: & ne tiendra qu'à vous d'experimenter cela en chambre, auec vne, deux ou plusieurs aiguilles: les couchant subtilement dessus la surface de l'eau, qui sera dans vn plat, bassin, ou autre vase. Que si l'aiguille coule à fonds pour estre vn peu grosse, il ne faut que la passer à trauers vn peu de liege, & vous verrez le mesme effect: car telle est la proprieté du fer, quand il est bien libre, & en equilibre, de se tourner vers le pole.

EXAMEN.

La subtilité de ce Probleme va bien à determiner 4. poincts pour les 4. parties du monde : mais non pas pour pouuoir determiner lequel des 4. poincts seroit celuy d'Orient, ou d'Occident, ou bien celuy du Midy, ou du Septentrion : car cela est impossible, si l'on n'a cognoissance premierement vers quelle partie, sçauoir Midy ou Septentrion, chacun bout de l'aiguille se porte. D. A. L. G.

PROBLEME LVII,

Deuiner de trois personnes, combien chacune aura pris de gettons, ou de cartes, ou d'autres vnitez.

Dictes que le troisiéme prene vn nombre de gettons telle qu'il voudra pourueu qu'il soit pairement pair ou nom, c'est à sçauoir mesuré par 4. en apres dictes que le second prenne autant de fois 7. que le troisiéme a pris de fois 4. & que le premier prenne tout autant de fois 13. Alors commandez que le premier donne de ses gettons aux deux autres, autant qu'ils en ont chacun ; & puis que le second en donne aux autres autant qu'ils en auront chacun, & finalement que le troisiéme face tout de mesme. Cela faict, prenez le nombre des gettons, de l'vne des 3. personnes telle qu'il vous plaira (car ils se trouueront tous vn nombre egal) la moitié de ces gettons sera le nombre de ceux qu'auoit le troisiéme du commencement ; en suitte dequoy il sera aysé de deuiner les nombres des autres, prenant pour celuy du second autant de fais 7. & pour celuy du premier autant de fois 3. qu'il y a de fois 4. au nombre du troisiéme cogneu.

Par exemple que le troisiéme ait pris 12. gettons, le Second prendra 21. qui sont 3. fois 7. & le premier 39. qui sont trois fois 13. à cause qu'en 12. il y a trois fois 4. Puis le premier 39. donnant de ses gettons aux deux autres autant qu'ils en ont chacun, le troisiéme aura 24. le second 42. & resteront 6. au premier. De plus, le second ayant donné aux deux autres autant qu'ils en auront chacun, le troisiéme aura 48. le premier 12. & resteront 12. pour le second; finalement le troisiéme ayant faict sa distribution de mesme il aduiendra que chacun aura 24. dont la moitié qui est 12. sera le nombre du troisiéme.

PROBLEME. LVIII.

Le moyen de faire vn concert de musique à plusieurs parties, auec vne seule voix, ou vn seul instrument.

IL faut que le chantre, le maistre ioüeur de Luth, ou semblable instrument, se trouue pres d'vn Echo, qui responde au son de sa voix ou de l'instrument. Et si l'Echo ne respond qu'vne fois, il pourra faire vn duo ; Si deux fois, vn trio ; Si trois fois, vne musique à 4. parties pourueu qu'il soit habile, & exercé à varier de ton & de note. Car pour exemple, quand il aura commencé vt, deuant que l'Echo aït respondu, il pourra commencer sol, & le prononcera au mesme temps que l'Echo respondra, & par ce moyen voila vne quinte, la plus aggreable consonance de Musique. Puis au mesme temps que l'Echo poursuiura à resonner la seconde note sol, il pourra entonner vn autre sol, plus haut, ou plus bas, pour faire l'Octaue, la plus parfaicte consonance de Musique, & ainsi des autres, s'il veut continuer sa fugue auec l'Echo & chanter luy seul a deux parties. Cela est trop clair, par l'experience, que souuent on en a faicte, & parce qui arriue en plusieurs Eglises, qui font croire qu'il y a beaucoup plus de parties en la Musique du chœur qu'il n'y a en effect, à cause de la resonnance, qui multiplie les voix, & redouble le cœur.

PROBLEME. LIX.

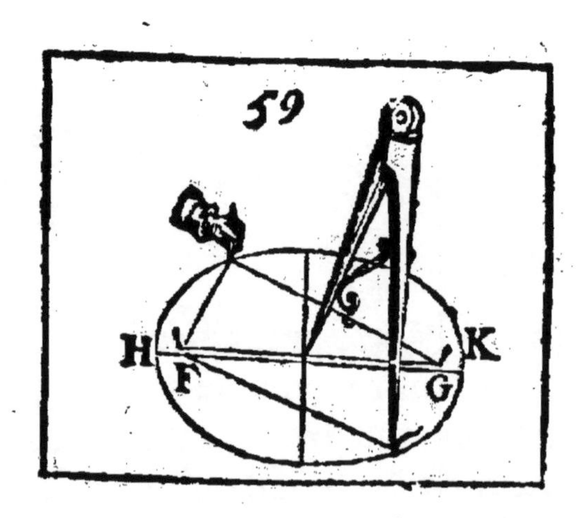

Descrire vne ouale tout d'vn coup, auec le compas vulgaire.

IL y a plus de 12. belles, & bonnes praticques en Geometrie, pour faire la figure ouale, ausquelles ie ne pretens point toucher : seulement ie vous aduise icy, qu'auec vn seul tour du compas vulgaire, ayant posé l'vn des pieds sur le dos d'vne colomne, & conduisant l'autre pied tout autour sur la mesme colomne, vous aurez descrit vne ouale : dequoy vous ferez experience quand il vous plaira, mettant vn papier sur la colomne ou cylindre.

EXAMEN.

CEt aucteur ne faict pas icy grande difference entre vne vraye figure elliptique ou vraye ouale, & la figure qu'il dict se pouuoir descrire d'vne seule ouuerture d'vn compas vulgaire, laquelle il appelle aussy ouale: encore qu'elle soit bien differente de l'ouale ou ellipse, quoy qu'en apparence elle semble en approcher. Ceux qui cognoistront tous les symptomes, & proprietez de l'ellipse ou ouale, & de la figure en question, iugeront aisement de leur difference, & excluront sans doute cette figure de la section elliptique: bien que sa construction, à la verité, semble assez subtile à ceux qui n'en ont la cognoissance, & ausquels sous le nom d'ouale, ce Probleme pourroit imposer.

Et ce lieu cy meritoit bien vne note de la main de ce ventart qui promet l'intelligence des choses obscures & difficiles de ce liure: car bien que la chose ne soit pas beaucoup difficile a executer, si est elle vn peu obscure

obscure à comprendre & cognoistre ; mais peut-estr trop pour ce braue docteur. Qu'il l'estudie en attendant que nous facions veoir au iour le lieu ou nous luy auons leué le masque. D. A. L G.

Ie ne veux rien dire de l'ouale qui paroist, quand on trenche auec le compas vulgaire vne figure de cercle dans quelque cuir bien tendu : car le rond du cuir venant à se restressir d'vn costé degenere en ouale.

Mais ie ne puis passer sous silence vne iolie façon d'acommoder le compas cõmun pour arrondir l'ouale. Car supposé que vous ayez pris la longueur de l'ouale H,K. attaché deux cloux F, G. assez pres des deux bouts, ou bien appliqué vne regle qui porte ses clous, finalement apres auoir adjusté vostre fisselle double à la longueur de G, H. ou F, K. Si vous prenez vn compas qui ait la teste bien basse, & vn ressort entre ses iambes, mettant vn pied du compas au centre de l'ouale, & conduisant la fisselle au gré de l'autre iambe, vous verrez que le ressort poussera cette iambe selon la proportion requise pour tracer son ouale. Mais à faute de ce compas, les ouuriers conduissent la fisselle auec la main, & tracent par ce moyen fort heureusement leurs ouales.

PROBLEME LX.

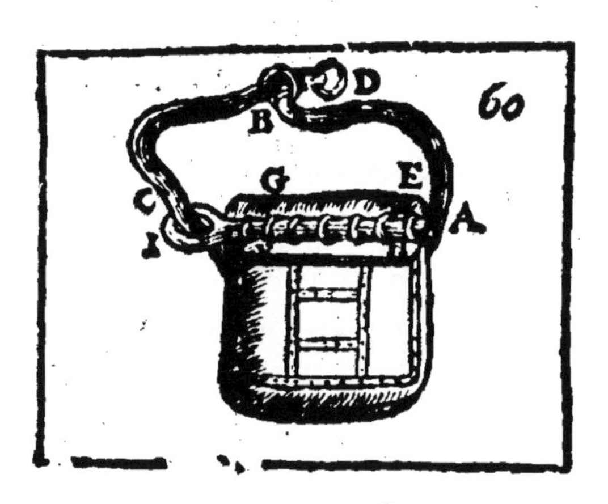

D'vne iolie façon de bourse difficile à ouurir.

ELle est faicte en forme d'escarcelle, & se ferme auec des anneaux en cette sorte I. au deux costez elle a deux courroyes A,B. C,D. au bout desquelles sont deux anneaux B, D. & la courroye C, B. passe parmy l'anneau B. sans qu'elle en puisse sortir puis apres, ny que l'vne des courroyes se puisse separer de l'autre, quoy que l'anneau B, puisse couler tout au long de C, D. II. Au haut de la bourse y a vne piece de cuir E, F. G, H. qui couure l'ouuerture d'icelle; & plusieurs anneaux passants à trauers cette piece, on faict couler dans les anneaux vne bande de cuir A, I. qui est vn peu fenduë vers le bout I. suffisamment pour inserer la courroye D, C. III. toute la finesse pour fermer & ouurir cette bourse, consiste à inserer l'autre courroye A, B.

dans cette fente ; ou à l'en mettre hors, quand elle y est inserée. Pour cet effect, il faut faire couler l'anneau, B. iusques en I, puis faire passer le bout de la bande A, I. par cét anneau, finalement faire aussi passer l'anneau D. auec sa courroye par la fente qui est au bout d'A, I. par ce moyen la bourse demeurera fermée, & remettant les courroyes en leur premier estat il sera difficile de descouurir l'artifice. Mais si vous desirez ouurir la bourse : faictes passer comme deuant le bout de la bande A, I. par l'anneau B, & puis par la mesme fente I, par laquelle vous auez inseré la courroye D C; faictes la sortir ; par ce moyen la bourse demeurera ouuerte.

PROBLEME. LXI.

Et question curieuse.

Si c'est chose plus difficile & admirable, de faire vn cercle parfaict sans compas, que de trouuer le centre, & le milieu du cercle.

ON tient que iadis deux braues mathematiciens se rencontrants, & voulants faire preuue de leur industrie, l'vn d'entr'eux fit par chef-d'œuure, vn cercle parfaictement arrondy sans compas, & l'autre choisit tout à l'instant le centre & le milieu du cercle auec le bout d'vne aiguille. A vostre aduis qui a gagné le prix & quelle de ces deux choses est de plus grand merite? Il s'emble que ce soit le premier; Car, ie vous prie, de descrire la plus noble figure de toutes, sur vne table d'attente, sans autre direction que de l'esprit & de la main, n'est-ce pas vn trait hardy & plein d'admiration ; Pour trouuer le centre d'vn cercle, suffit de trouuer vn seul poinct, mais pour tracer le rond il en faut trouuer presque vne infinité il se faut assubjectir à garder tousiours vne mesme distance à l'entour du milieu iusqu'à ce qu'on rapporte la fin à son commencement. Bref il faut trouuer le milieu & le rond tout ensemble.

D'autre part il semble que ce soit le second; Car quelle attention, viuacité & subtilité faut il en l'esprit, l'œil, & la main, qui va choisir le vray poinct, parmy vne milliasse d'autres. Celuy qui faict le rond, gardant tousiours vne mesme distance, n'a pas tant à faire tout d'vn coup, & se dirige à moitié parce qu'il a tracé, pour acheuer le reste. Là où celuy qui trouue le centre, doit en mesme temps, prendre garde aux enuirons, & choisir vn seul poinct qui soit également distant d'vne infinité d'autres poincts qu'on peut noter en la circonference. Or que cela soit grandement difficile, Aristote & sainct Thomas le confirment aux morales, s'en seruant pour expliquer la difficulté qu'il y a de trouuer le milieu de la vertu. Car on peut manquer en mille & mille façons s'éloignant du vray centre, du but & de la droicture ou mediocrité d'vne action vertueuse : mais pour bien faire, il faut toucher le poinct du milieu, qui n'est qu'vn. Il faut trouuer la ligne droicte qui vise au but, qui n'est qu'vne seule.

Quelques vns se sont trouuez bien empeschez à porter iugement definitif en des semblables combats. Comme l'ors qu'Apelles & Protogenes tiroient à qui mieux mieux lignes sur lignes tousiours plus delicates que les premieres. Ou bien lors qu'on vit ces deux braues archers, dont l'vn toucha du premier coup le poinct du blanc & du but, l'autre voyant que la fleche de son compagnon luy ostoit le pouuoir & l'honneur d'en faire autant, à cause qu'elle couuroit le but, choisit le milieu de cette fleche & poussa la sienne si heureusement, qu'elle pourfendit la premiere & se planta iustement au milieu du dart accré, cherchant par maniere de dire son but au trauers de cet obstacle. I'estime qu'il n'est pas moins difficile de respondre à la question proposée, & m'en dispenserois volontiers. Neantmoins, s'il en faut iuger, ie dis qu'il est plus difficile de faire le rond, que de trouuer le milieu seulement : parce qu'en ce faisant, il faut tout d'vn coup & trouuer vn certain milieu, & cõtinuer à tousiours garder le mesme, qui est autant que de le trouuer plusieurs fois gardant tousiours mesme distance. Mais si auparauant que de tracer le rond, l'on auoit vn point designé & visible, autour duquel il falut descrire le cercle, i'estime qu'il est autant ou plus facile de faire ce rond, que de trouuer le milieu d'vn autre cercle.

PROBLEME LXII.

Deuiner combien de points il y a en trois cartes que quelqu'vn aura choisies

PRenez vn ieu de cartes, où il y en a 52. & que quelqu'vn en choisisse trois, telles qu'il voudra. Pour deuiner combien de points elles contiennent, dites luy qu'il compte les points de chaque carte choisie, & qu'il adiouste à chacune tant des autres cartes qu'il en faut pour accomplir le nombre de 15. en comptant les susdicts poincts. Cela faict, qu'il vous donne le reste des cartes, en ostant quatre du nombre d'icelles, le reste sera infailliblement la somme des points qui sont aux trois cartes choisies.

Par exemple, que les poincts d'es trois cartes soient 4. 7. 9. Il est certain que pour accomplir 15. en comptant les poincts de chaque carte, il faudra adiouster à 4. 11. cartes : & à 7. il en faut adiouster 8. & à 9. il en faut adiouster 6. Parquoy le reste des cartes sera 24. desquelles ostant 4, resteront 20. pour la somme des poincts qui sont aux trois cartes choisies.

Qui voudroit pratiquer ce ieu en 4. 5. 6. ou plusieurs cartes, & soit qu'il en y ait 52. au ieu, soit qu'il y en ait moins ou plus. Item soit qu'elles facent le nombre de 15, 14. ou 12. &c, deuroit se seruir de cette reigle generale : Multipliez le nombre que vous faictes accomplir, par le nombre des cartes choisies ; & au produit adioustés le nombre des cartes choisies ; puis substrayez cette somme de tout le nombre des cartes ; le reste sera le nombre qu'il vous faudra soustraire des cartes restantes, pour faire le ieu. S'il ne reste rien apres la substraction le nombre des cartes restantes, doit exprimer iustement les poincts des trois cartes choisies. Si la subſtraction ne ſe peut faire, à cauſe que le nombre des cartes eſt trop petit, il faut oſter le nombre des cartes de l'autre nombre, & adiouſter le demeurant au nombre des cartes reſtantes.

PROBLEME LXIII.

De plusieurs cartes diſpoſees en diuers rangs deuiner laquelle on aura penſé.

L'On prend ordinairement 15. cartes diſpoſées en trois rangs, ſi bien qu'il s'en trouue cinq en chaque rang. Poſons donc le cas que quelqu'vn penſe vne de ces cartes, laquelle il voudra; Pourueu qu'il vous declare en quel rang elle eſt, vous diuinerez celle qu'il aura penſée, en cette ſorte. I. Ramaſſez a part les cartes de chaque rang, puis ioignez les tous enſemble, mettant toutesfois le rang où eſt la carte penſée, au milieu des deux autres.

II. Diſpoſez derechef toutes les cartes en trois rangs, en poſant vne au premier, puis vne au ſecõd, puis vne au troiſiéme, & en remettant derechef vne au premier, puis vne au ſecõd, puis vne au troiſiéme, & ainſi iuſques à ce qu'elles ſoient toutes rãgées. III. Cela faict, demandez en quel rang eſt la carte penſée, & ramaſſez comme auparauant, chaque rang à part, mettant au milieu des autres celuy où eſt la carte penſée. IIII. Finalement diſpoſez encore ces cartes en trois rangs, de la meſme ſorte qu'auparauant, & demandez auquel eſt ce que ſe trouue la carte penſée; alors ſoyez aſſeuré, qu'elle se trouuera la troisiéme du rang où elle sera ; parquoy vous la deuinerez aisement. Que si vous voulez encore mieux couurir l'artifice, vous pouuez amasser derechef toutes les cartes, mettant au milieu des deux autres le rang où est la carte pensé & pour lors la carte pensée se trouuera au milieu de toutes les 15. cartes, si bien que de quel costé que l'on commence à conter, elle sera tousiours la huictiesme.

PROBLEME. LXIV.

Plusieurs cartes estans proposées à plusieurs personnes, deuiner qu'elle carte chaque personne aura pensé,

Par exemple, qu'il y ayt 4. personnes ; Prenez 4 cartes & les monstrant à la premiere personne, dites luy qu'elle pense celle qu'elle voudra, & mettez à part ces quatre cartes. Puis prenez en 4. autres, & les presentez de mesmes à la seconde personne, affin qu'elle pense celle qu'elle voudra, & faictes encore tout le mesme auec la troisiéme & quatriéme personne.

Alors prenez les quatre cartes de la premiere personne, & les disposez en 4. rangs, & sur elles, rangez les quatre de la seconde personne, puis les 4. de la troisiéme, puis celles de la quatriéme. Et presentant chacun de ces 4. rangs à chaque personne, demandez à chacune, en quel rang est la carte par elle pensée ; Car infailliblement celle que la premiere personne aura pensée, sera la premiere du rang où elle se trouuera ; la carte de la seconde personne, sera la seconde de son rang: la carte de la troisiéme, sera la troisiéme en son rang : & la carte de la quatriéme, sera la quatriéme du rang où elle se trouuera, & ainsi des autres, s'il y a plus de personnes, & par consequent plus de cartes; ce qui se peut aussi pratiquer en toutes autres choses arrangées par nombre certain, comme seroient des pieces de monnoye, des dames & choses semblables.

PROBLEME. LXV.

Le moyen de faire vn instrument qui face oüir de loing, & bien clair comme les Lunettes de Galilee font voir de loing & bien gros.

NE pensez pas que la Mathematique, qui a fourny de si belles aides à la veuë, doiue manquer à l'oüie. On sçait bien qu'auec des Sarbatanes, ou tuyaux vn peu longuets, on se faict entendre de bien loing & bien clairement ; l'experience nous monstre aussi qu'en certains endroits où les arcades d'vne voute sont creuses, il arriue qu'vn homme parlant tout doucement en vn coing se faict clairement entendre par ceux qui sont en l'autre coing, quoy que les autres personnes qui sont entre-deux n'en oyent rien du tout. C'est vn principe general qui va par tout, que les tuyaux seruent grandement pour renforcer l'actiuité des causes naturelles. Nous voyons que le feu contrainct dans vn tuyau brusle à trois ou quatre pieds haut ce qu'il eschaufferoit à peine en vn air libre. La saillie des fontaines nous enseigne, comme l'eau coule auec grande violence lors qu'elle est contrainte dans quelques cors ou canaux. Les Lunettes de Galilée nous font voir combien sert vn tuyau pour rendre la lumiere & les especes plus visibles, & mieux proportionnées à nostre œil. On dit qu'vn Prince d'Italie a vne belle salle, dans laquelle il peut facilement & distinctement oüir tous les discours que tiennent ceux qui se promeinent en vn parterre voisin : & ce par le moyen de certains vases & canaux, qui respondent du iardin à la salle. Vitruue mesme, Prince des Architectes, a faict mention de semblables vases & canaux, pour renfoncer la voix des acteurs, & ioueurs de Comedies. Il n'en faut pas dire dauantege, pour monstrer de quels principes est venuë l'inuention des nouuelles Sarbatanes, ou entonnoirs de voix dont quelques grands Seigneurs de nostre temps se sont seruis ; elles sont faictes d'argent, de cuiure, ou autre matiere resonante, en forme de vray entonnoir : on met le large, & le costé euasé, du costé de celuy qui parle, predicateur, regent, ou autre, affin de ramasser le son de la voix, & faire que par le tuyau appliqué à l'oreille, elle soit plus vnie, moins en danger d'estre dissipée, où rompuë, & par consequent plus fortifiée.

PROBLEME. LXVI.

Quand vne boule ne peut passer par vn trou, est-ce la faute du trou, ou de la boule ? est ce que la boule soit trop grosse, ou le trou trop petit ?

C'Ette question peut estre appliquée à plusieurs autres choses. Par exemple, quand la teste d'vn homme ne peut entrer dans vn casque, ou bonnet, ou la iambe dans la botte, est-ce que la iambe soit trop grosse, ou la botte trop petite ? Quand quelque chose ne peut tenir dans vn vase, est-ce que le vase soit trop estroit, ou qu'il y ait trop dequoy le remplir ? Quand vne aulne ne peut iustement mesurer vne piece de drap, est-ce que l'aune soit trop courte, ou le drap trop lõg ? Et iaçoit que semblables questions semblent ridicules (aussi ne les proposé-ie que pour rire, neantmoins il y a quelque subtilité d'esprit à les resoudre. Car si vous dictes que c'est la faute de la boule qui est trop grosse, ie dy que non d'autant que si le trou estoit plus grand, elle passeroit aisement, c'est donc plustot la faute du trou. Si vous aduoüez que c'est la faute du trou, qui est trop petit, ie monstre que non : Car si la boule estoit plus petite, elle passeroit par le mesme trou. Bref si vous pensez dire qu'il tient à l'vne & à l'autre, i'ay dequoy maintenir que non : car si on auoit corrigé l'vn ou l'autre seulement, la boule ou le trou, il n'y auroit plus de difficulté. A qui tient il donc ? Si ce n'est à l'vn & à l'autre conioinctement, c'est à l'vn ou à l'autre separement, parce qu'en corrigeant la boule seule, ou corrigeant le trou seul, & corrigeant l'vn & l'autre à proportion, tousiours la difficulté du passage sera ostée. Il n'est pas necessaire de corriger l'vn & l'autre ensemble, ny de corriger l'vn des deux determinément, mais l'vn ou l'autre ou tous les deux ensemble indifferemment. Voyez vous comment on pointille sur vn maigre subiect sur vn tour de passe-passe.

PROBLEME. LXVII.

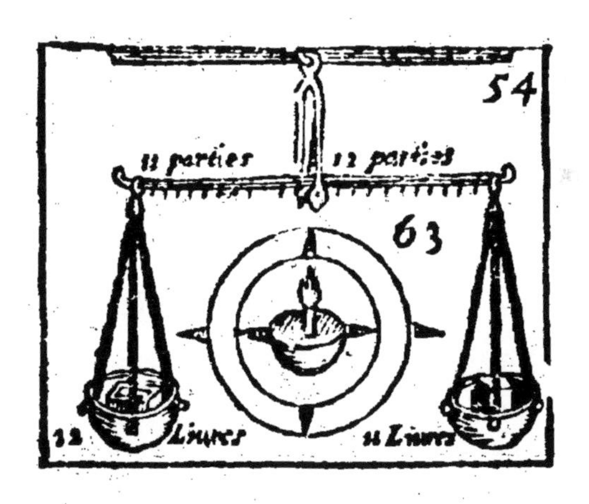

D'vne lampe bien gentille, qui ne s'esteint pas quoy qu'on la porte dans la poche, & qu'on la roule par terre.

IL faut que le vase dans lequel on met l'huile, & la mesche, ait deux piuots inserez dans vn cercle; ce cercle a deux autres piuots, qui entrent dans vn second cercle de cuiure, ou autre matiere solide:

& finalement ce second cercle à encore ses deux piuots particuliers inserez dás quelque autre corps qui enuironne toute la lampe ; De maniere qu'il y a six piuots, pour six differentes positions, qui sont dessus, dessous, deuant, derriere, à droite, & à gauche. Et à L'aide de ces piuots, auec les cercles mobiles, la lampe qui est au milieu se trouue tousiours bien située au centre de sa pesanteur, quoy qu'on la tourneuire, & qu'on tasche mesme de la renuerser, ce qui est plaisant, & admirable à ceux qui n'en sçauent pas la cause.

On dit qu'vn Empereur se fit iadis accommoder vne chaire auec cet artifice, si bien qu'il se trouuoit tousiours en son repos, de quel costé que le chariot branlast, voire quand il eut renuersé.

PROBLEME LXVIII.

Deuiner, de plusieurs cartes, celle que quelqu'vn aura pensé.

PRenez tant de cartes qu'il vous plaira, & les monstrez par ordre à celuy qui en voudra penser ; & qu'il se souuienne la quantiéme c'est à sçauoir si c'est la premiere, ou la seconde, ou la troisiéme &c. Or en mesme temps que vous luy monstrez les cartes, l'vne apres l'autre, contez les secretement & quand il aura pensé, continuez à conter plus outre tant qu'il vous plaira ; Puis prenez les cartes que vous aurez contées, & dont vous sçauez parfaictement le nombre ; Posez les sur les autres que vous n'auez pas contées, de telle sorte, que les voulant reconter, elles se treuuent disposées au contraire, a sçauoir que la derniere soit la premiere, & la penultiéme soit la seconde, & ainsi des autres. En apres demandez la quantiéme estoit la carte pensée, & dites hardiment qu'elle tombera sous le nombre des cartes que vous auez secretement contées, & transposées; pourueu que vous commenciez à conter à rebours, & que sur la premiere vous mettiés le nombre exprimant la quantiéme estoit la carte pensée : car continuant selon l'ordre des nombres, & des cartes vous ne manquerez iamais de rencontrer la carte pensée, lors que vous arriuerez au nombre par vous secretement conté cy-dessus. Par exemple, prenez les cartes. A. B. C. D. E. F. G. H. I. 1. 2. 3. 4. 5. 6. 7. 8. 9. & que la premiere soit A la seconde B. la troisiéme C. &c. que la carte pensée soit la quatriéme, & que vous ayez conté plus outre iusques a I. qui sont 9. cartes, puis renuersez ces 9. cartes, & demandez la quantiéme estoit la carte pensée, on vous dira la quatriéme, & vous direz qu'elle viendra la 9. ou bien sans le dire pour lors, vous la recognoistrez par apres en ce lieu Commençant donc a compter par la derniere, qui est I. mettant quatre sur I, cinq sur H. & six sur G. & ainsi consecutiuement, vous trouuerez que le nombre 9. tombera infailliblement sur la carte pensée

PROBLEME. LXIX.

Trois femmes portent des pommes au marché, la premiere en vend 20. la seconde 30. la troisiéme 40. elles vendent tout à vn mesme prix, & rapportent chascune mesme somme d'argent, on demande comme cela se peut faire.

REsponse il faut qu'elles vendent à diuerses fois, bien qu'à chaque fois elles vendent chacune à mesme prix, neantmoins il faut que le prix d'vne fois soit diuers du prix de l'autre vente. Par exemple, la premiere fois elles vendront toutes 1. denier la pomme, & à ce prix la premiere femme vendra 2. pommes, la seconde 17, la troisiéme 32. Donc la premiere femme aura 2. deniers, la seconde 17. la troisiéme 32. La seconde fois elles vendront le reste de leurs pommes 3. deniers la pomme, & partant la premiere pour 18. pommes qui luy restent, aura 54. deniers: la seconde pour 13. pommes, qui luy restent aura 24. deniers. Or assemblant tout l'argent de la premiere, a sçauoir 2. & 54. & tout celuy de la seconde, a sçauoir 17. & 39. & finalement celuy de la troisiéme, a sçauoir 31. & 24, on trouuera que chacune rapporte 56. deniers, autant l'vne que l'autre.

PROBLEME LXX.

Auquel se descouurent quelques rares proprietez des nombres.

TOute sorte de nombre est iustement la moitié de deux autres que vous prendrez en egale distance, l'vn au dessus, l'autre au dessous de luy. Comme 7. est la moitié de 8. & 6. de 9. & 5. de 10. & 4. de 11. & 3. de 12. & 2, de 13, & 1. Car toutes ces couples de nombres, egalement distants de 7. font 14. dont 7. est la moitié; & ainsi en toute autre sorte de nombre, soit grand soit petit.

II. L'addition de 2. a 2. faict 4. & la multiplication de 2. faict aussi 4, proprieté qui ne conuient à aucun autre nombre entier. Car adioustant 3. à 3, viennent 6. & multipliant 3. par 3. viennent 9. nombre bien different de 6. Neantmoins entre les nombres rompus il y a infinies couples de nombres, lesquels adioustez l'vn auec l'autre, & multipliez l'vn par l'autre, font vne mesme somme. Et pour les trouuer il ne faut que prendre deux nombres,& diuiser leur somme par chacun d'eux, les quotiens feront autãt adioustez l'vn auec l'autre, que multipliez l'vn par l'autre, Comme Clauius a monstré au scholie de la 36. proposition du 9. liure d'Euclide. Par exemple prenez 4. & 8. leur somme 12. diuisée par 4. & 8. donnera les quotiens 3. & 1. $\frac{1}{2}$. & ces deux nombres feront autant adioustez que multipliez par ensemble.

III.

III. Les nombres 5. & 6. sont appellez circulaires, d'autant que comme le cercle retourne à son commencement, de mesme ces nombres multipliez par eux mesmes & par leurs produicts, se terminent tousiours par 5. & 6. Comme 5. fois 5. font 25. 5. fois 25. font 125. 6. fois 6. font 36. 6. fois 36 font 216. &c.

IV. Le nombre de 6. est premier entre ceux que les Arithmeticiens nomment parfaicts, c'est à dire egaux à toutes leurs parties aliquotes; car 1. 2. 3. font 6. Or c'est merueille de voir combien peu-il y en a de semblables, & combien rares sont les nombres, aussi bien que les hommes parfaicts: car depuis 1. iusques a 40000000. Il n'y en a que sept, à sçauoir, 6. 28. 486. 8128. 130816. 1996128. 33550336. auec cette proprieté admirable, qu'ils se terminent tousiours alternatiuement, en 6. & 8.

V. Le nombre de 9. entre les autres priuileges, emporte quant & soy vne excellente proprieté: car prenez tel nombre qu'il vous plaira, considerez ses chiffres en bloc, & en detail, vous verrez par exemple, que si vingt sept font iustement trois fois neuf, aussi 2. & 7. font iustement 9. si 29. surpassent 3. fois 9. de deux vnitez; de mesme 2. & 9. surpassent 9. de deux vnitez; si 24. est moins que 3. fois 9. de 3. vnitez, de mesme 2. & 4. est moins que 9. de 3. vnitez, & ainsi des autres.

VI. Le nombres d'vnze estant multiplié par 2. 3. 4. 5. &c. se termine tousiours en deux nombres egaux, comme 3. fois 11. font 33. 4. fois 11. font 44. 5. fois 11. font 55. &c.

Mais c'est assez dit pour ceste heure, ie n'ay pas entrepris d'estaller icy toutes les menuës proprietez des nombres, si est-ce que ie ne puis passer sous silence ce qui arriue aux deux nombres 220. & 284. priuatiuement à plusieurs autres. Car quoy que ces deux nombres soient bien differents l'vn de l'autre, neantmoins les parties aliquotes de 220. qui sont 110. 55. 44. 22. 20. 11. 10. 5. 4. 2. 1. estans prises ensemble, font 284. & les parties aliquotes de 284. qui sont 142. 71. 4. 2. 1. font 220. chose rare, & difficile à trouuer en autres nombres.

PROBLEME. LXXI.

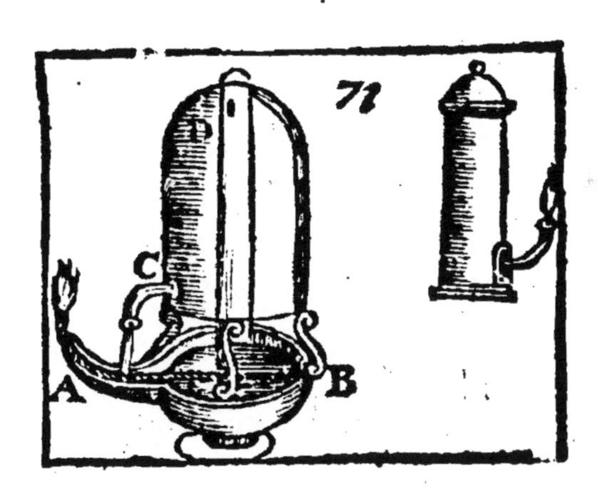

D'vne lampe excellente, qui se fournit elle mesme son huile, à mesure qu'elle en a besoing.

IE ne parle pas icy de la lampe vulgaire que descrit Cardan au l. de ses subtilitez : c'est vn petit vase columnaire qu'on remplit d'huile, & parce qu'il n'y a qu'vn petit trou au bas, assez pres du lumignon, l'huile ne coule pas de peur qu'il n'y ait du vuide en haut; si ce n'est quand la méche allumée vient à eschauffer la lampe, & rarefier l'huile qui sort à cette occasion, & enuoye ses parties plus aeriennes en haut, pour occuper la place, & empescher le vuide.

Celle que ie propose est bien plus ingenieuse: sa principalle piece est vn vase C, D. qui a pres du fond vn trou, & vn petit tuyau C. Puis vn autre plus grand tuyau, qui passe au trauers du vase ayant vne ouuerture D. tout pres du sommet, & vne autre E. dessous le mesme vase, & tout pres du fond de la couppe A B. en sorte toutesfois qu'il n'en touche pas le fond. Le vase estant prest, emplissez le d'huile, & ouurant le trou C. bouchez celuy d'E, ou bien mettez le dans l'huile de la couppe A,B. affin que l'air ne puisse entrer par là: Pour lors l'huile ne pourra couler par le trou C. de peur du vuide. Mais quand petit à petit l'huile contenuë dans A B, viendra à se consommer par la mesme méche allumée; le trou E. estant par ce moyen débouché, & l'air pouuant entrer par le tuyau E D, aussi tost l'huile coulera par C. dedans la couppe A B, & venant à la remplir, bouchera quant & quant le trou E. lequel estant bouché, l'huile cessera de couler: & ainsi à mesure que la couppe A B, se vuidera, ou s'emplira, l'huile commencera, ou cessera de couler. Dequoy vous pouuez faire experience à plaisir, & à peu de frais, auec de l'eau, & vn vase de terre.

Il est croyable que telle fut la lampe admirable que les Atheniens faisoient durer allumée vn an entier sans y toucher deuant la statuë de Mineruë: car ils pouuoient mettre quantité d'huile dans vn vase tel que C, D. & vne meche brulante sans consommer, semblable à celles que les naturalistes nous descriuent. Quoy faisant la Lampe se fournissoit elle mesme son huile à mesure qu'elle en auoit besoing.

EXAMEN.

CE Probleme est assez bien deduict, fors qu'il a besoing d'estre vn peu plus eclaircy, en donnant mieux à entendre que le tuyau D, E. doit estre tellement attaché dans le grand vase C. ou bien le doit trauerser en sorte que le trou D. soit renfermé dedans & se rencontre proche la superieure partie du concaue de C. pour luy donner air, afin qu'à mesure que le tuyau DE. prendra air par E. faute d'huile pour le boucher, ledict air passe par le trou D. dans C, afin de remplir l'espace de ce qui se pourra écouler d'huile par le petit canal d'embas proche de C, D.

Et pour l'infusion de l'huile elle se doit faire par le haut du grand vase C. & ce par vn trou qui se puisse bien fermer pour empescher l'entrée de l'air.
D.A.L.G.

PROBLEME LXXII.

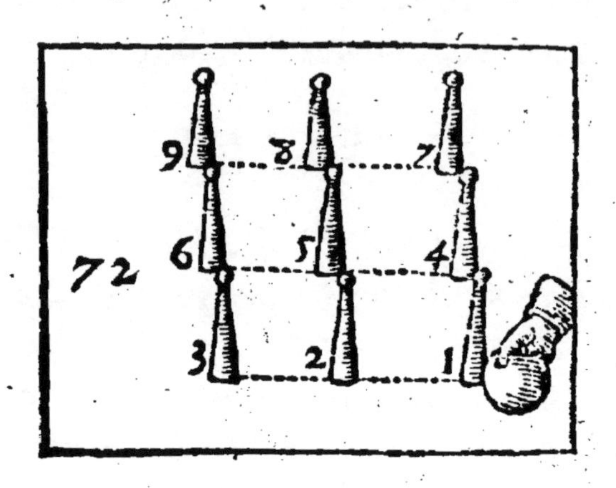

Du ieu des quilles.

VOus ne croirez pas qu'on peut auec vne boule d'vn ſeul coup ioüant franchement, abbatre toutes les quilles du ieu: & neantmoins on peut demonſtrer par principe de Mathematique, que, ſi la main de celuy qui ioüe eſtoit autant aſſeurée pour l'experience, que la raiſon l'eſt pour la ſcience, on abbatteroit d'vn ſeul coup de boule tout le quiller, ou pour le moins 7. & 8. quilles, & tel nombre qu'on voudroit au deſſous.

Car elles ſont 9. en tout diſpoſées en quarré parfaict qui a 3. pour ſon coſté, & 3. fois 3. font 9. Poſons donc le cas qu'vn bon ioüeur, commençant par la quille du quart 1. la touchant aſſez bas, & de coſté, la iette contre 2. cette quille peut eſtre iettée ſi dextrement vers 2. qu'elle enuoyera

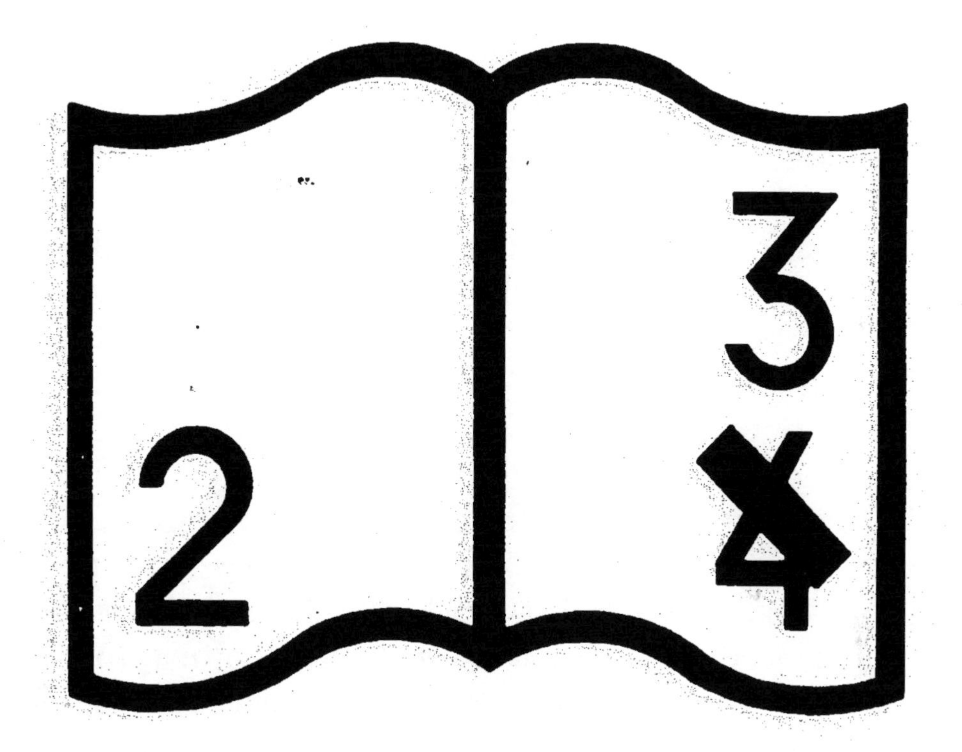

Pagination incorrecte — date incorrecte

NF Z 43-120-12

2. ſur 3. & elle cependant ſera reflechie de 2. vers 5. & par ſon mouuement enuoyera 5. ſur 6. tellement que 5. ſera reflechie de 6. vers 9. ou bien la quille 1. reiettée ſur 5. enuoyera 5. ſur 9, tellement que la ſeule quille 1. mediatement ou immediatement, abbatra 6. quilles; Reſte que la boule, ayant pouſſé 1. abbate les 3. autres; choſe facile quand elle ſera pouſſée deuers 4. car enuoyant 4. vers 7. elle pourra eſtre reiettée vers 8. ou bien enuoyant 4. elle continuëra ſon mouuement vers 7. & par ce moyen, voila tout le quiller à bas, ſuppoſé le mouuement & la reflexion des quilles & de la boule telle que nous auons dit, & qu'il eſt facile de prouuer en matiere de corps ronds, par principes tirez de Geometrie & d'Optique, comme nous dirons plus à propos traictant du ieu de paume, & de billart,

Ie n'ay que faire d'aduertir qu'on peut icy proceder de deux coſtez, c'eſt à ſçauoir iettant au commencement 1, ſur 2. ou de l'autre coſté 1, ſur 4. Item que par les meſmes principes on peut faire 8. 7. 6. 5. ou tant de quilles qu'on veut au deſſous de 9. Item qu'on les peut prendre de diuers biais, comme abbatant 2. 9. & 7. ou bien 2. 5. 3. ou 3. 5, 8. & 6. Le tout parlant regulierement : car on ſçait bien que par accident, la boule vireuoltant & les quilles couchées de trauers ont des mouuements & des effets bien irreguliers.

PROBLEME. LXXIII.

Des lunettes de plaisir.

DEsquelles vous plaist-il ; En voulez vous des simples, mais colorées de bleu, de iaune, de rouge, de verd ? Elles sont propres pour recreer la veuë, & par vne fallace agreable, monstrent tous les obiects teincts de mesme couleur ; Il n'y a que les vertes, qui semblent degenerer en matiere de couleurs & au lieu de representer les obiects verds, elles leur donne vne pasle & morte couleur. Est ce point par ce qu'elles ne sont pas assez teintes de vert, ou qu'elles ne reçoiuent pas assez de lumiere pour verdir les images qui passent à trauers d'elle, iusques au fond de l'œil ? Si ce n'est la raison, elle est bien difficile à trouuer.

EXAMEN.

IL est certain que non seulement les verres teints de vert, mais absolument tous verres teints de couleur rendront les apparences des obiects forte ou foibles en couleur selon la force ou foiblesse de la teinture ; ainsi deux verres teints de jaune, mais differemment rendront les apparences l'vn fort jaune, l'autr jaune pasles : Tout de mesme de la couleur rouge, de la bleuë, de la violette & autres propres a donner teinture au verre, car toutes n'y sont pas propres. Ce que n'ayant esté bien cogneu par l'au-

ceur de ce liure, luy a fait soupçõner vne autre raison bien impertinente, comme si les verres moins teints & chargez en couleur estoient ceux qui reçoiuent moins de lumiere & font plus de resistance à la penetration, ce qui se trouuera tousiours contraire à la verité, supposé que les experiences s'en facent en mesme temps & lieu & auec égale lumiere : car de mesmes verres les plus teints feront tousiours voir les objects plus obscurs & plus colorez, & ceux qui seront moins teints les rendront plus pasles mais plus clairs ; Ce qui se recognoistra tousiours aussi veritable en la peincture des verres, bien qu'absolument la peincture face beaucoup plus de resistance à la penetration de la lumiere que la teincture, car elle preocupe le sens de l'œil, n'estant qu'vne incrustation qui se fait sur la superficie du verre par la force du feu, où la teincture change & donne couleur à toute la matiere du verre s'y imbibant par la force du feu le verre ne laissant pas de demeurer diaphane. D.A.L.G.

Voulez vous des lunettes de cristal, taillées en pointe de diamant à plusieurs angles? c'est pour faire vne multiplication miraculeuse en apparence; car regardant au trauers, vne maison deuient ville, vne ville deuient prouince, vn soldat bien armé faict monstre d'vne compagnie entiere; bref à cause de la diuerse refraction, autant de plans qu'il y a sur le dos des lunettes, autant de fois l'obiect se multiplie en apparence; parce qu'il enuoye diuerses images dans l'œil. Ne sont-ce pas des lunettes excellentes pour ces auares qui n'aiment que l'or & l'argent? car vne seule pistolle leur fera paroistre vn thresor; Tout le mal est, qu'en le voulant amasser, ils n'en peuuent venir à bout, & les plus ſimples voulans porter le doigt ſur la vraye piſtole, ne rencontrent le plus ſouuent qu'vne vaine image. Pour moy i'entreprendray touſiours ſur le gage d'vne piſtolle, de toucher du premier coup le vray obiect. Sçachant bien, que pour cet effect il faut qu'vn meſme doigt cache touſiours vne meſme image, par vn meſme rayon, iuſqués à ce qu'il poſe deſſus l'obiect.

Vous plaiſt il point d'auoir des courtes veües, c'eſt a dire des lunettes qui r'apetiſſent les obiects, & les diminuent en belle perſpectiue, ſpecialement lors qu'on regarde quelque beau parterre, vne grãde allée, vn ſuperbe edifice, ou vne grande coür l'induſtrie des peintres, auſſi bien que mon diſcours eſt trop groſſiere pour repreſenter la gentilleſſe de ce racourciſſement; vous aurez plus de plaiſir à le conſiderer par experience; Sçachez ſeulement, que cela arriue à cauſe que les verres de ces lunettes ou courtes veuës, ſont creux & plus minces au milieu, que par les bords, d'où vient qu'ils rappetiſſent l'angle viſuel. Et remarquez au ſurplus vn beau ſecret, que par le moyen de ces verres, en les dreſſant ſur vne feneſtre, on peut voir ceux qui paſſent par la ruë, ſans eſtre veu; parce qu'ils rehauſſent les obiects.

Il n'y a point d'apparence de paſſer ce Probleme, ſans manier les lunettes de Gallilée, autrement dictes d'Hollande, & d'Amſterdam; les autres lunettes ſimples donnent aux vieillards des yeux de ieunes gens : mais celles cy fourniſſent des yeux de Lynx pour penetrer les cieux, & deſcouurir I. des corps ſombres & opaques qui ſe trouuent autour du Soleil, & noirciſſent en apparence ce be aſtre. II. des nouuelles planettes qui accompagnent Iupiter, & Saturne. III. Les croiſſants & quartiers en Venus, auſſibien qu'en la Lune, à meſure qu'elle eſt éloignée du Soleil. IV. vn nombre innombrable d'eſtoilles qui ſont cachées à la foibleſſe naturelle de nos yeux, & ſe deſcouurent par l'artifice de cet inſtrument, tant au chemin de ſainct Iacques,

(C'eſt ce que les Aſtronomes & Philoſophes appellent la voye l'actée, qui eſt cette bande blancheaſtre qui paroiſt au Ciel & l'enuironne.) D.A.L.G. qui en eſt tout parſemé, comme aux autres conſtellations du firmament. Au reſte tout l'appareil de cet admirable inſtrument, eſt fort ſimple; vn verre conuexe, boſſu, & plus eſpais au milieu pour vnir & amaſſer les rayons, & groſſir les obiects aggrandiſſant l'angle viſuel: vn tuyau pour mieux amaſſer les eſpeces, & empeſcher l'éclat de la trop grande lumiere qui eſt aux enuirons; (Car pour bien voir, il faut que l'obiect ſoit fort éclairé, & l'œil en obſcurité.) Finalement vn verre de courte veuë, pour diſtinguer les rayons, & que l'autre verre repreſenteroit plus confus, s'il eſtoit ſeul. Quant à la proportion de ces verres, & du tuyau, quoy qu'il y ait des regles certaines, neantmoins c'eſt le plus ſouuent par hazard qu'on rencontre les excelents, il faut auoir pluſieurs verres, & les apparier en experimentant; veu meſmement que toute proportion n'eſt pas commode pour toute ſorte de veuë.

EXAMEN.

CE noble ſubject de refractions dont la nature n'a point eſté cogneuë ny aux anciens, ny aux modernes Philoſophes & Mathematiciens juſques á preſent doibt maintenant l'honneur de ſa decouuerte à vn braue Gentilhomme de nos amis, autant admirable en ſçauoir & ſubtilitè d'eſprit qu'accomply en toutes ſortes de vertus, lequel ſoubs l'eſperance qu'il nous donne d'en faire luy meſme la relation parmy d'autres traictez qu'il promet au public (en ſuitte dequoy on ſe pourriot auſſi promettre de nous & de nos particulieres inuētions, les moyens d'en reduire facilement & ſeurement la theorie en practique) nous n'empeſche de rien dire icy ny ailleurs touchant ces Lunettes que l'on dit vulgairement de Galilée, bien qu'il n'y ait pas plus cogneu que les autres de certaine ſcience, mais peut eſtre mieux rencontré par hazard.

D. A. L. G.

PROBLEME LXXIV.

De l'aimant & des éguilles qui en ſont frottées.

QVi le croiroit, s'il ne le voyoit de ſes yeux qu'vne éguille d'acier ayant vne fois touché l'aimant, tourne puis apres non vne fois, ny vn an, mais les ſiecles entiers, & durant toute l'eternité, ſes deux bouts l'vn vers le midy, l'autre vers le Septentrion, quoy qu'on la remuë & qu'on la deſtourne tant qu'on voudra? Qui eut iamais penſé. qu'vne pierre brute, noire, & mal baſtie, touchante vn anneau de fer le deut ſuſpendre en l'air, & celuy cy vn ſecond, le ſecond vn troiſiéme, & ainſi iuſques a 10. 12. ou plus, ſelon la force de l'aimant, faiſant vne chaine ſans liens, ſans ſoudure, & ſans autre entretien, que d'vne vertu treſ-occulte en ſa cauſe, & treſeuidente en ſes effects, qui paſſe & coule inſenſiblement du premier au ſecond du ſecond au troiſiéme &c. N'eſt-ce pas vn miracle de voir qu'vne éguille frottée vne fois tire des autres éguilles, & tout de meſme vn clou, vne pointe de couſteau, ou autre piece de fer ? N'eſt-ce pas vn plaiſir de voir tourner & remuer la limaille, les éguilles, les cloux, ſur vne table ou vne fueille de papier, faict a faict que l'aimant tourne ou ſe remuë par deſſous ? Qui eſt-ce qui ne demeureroit raui, voyant le mouuement du fer, voyant vne main de fer eſcrire ſur le planché, & vne infinité de ſemblables inuentions, ſans apperceuoir l'aimant qui cauſeroit ces mouuemens derriere vn tel planché.

Qu'eſt-ce qu'il y a au monde plus capable de ietter vn profond eſtonnement dans nos ames, que de voir vne groſſe maſſe de fer ſuſpenduë en l'air, au milieu d'vn baſtiment, ſans que choſe du monde la touche, hormis l'air ? Et neantmoins les hiſtoires nous aſſeurent, qu'à la faueur d'vn aimant, attaché dans la voute, ou dans les parois de la moſquée des Turcs en la Mecque, le Sepulchre de l'infame Mahomet demeure ſuſpendu en l'air ; quoy que l'inuention n'en ſoit pas nouuelle, puiſque Pline en ſon hiſtoire naturelle l. 34. c. 14. eſcrit, que l'Architecte Dinocrates auoit entrepris de vouter le temple d'Arſinoë en Alexandrie, auec la pierre d'aimant, pour y faire paroiſtre par vne ſemblable tromperie, le ſepulchre de cette deeſſe, ſuſpendu en l'air.

Ie paſſerois les bornes de mon entrepriſe, ſi ie voulois apporter toutes les experiences qui ſe font auec cette pierre, & m'expoſerois à la riſée du monde, ſi ie me vantois d'en pouuoir apporter autre raiſon, que la ſympathie naturelle. Car pourquoy est ce que quelques aimants reiettent d'vn costé le fer, & l'attirent de l'autre ?

EXAMEN.

CEtte question procede d'vne veritable experience, mais qui a esté mal recogneuë & mal entenduë; Il est bien certain que le fer estant d'vn bout attiré par vn costé de la pierre d'aimant sera de l'autre bout assez souuent rejetté, & comme repoussé par l'autre costé de la mesme pierre: mais cette proprieté indifferemment conuient à toutes les pierres d'aimant, & la difference qui peut arriuer en telles experiences procede de la qualité du fer & non pas de la differente nature des pierres: Car supposé comme il est tres-veritable que chacune pierre a deux poincts opposites que nous appellons ses poles, esquels consiste toute sa vertu, du moins quant à l'acte, il est certain & constant par l'experience ordinaire que ces deux poincts agissent differemment, & que non seulement, si la pierre est libre de se mouuoir, l'vn se tournera tousiours vers le Septentrion, & l'autre vers le Midy: mais aussi si de l'vn de ses bouts elle touche l'extremité de quelque fil de fer ou acier, il aura aussi cette proprieté & vertu de se tourner d'vn bout vers Midy, & de l'autre vers Septentrion: en sorte que le bout de ce fil de fer qui aura esté touché, quoy qu'il aye estant libre vne contraire position à celuy de la pierre qui l'aura touché, neantmoins en sera tousiours attiré, & son autre extremité en sera repoussée, comme aussi l'autre partie opposite de la pierre la repoussera tousiours & attirera l'autre extremité, quoy que non touchée. Et cette verité se peut plus facilement encores experimenter & recognoistre auec deux éguilles frottées, soit d'vne mesme ou de differentes pierres d'aimant, lesquelles bien qu'elles ayent vne position semblable estant éloignées tant soit peu l'vne de l'autre, semblent neantmoins quand on les approche, autant meuës d'inimitié l'vne contre l'autre que de sympathie & amitié l'vne enuers l'autre. Car en toutes sortes d'application, vne seule exceptée, la partie Septentrionale de l'vne abhorrera tousiours & repoussera la Septentrionale de l'autre, & la Meridionale la Meridionale: mais la Septentrionale de l'vne attirera tousiours & s'aprochera de la Meridionale de l'autre, & le mesme s'obseruera entre les pierres d'aimant, soit entre elles seules, soit auec des éguilles.

Doù vient que tout l'aimant n'est pas propre à frotter les éguilles, mais seulement en deux poles où parties, qu'on recognoist, suspendant la pierre auec vn filet, en vn air coy & tranquille; ou bien la mettant dessus l'eau à la faueur d'vn liege, ou vn petit ais de bois leger: car les parties tournées au Septentrion & Midy monstrét de quel biais il faut froter l'eguille. D'où vient que les éguilles gauchissent, & ne monstrent pas le vray Septentrion quand on s'éloigne du meridien des Isles fortunées, de sorte qu'en ce païs elles s'en destournent enuiron par l'espace de huict degrez?

Pourquoy est-ce que les éguilles faictes à d'ouble piuot, & enfermées entre deux verres, monstrent la hauteur du pole, s'éleuantes d'autant de degrez que le pole par dessus l'Horizon?

Pourquoy est ce que le feu, & les aux font perdre la force à l'aimant? Le dise qui pourra, pour moy ie confesse en cela mon ignorance.

Quelques vns ont voulu dire, que par le moyen d'vn aimant, ou autre pierre semblable, les personnes absentes se pourroient entre parler ; par exemple Claude estant à Paris, & Iean à Rome, si l'vn & l'autre auoit vne éguille frottée à quelque pierre, dont la vertu fust telle, qu'a mesure qu'vne éguille se mouueroit a Paris, l'autre se remuast tout de mesme a Rome : Il se pourroit faire que Claude & Iean eussent chacun vn mesme alphabet, & qu'ils eussent conuenu de se parler de loing tous les iours a 6. heures du soir, l'éguille ayant faict trois tours & demy, pour signal que c'est Claude, & non autre qui veut parler à Iean, alors Claude luy voulant dire que le Roy est à Paris il feroit mouuoir & arrester son éguille sur L. puis sur E. Puis sur R. O. Y. & ainsi des autres : Or en mesme temps l'éguille de Iean, s'accordant auec celle de Claude, iroit se remuant & arrestant sur les mesmes lettres, & partant il pourroit facilement escrire ou entendre ce que l'autre luy veut signifier.

L'inuention est belle, mais ie n'estime pas qu'il se trouue au monde vn aymant, qui ait telle vertu : aussi n'est il pas expedient autrement les trahisons seroient trop frequentes & trop couuertes.

EXAMEN.

Nous adiousterons aux remarques que l'autheur de ce liure a fait des proprietez de l'aimant, que si vne pierre d'aimant tant soit peu bonne passe à dessein, ou bien par rencontre & hazard, assez proche (c'est à dire dans l'estenduë de sa vertu, ou

dans

dans sa sphere dactiuité, comme l'eschole parle) sur vne éguille à rebours du sens qu'elle aura esté frottée autresfois, elle luy ostera toute sa vertu & la rendra aussi brute, & en tel estat qu'elle estoit auparauant que d'estre frottee. Et partant qu'ayant vne bonne eguille il se faut donner de garde de tels rencontres.

C'est encore vne chose digne de remarque & pleine destonnement, voir combien vne pierre d'aimant en vne certaine sorte armee & garnie auec du fer ou de lacier augmente & multiplie sa vertu, l'imprimant & communiquant à son armure & garniture: Ce que posé & recogneu par l'experience assez vulgaire, nous ne faisons aucun doubte quelle ne la puisse beaucoup plus puissamment en cet estat communiquer, que toute seule & à nud, & partant que les eguilles ainsi touchees ne soient beaucoup plus vifues & subtiles que les autres.

Pour la methode de trouuer les poles de chacune pierre d'aimant, celle que donne cet autheur peut estre subiecte a quelque erreur. C'est pourquoy nous conseillons pour le plus seur, de frotter premierement auec la pierre quelque cousteau, eguille, ou autre ferrement, en sorte qu'il puisse en fin attirer aisement vne bien petite eguille: ou bien, si vous voulez prenés auec deux doigts fort legerement vne petite eguille par vn bout, en sorte qu'elle puisse aisemēt mouuoir de l'autre bout: ce fait approchez en la pierre d'aimāt en la tournant petit à petit, iusques à ce que vous recognoissiez que l'extremité de cette petite éguille soit attirée vers vne mesme partie de la pierre: Car le point en ladite pierre, où tend en droicte ligne ladite petite éguille ainsi attirée, sera infailliblement vn des poles de la pierre; & sera tousiours assez plaisant ayant appliqué vn bout de ladite éguille au bout du cousteau par le mouuement prompt & viste de la pierre en rond, faire descrire a l'eguille vn cone qui semblera tout d'acier, dont la poincte se terminera au bout du cousteau, & la base au cercle que descrira le pole de la pierre.

Ayant faict la mesme experience pour trouuer l'autre pole de la pierre; Si l'on veut recognoistre lequel des deux sera Septentrional ou Austral : il ne faudra qu'auec l'vn des deux (que l'on marquera de quelque chose pour le recognoistre & distinguer) frotter le bout de quelque éguille commune ou d'vn fil de fer, & voir, l'ayant posé sur quelque superficie polie & vn peu conuexe (comme, pour exemple & plus prompte experience, sur l'ongle de quelque doigt de la main) dequel costé le bout frotté se tournera: Car s'il se trouue vers Midy, on aura le pole Meridional de la pierre: si vers Septentrion, le Septentrional; Et ce à l'effect de toucher les éguilles des Boussolles: Car pour la pierre en soy, il est certain & par raison & par l'experience que si elle est suspenduë libre ou posée sur l'eau auec quelque support, elle se tournera tout au contraire de l'éguille quelle aura touché. Car lors son pole marqué pour Meridional se rendra pour Septentrional & se tournera vers Septentrion & le Septentrional au contraire vers Midy. Or pour mieux toucher les éguilles, il ne sera pas hors de raison, ayant recogneu les poles d'vne pierre d'aimant, d'vser vn peu & applanir ladite pierre, sur vn grez ou meule, à l'endroit de ses poles: afin qu'en touchant quelque éguille il se face vne meilleure application, & partant vne plus forte impression de la vertu directiue ou attractiue de l'aimant. D.A.L.G.

PROBLEME LV.

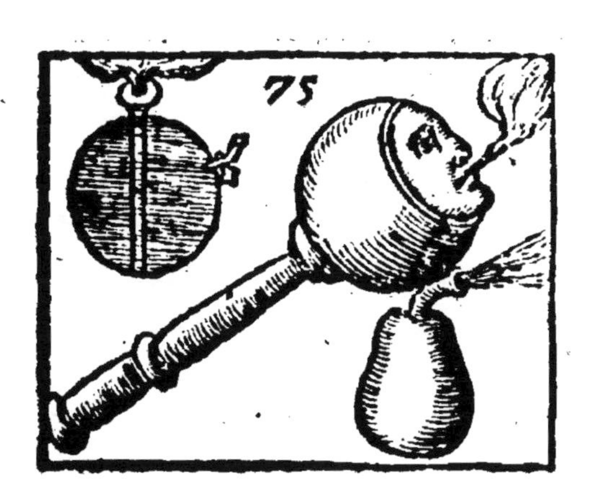

Des Æolipiles, ou Boules à souffler le feu.

CE sont des vases d'airain, ou autre semblable matiere, qui puissent endurer le feu, ils ont vn petit trou fort estroit, par lequel on les emplit d'eau, puis on les met deuant le feu, & iusques à ce qu'ils s'eschauffent, l'on n'en voit aucun effect; mais aussi tost que le chaud les penetre, l'eau venant à se rarefier sort auec vn sifflement impetueux, & puissant à merueilles; Il y a du plaisir à voir comme ce souffle allume les charbons, & consomme des souches de bois auec vn grand bruit.

Vitruue au l. 1. de son architecture c. 8. prouue par ces engins que le vent n'est autre chose, qu'vne quantité de vapeurs & exhalaisons agitées auec l'air, par rarefaction & condensation. Et nous en pouuons encore tirer vne autre consequence, pour monstrer qu'vn peu d'eau peut engendrer vne tres-grande quantité de vapeurs & d'air. Car vn verre d'eau versé dans ces Æolipiles soufflera presque vne heure durant, enuoiant des vapeurs mille fois plus grandes que soy en estenduë.

Quant à la forme de ces vases, tous ne les font pas de mesme façon, quelques vns les font en forme de boules : les autres en forme de teste, comme l'on a coustume de peindre les vents; autres en figure de poire, comme si on les mettoit cuire au feu quand on les applique pour souffler ; & pour lors, la queüe des poires est creuse en forme de tuyau, ayant au bout vn trespetit trou tel que feroit la pointe d'vne espingle.

Quelques vns font mettre dans ces soufflets vn tuyau recourbé à diuers plis & replis, afin que le vent qui souffle auec impetuosité par dedans imite le bruit d'vn tonnerre.

D'autres se contentent d'vn simple tuyau dressé à plomb, vn peu euasé par le haut, pour y mettre vne petite boule, qui sautelle par dessus faict à faict que les vapeurs sont poussées hors.

Finalement quelques vns appliquent au pres du trou des moulinets, ou choses semblables, qui tourneuirent par le mouuement des vapeurs ; ou bien par le moyen de deux ou trois tuyaux recourbez en dehors, font tourner vne boule.

Or il y a de la finesse à emplir d'eau ces Æolipiles par vn si petit trou, & faut estre Philosophe pour la trouuer. On chausse les Æolipiles toutes vuides, & l'air qui est dedans deuient extremement rare : Puis estans ainsi chaudes, on les iette dans l'eau, & l'air venant à s'espaissir, & par ce moyen occupant beaucoup moins de place, il faut que l'eau entre viste par le trou pour empescher le vuide. Voyla toute la pratique & speculation des Æolipiles.

PROBLEME. LXXVI.

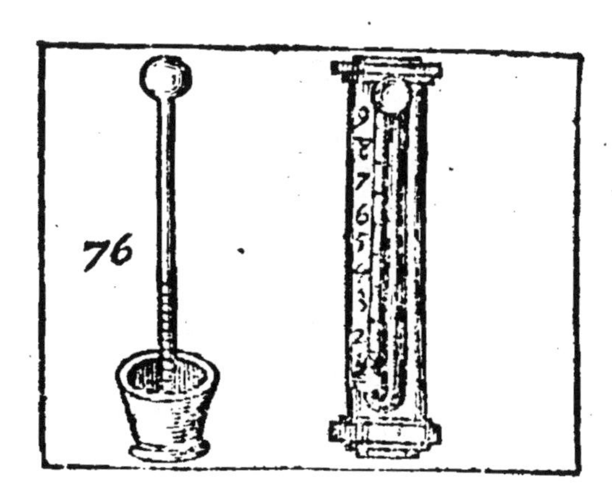

Du Thermometre, ou Instrument pour mesurer les degrez de chaleur ou de froidure, qui sont en l'air.

C'Est vn engin de cristal qui a vne petite bouteille en haut, & par dessous vn col longuet, ou bien vn tuyau tres-mince, qui se termine par embas dans vn vase plein d'eau, ou bien est recourbé en derriere auec vne autre petite bouteille, pour y verser de l'eau, ou de la liqueur telle qu'on voudra. La figure representera mieux tout l'instrument que la parolle escrite. Et l'vsage en est tel: Mettez dans le vase d'embas quelque liqueur teinte de bleu, de rouge, de iaune, ou autre couleur qui ne soit pas beaucoup chargée, comme du vinaigre, du vin, de l'eau rougie, ou de l'eau forte qui ait serui à grauer le cuiure. Cela fait ;

Ie dis premierement, qu'a mesure que l'air enclos dans la bouteille viendra à estre rarefié ou condensé l'eau montera euidemment ou descendera par le tuyau, ce que vous experimenterez facilement portant l'instrument d'vn lieu bien chaud en autre bien froid. Mais sans bouger d'vne place, si vous applicquez doucemẽt la main dessus la bouteille d'en-haut, elle est si deliée, & l'air si susceptible de toute impression, que tont à l'instant vous verrez descendre l'eau, & la main ostée elle remontera doucement à sa place: Ce qui est encor plus sensible quand on eschauffe la bouteille auec son haleine, comme si on luy vouloit dire vn mot à l'oreille pour faire descendre l'eau par commandement. La raison de ce mouuement est, que l'air eschauffé dans le tuyau, se raresie & dilate, & veut auoir vne plus grande place, c'est pourquoy il presse l'eau & la faict d'escendre, Au contraire, quand l'air se refroidit & condense, il vient à occuper moins de place, & partant de peur qu'il n'y reste quelque vuide, l'eau remonte incontinent.

Ie dis en second lieu, que par ce moyen on peut cognoistre les degrez de chaleur ou de froidure qui sont en l'air, à chaque heure du iour ; car selon que l'air exterieur est froid ou chaud, l'air qui est enfermé dans la bouteille, se raresie ou condense & l'eau monte ou descend. Ainsi voyons nous que le matin l'eau monte bien haut, puis petit à petit elle descend iusques bien bas vers le midy, & sur la vesprée elle remonte. Ainsi en hyuer elle monte si haut, qu'elle remplit presque tout le tuyau; mais en esté, elle descend si bas, qu'aux grandes chaleurs à peine paroist elle dans le tuyau.

Ceux qui veulent determiner ce changement par nombres & degrez tirent quelque ligne tout au long du tuyau, & la diuisent en 8. degrez, selon les Philosophes, ou 4. selon les medecins sousdiuisant encore ces 8. en 8. autres, pour auoir en tout 64. parcelles. Et par ce moyen non seulement ils peuuent distinguer sur quel degré monte l'eau, au matin, à midy, & à toute autre heure du iour: Mais encore on peut cognoistre, de combien vn iour est plus froid ou plus chaud que l'autre: remarquant de combien de degrez l'eau monte ou descend. On peut conferer les plus grandes chaleurs & froidures d'vn an, auec celles d'vne autre année. On peut sçauoir de combien vne châbre est plus chaude que l'autre. On peut entretenir vne chambre, vn fourneau, estuue, en chaleur tousiours egale, faisant en sorte que l'eau du thermomettre demeure tousiours sur vn mesme degré: On peut aucunement iuger de l'ardeur des fieures: Bref on peut sçauoir à peu pres, iusques à quelle estenduë l'air se peut rarefier aux plus grandes chaleurs; &c.

PROBLEME LXXVII.

De la proportion du corps humain, des statuës Colossales & Geants monstreux.

PRotagoras auoit raison de dire que l'homme est la mesure de toute chose. 1. parce qu'il est le plus parfait entre toutes les creatures corporelles, & selon la maxime des Philosophes, ce qui est le plus parfaict, & le premier en son rang, mesure tout le reste. II. Parce qu'en effect les mesures ordinaires de pied, de poulces, de coudée, de pas, ont pris leurs noms, & leur grandeur du corps humain. III. Parce que la symmetrie, & bien seance de ses parties est si admirable, que tous les ouurages bien proportionnez, & nommément les bastimens des temples, des nauires, des colomnes, & semblables pieces d'Architecture, sont en quelque façon compassées selon ses proportions. Nous sçauons que l'Arche de Noé bastie par le commandement de Dieu, estoit longue de 300. coudées, large de 50. & haute ou profonde de 30. tellement que la longueur contenoit six fois la largeur, & 10. fois la profondeur: Or couchez vn homme de son long, vous trouuerez la mesme proportion, en sa longueur largeur & profondeur.

Le P. Vilalpande, traittant du temple de Salomon, ce chef d'œuure inimitable, & modele de toute bonne Architecture, a remarqué curieusement en certaines piece la mesme proportion, & par ce moyen en tout le gros de l'ouurage vne symmetrie si rare, qu'il a bien osé asseurer que d'vne seule partie de ce grand bastiment, d'vne base, ou d'vn chapiteau de quelque colomne, on pouuoit cognoistre les mesures de tout ce bel edifice.

Les autres Architectes nous aduisent, que les fondemens des maisons, & les bases des colomnes, sont comme le pied, les chapiteaux, les toicts, & couronnemens comme la teste, le reste comme le corps: Il y a de la conuenance aussi bien en effect qu'au sur-nom, & ceux qui ont esté vn peu plus curieux, ont encore remarqué, que comme au corps humain les parties qui sont vniques, comme le nez, la bouche, le nombril, sont au milieu: les autres qui sont doubles, sont mises de costé & d'autre, auec vne parfaicte egalité, de mesme en l'Architecture. Voire mesmes quelques vns ont faict des recherches plus curieuses que solides, apparians tous les ornements d'vne corniche aux parties de la face, au front, aux yeux, au nez, à la bouche, comparant les voultes des chapiteaux aux cheueux entourtillez, & les cannelures des colomnes, aux plys de la robbe des dames. Tant y a qu'il séble auec raison, que comme l'art imite la nature, le bastiment estant l'œuure le plus artiste; deuoit prendre son imitation du chef d'œuure de nature, qui est l'homme: De façon que son corps, en comparaison des ouurages, est comme la statuë de Polyclete qui regloit toutes les autres.

C'est pourquoy Vitruue l. 3. & tous les meilleurs Architectes, traictent des proportions de l'homme, & entre autres Albert Durere en a faict vn liure entier, le mesurant depuis le pied iusques à la teste, soit qu'on le prenne de front, ou de pourfil, iusques aux moindres parties. Les lise qui voudra en auoir vne parfaicte cognoissance. Ie me contenteray icy des remarques suiuantes.

1. La longueur d'vn homme bien faict (on l'appelle ordinairement hauteur) est égale a la distance d'vn bout du doigt à l'autre, quand on a estendu les bras tant que l'on peut. Item à l'interualle des deux pieds escartez le plus que faire se peut,

EXAMEN.

Ecy eſt faux pour les pieds, autrement y auroit neceſſairement de la luxation ou rupture entre les cuiſſes : car naturellement l'homme ne peut tellement écarter ſes iambes que la diſtance entre les extremitez des pieds ſoit faite égale a celle d'entre les extremitez des mains, ayant les bras, & les mains plainement eſtenduës; Et de faict l'extẽſion mentionnée en l'article ſuiuant, en forme de Croix S. André ne donne pas auec l'extenſion poſſible aux bras par le mouuement deſquels auront vne pleine & entiere extenſion, les extremitez des mains excederont indubitablement le cercle, pourueu que le tout ſoit referé & entendu de l'extenſion d'vn homme à l'ordinaire, lequel bien qu'il ne fuſt parfaict n'auroit toutesfois aucune diformité ou mauuaiſe habitude en ſes membres. D. A.L. G.

2. Si quelque homme auoit les pieds, & les mains écartées en forme de croix de S. André, mettant le pied d'vn compas ſur le nombril au lieu de centre, on peut deſcrire vn cercle qui paſſera par le bout des mains, & des pieds : voire ſi l'on tire des lignes droites par les extremitez des pieds & des mains, on fera vn quarré parfaict dedans le meſme cercle.

3. La largeur d'vn homme, ou l'eſpace qu'il y a d'vn coſté à l'autre, le coude, la poictrine, la teſte auec ſon col, faict la ſixiéme partie de tout le corps pris en ſa longueur, ou hauteur.

4. La longueur de la face, eſt égale à la longueur de la main priſe depuis le nœud du bras, iuſques à

l'extremité du plus grãd doigt. Item à la profondeur du corps, la prenant depuis le ventre iusques au dos, & l'vn & l'autre faict la dixiéme partie de tout l'homme, ou comme veulent quelques vns, sa neufiéme, peu plus.

5. La hauteur du front, la longueur du nez, l'espace depuis le nez iusques au menton, la longueur de l'oreille, la grandeur du poulce sont parfaictement egales (*Ou le doiuent estre en vn corps des hommes parfaict selon quelques expers en cette science. D.A.L.G.*

Que diriez vous du rapport admirable des autres parties, si ie les racontois par le menu: Mais vous m'en dispenserez s'il vous plaist, pour tirer quelques conclusions de ce que dessus.

En premier lieu. Supposé les proportions de l'homme, il est facile aux peintres, statuaires, & imagiers de proportionner & perfectioner leurs ouurages, & par mesme moyen est rendu croyable ce que quelques vns racontent des statuaires de Grece, qu'ayans vn iour entrepris de former chacun a part, & en diuers quartiers, vne partie de la face d'vn homme, toutes les parties estans puis apres assemblées, la face se trouua tres-belle, & bien proportionnée. II. C'est chose claire, qu'a la faueur des proportions, on peut cognoistre Hercule par ses pas, le Lyon par son ongle, le Geãt par son poulce, & tout vn homme par vn eschantillon de son corps. Car c'est ainsi que Pythagore, ayant pris la grandeur du pied d'Hercule, suiuant les traces qu'il en auoit laissées sur terre, colligea toute sa hauteur. C'est ainsi que Phydias, ayant seulement l'ongle d'vn Lyon, figura toute la beste entierement conforme à ſon prototype. Ainſi le peintre Timante, ayant peint des pigmées, qui meſuroient auec vne toiſe le poulce d'vn geant, donna ſuffiſamment à cognoiſtre la grandeur du Geant.

Pour faire court, nous pouuons par meſme methode venir à la cognoiſſance de pluſieurs belles & rares antiquitez, touchant les ſtatuës Coloſſales & les geants monſtreux, ſuppoſé qu'on trouue la meſure de quelque piece, comme ſeroit la teſte, la main, le pied. ou quelques os, dans les anciennes hiſtoires.

Des ſtatuës Colloſſales.

VOus aurez du plaiſir aux exemples particuliers, que ie vois repreſenter. I. Vitruue raconte en ſon liure ſecond que Dinocrates l'Architecte ſe voulant mettre au monde, alla trouuer Alexandre le grand, & luy propoſa pour chef-dœuure vn deſſeing qu'il auoit proietté. De figurer le mont Athos en forme d'vne grãde ſtatuë, qui tiendroit en ſa main droitte vne ville capable de dix mille hommes, & en ſa gauche vn recipient pour amaſſer les eaux qui couloient du ſommet de la montagne, & les verſer dans la mer. Voila vne gentille inuention, dit Alexandre, mais parce qu'il n'y auoit point de champs a l'entour, pour nourrir les citoyens de la ville, il fut ſage de n'entreprendre point ce deſſeing.

Or là deſſus on demande, combien grande euſt eſté cette ſtatuë, cette ville & ce recipient. Il n'eſt pas malaiſé de reſpondre à l'ayde des proportions. Car la ſtatuë n'eut peu eſtre plus haute que la montaigne mesme, la montaigne n'a pas plus d'vn mille prenant sa hauteur à plomb, encor est-ce beaucoup, & cinq fois plus que n'a la mõtagne de Mousson. La main de cette statuë eust esté la dixiéme partie de sa hauteur, & partant longue de 100. pas & pour le moins large de 50. multipliãt donc la longueur par la largeur viennent pour son estenduë cinq mille pas, bastans pour faire vne ville de 10. mille hommes, donnant à chacun l'espace d'vn demy pas, ou 12. pieds quarrez.

EXAMEN.

Il semble que l'on parle icy de dix milles hommes qui ne seroient pas plus grands que des Eschets, où tels que l'on dit, le deffunct Conte Maurice de Nassau auroit faict faire de plomb, pour se duire à renger des armées en bataille, puisque que pour habitation & commodité de logement on ne leur assigne que douze pieds d'espace qui ne pourroient suffire à vn homme que pour sepulture de 3. pieds sur 4.
D. A. L. G.

Iugez de cela ce que pouuoit estre la couppe & le reste des parties de ce Collosse.

II. Pline au l. 34. c. 7. de son histoire naturelle parlant de ce fameux Collosse de Rhodes, entre les iambes duquel les nauires passoient à voiles déployées, dit qu'il auoit de longueur septante coudées, & les historiens témoignent que les Sarrazins l'ayans brisée chargerent de son métail 900. chameaux. Ie demande quelle estoit sa grandeur & pesanteur.

En premier lieu puisque selon Columella vn

chameau porte 1200. liures, il est éuident que tout le Collosse pesoit pour le moins 1080000. c'est à dire vn milion 80. mille liures d'airain. Secondement parce que le visage est la dixiesme partie de toute la hauteur, il faut dire que le Collosse auoit vne teste de 7. coudées, c'est à dire 10. pieds & demy : & puisque le nez, le front, & le poulce, sont la troisiéme partie de la face, son nez estoit long de 3. pieds & demy, & autant son poulce : & parce que l'espoisseur du poulce est bien le tiers de sa longueur, il auoit plus d'vn pied d'espoisseur. Ce n'est pas sans raison qu'on dit que peu de personnes eussent peu embrasser son poulce, pourueu qu'on entende cela d'vn seul bras, ou des deux mains, non pas des deux bras ensemble.

III. Le mesme Pline, & au mesme lieu, raconte que Neron fit venir de France en Italie vn braue & hardy statuaire appellé Zenodore, pour dresser vn Colosse de bronze à sa ressemblance : Il fit donc vne statuë haute de 120. pieds, & Pline adiouste au l. 35. c. 7. qne Neron se fit aussi peindre en pareille hauteur. Voulez vous donc sçauoir combien grands estoient les membres de ce Collosse : La largeur estoit de 20. pieds, sa face de 12. son poulce & son nez de 4 pieds, selon les proportion susdites.

I'aurois icy vn beau champ pour m'estendre plus au long sur ce se subiect, mais c'est pour vne autre occasion, disons vn mot des Geants, & passons outre.

Des Geants monstreux.

VOus ne croyres pas ce que ie vois dire, aussi ne crois ie pas tout ce que les aucteurs escriuent en cette matiere. Neantmoins ny vous ny moy ne sçaurions nier que iadis on ait veu des hommes d'vne prodigieuse grandeur; car le S. Esprit mesme tesmoigne au Deuteronome c. 3. qu'vn certain appellé Og, estoit de la race des Geants, & qu'en la ville de Rabath on monstroit son lict de fer, long de 9. coudées, large de 4.

Au I. liure des Roys c. 17. Goliath est descrit, & couché tout au long : il auoit, dit l'escriture, 6. coudées, & vn palme de hauteur, c'est à dire plus de 9. pieds, il estoit armé de pied en cappe, & sa cuirasse seule auec le fer de sa lance, pesoit 5. mille 6. cens sicles, c'est a dire plus de 233. liures; prenant vn sicle pour 4. dracgmes, & 12. onces à la liure.

Or il est bien croyable que le reste de ses armes, comprenant sa rondache, ses cuissarts, son heaume, ses brasselets, &c. pesoient encore plus que cela ; & partant qu'il portoit pour le moins 500. liures pesant, chose prodigieuse, veu que les plus robustes à peine en porteront ils 200.

Solinus raconte au c. 5. de son histoire, que durant la guerre de Crete, apres vn grand desbordement des riuieres, on trouua sur la greue le cadauer d'vn homme long de 33. coudées; c'est à dire de 49. pieds, & demy; Il falloit donc selon les proportions susdites, que sa face eut 5. pieds de longueur : n'est-ce pas la vn prodige?

Pline l. 7. c. 16. dit qu'en la mesme Isle de Crete ou de Candie vne montagne estant fenduë par tremblement de terre on descouurit vn corps tout debout, ayant 46. coudée de hauteur, quelques vns croyoient que ce fut le corps d'Orion ou Otus. Ie croirois plustost que ce fut vn phantosme, autrement il luy faudroit donner vne main longue presque de 7. pieds & demy, & 2. pieds & demy de nez.

Mais quoy? Plutarque en la vie de Sertorius dit bien chose plus estrange, qu'à Tingi ville de Mauritanie, où lon croit qu'Antée le Geant soit enseuely, Sertorius ne pouuant croire ce qu'on luy racontoit de sa prodigieuse grandeur, fit ouurir son sepulchre, & trouua que le corps auoit 60. coudées de long; donc par proportion il auoit 10. coudées ou 15. pieds de largueur, 9. pieds de profondeur, 9. en la longueur de sa face & 3. en son pouce quasi autant que le colosse de Rhodes. Si cela est vray, bon Dieu quelle tour de chair.

Voulez vous encore vne plus belle fable; Symphorian Campesius au liure intitulé Hortus Gallicus, dit qu'au Royaume de Sicile, au pied d'vne montagne assez pres de Trepane, en creusant les fondements d'vne maison, on rencontra iadis vne grotte sousterraine, & dans elle vn Geant qui tenoit au lieu de baston, vne grosse poutre comme le mas d'vn nauire; on le voulut manier, & tout se reduisit en cendre, excepté les os, qui resterent d'vne si desmesurée grandeur, qu'en la teste on eut facilement logé vn muid de bled, & par proportion on trouua que la longueur du corps, pouuoit bien estre de 200. coudées ou 300. pieds: Il deuoit

dire

dire de 300. coudées, & pour lors tout à propos nous eussions creu que l'arche de Noé estoit bastie iustement pour son sepulchre. Qui croira qu'vn homme ait iamais eu 20. coudées ou 30. pieds pour sa face, & vn nez de dix pieds?

Quoy qu'il en soit, si faut-il aduoüer, qu'il y a eu des hommes bien grands, comme l'écriture le témoigne, & les autres aucteurs dignes de foy: Comme Iosephe Acosta l. 1. de l'histoire des Indes c. 19. où il escrit qu'au Peru se treuuent des os de Geants, qui ont esté trois fois plus grands que nous ne sommes, c'est à dire de 17. pieds: Car les plus grands hommes de present, n'ont plus de six pieds. Les histoires sont pleines d'autres grands, de 9. 10. & 12. pieds & l'on en a veu mesme de nostre temps, qui auoient cette hauteur. C'est bien assez ce me semble, qu'vn homme ait la face & la main d'vn pied de Roy, ce qu'il faut dire quand toute la hauteur est de 10. pieds selon les proportions assignées.

PROBLEME LXXVIII.

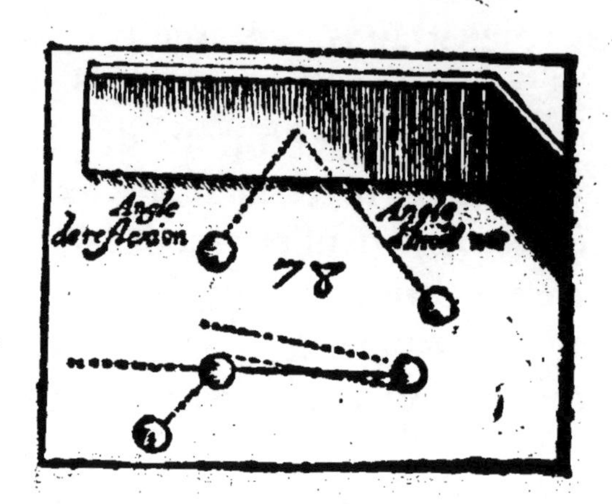

Du ieu de paume, de Truc ou de billard, de paille-maille & autres semblables.

QVoy doncques, les Mathematicques trouueront elles encore place parmy les tripots, & discoureront-elles sur les tapis des billards ; sans doute ; & peut estre ne trouuerez vous aucun ieu, qui se puisse mieux regler par principes de Mathematicque que ceux-cy. Car tous les mouuements se font par lignes droites, & par reflexions.

D'où vient que comme aux apparences des miroirs plats ou conuexes, on explique par lignes droictes la production, & reflexion de la lumiere & des especes : de mesme par proportion l'on peut icy expliquer suffisamment le mouuement d'vne plote, ou d'vne boule par lignes & angles de Geometrie.

Et iaçoit que l'exercice, experience, ou dexterité des ioueurs seruent plus en ce faict que tout autre precepte ; i'apporteray toutes-fois icy quelques maximes, l'esquelles estans reduites en practicque, & iointes auec l'experience, donneront vn grand aduantage à ceux qui s'en voudront & pourront seruir. I. Maxime. Quand vne boule pousse vn autre boule, ou lors qu'vn battoir pousse la bale, le mouuement se faict selon la ligne droicte qui est tirée du centre de la boule, par le poinct de contingence II. Maxime. En toute sorte de mouuement, lors qu'vne bale, ou vne boule reiallit, soit contre le bois, ou la muraille, sur le tambour, le paué ou la raquette, l'angle d'incidence, est tousiours egal à l'angle de reflexion.

En suitte de ces maximes, il est aisé de conclure I. en quel point il faut toucher le bois, ou la muraille, pour faire que la boule, ou la bale, aille par reflexe reiallir en tel endroit qu'on voudra. II. Comme l'on peut ietter vne boule sur vne autre en sorte que la premiere ou seconde aille rencontrer vne troisiéme, gardant l'egalité des angles d'incidence, & de reflexion. III. Comme l'on peut, en touchant vne boule, l'enuoyer à telle part qu'on voudra. Et plusieurs autres semblables pratiques, en l'exercice desquelles il faut prendre garde, que le mouuement se ralentit peu à peu, ou que les maximes de reflexion ne peuuent estre si exactement obseruées au mouuement local, qu'aux rayons de lumiere, & des autres qualitez ; parquoy il est necessaire de suppleer par industrie, ou par force au manquement qui peut prouenir de ce costé là.

PROBLEME LXXIX.

Du Ieu des Dames & des eschets.

QVe ces ieux ſoient ieux de ſcience, & prouenus de l'inuention des Mathematicques, il appert par l'ordonnance, diſpoſition, & mouuement de toutes leurs pieces; car elles ſont agencées deſſus vn quadre, qui à les coſtez diuiſez en 8. parties egales, d'où reſultent 64. petits quarreaux Elles ſont en nombre egal de part & d'autre, & par regle d'Arithmeticque on peut trouuer toutes les façons poſſibles d'ordonner ſon ieu, ſoit qu'on ait encore toutes ſes pieces, ou ſeulement vne partie d'icelles; voire meſme, ayant trouué toutes les ordonnances, l'on peut deſcouurir qu'elle eſt la meilleure façon pour gaigner : quoy que cela ſoit preſque d'vn trauail infiny, & qu'en ce ieu auſſi bien qu'en tout autre, l'eſprit, la memoire, la force de l'imagination, l'exercice & l'affection, ſeruent plus que les preceptes,

Pluſieurs ont eſcrit ſur ce ſubiect, & i'ay appris depuis peu, qu'on imprime vn nouueau traité ſur le ieu des dames, pour monſtrer le moyen infaillible de gaigner, lors que le ieu eſt conduict à vn certain poinct.

Il faut auoir employé beaucoup de temps pour en venir là, & ſi au bout du conte les reflexions qu'il faut faire ſuyuant ces regles affligent plus qu'elles ne recreent l'eſprit. S'il eſtoit queſtion de faire paroistre quelque traict d'Arithmeticque sur le ieu des dames : I'aymerois mieux monstrer comme la multiplication, & diuision s'y peuuent faire tant es nombres entiers qu'es rompus, à l'ayde de deux regles disposées en équierre dessus les petits quarreaux du ieu, ou bien selon l'inuention que Neperus a inseré dans sa Rabdologie, enseignant à praticquer les operations des nombres par le mouuement de la tour & du fou sur le plan des eschets.

PROBLEME LXXX.

Faire trembler sensiblement & à veuë d'œil, la corde d'vne viole, sans que personne la touche.

CEcy est vn miracle de Musique facile à experimenter. Prenez vne viole d'Espagne en main, ou autre semblable instrument ; choisissez deux chordes distantes, tellement qu'il y en ait vne entre elles. Accordez ces deux chordes extremes, à mesme ton sans toucher à celle du milieu. Puis apres frottez auec l'archet, vn peu fort sur la plus grosse, & vous verrez merueille. Car au mesme temps que celle cy tremblera, poussée par l'archet ; l'autre qui est distante, mais accordée a mesme ton tremblera aussi sensiblement, sans que personne la touche ; & le bon est, que la chorde qui est entre deux ne se remuë en façon quelconque, voire-mesme si vous mettez la premiere chorde en vn autre ton, laschant la cheuille, ou diuisant la chorde auec le doigt, l'autre chorde ne tremblera pas.

Or ie vous demande, d'où vient ce tremblement ? est-ce d'vne sympathie occulte, ou plustost parce que la chorde bandée à mesme ton, reçoit facilement l'impression de l'air qui est agité par le tremblement de la premiere, d'où vient qu'elle tremble, à mesure que la premiere est meuë par l'archet.

EXAMEN.

IL faut icy imaginer tout autre chose que la sympathie naturelle & particuliere des chordes les vnes enuers les autres : car supposé qu'vne mesme chorde selon les differentes tensions pourroit successiuement témoigner de la sympathie enuers vne infinité d'autres differentes, par vn ressentiment en soy de l'émotion donnée aux autres il ne se peut pas dire que telle chorde ait aucune sympathie en soy, auec pas vne des autres, puisque ces tesmoignages des ressentimens de l'émotion des autres procedēt des differentes tensions qui luy sont données d'ailleurs. Il faut donc considerer sur ce subiect, premierement l'effect que la differente tension produict sur vne mesme corde, c'est à dire sur vne mesme longueur & volume de chorde, puis apres ce quelle peut produire sur differentes cordes, & en volume & en longueur pour les rendre ou à l'vnisson ou à l'octaue les vnes des autres, ou bien à quelque consonance intermediate. Ce qu'estant meurement consideré & examiné : Nous osons dire qu'il sera facile de s'ouurir la porte à la cognoissance des vrayes causes prochaines & immediates de ce tant noble & admirable Phenomene : Car hors de cét examen, n'estant pas possible de cognoistre ce qui met par tension une chorde en mesme ton auec une autre, comment pourroit-on comprendre qu'elle soit plus susceptible de l'impression de l'air agité par la motion d'une autre plustost que les autres chordes le plus souuent plus prochaines & interposées.

Nous adjousterons encores à cette experience qu'elle se peut faire encores plus admirable auec deux luts, deux harpes, deux violes, deux espinettes, ou autres semblables instruments accordez en mesme ton car l'un touche de moyenne force par une main artiste, donnera mouuement aux chordes de l'autre, en sorte que si les chordes de chacun desdits instruments sont tellement accordées, qu'estans touchées de plein & sans diuisions, elles puissent exprimer quelque harmonie (ce qui sera facile auec deux harpes, ou deux espinettes) l'un des deux touché excitera en l'autre une semblable harmonie, pourueu que la distance d'entre les deux, & leur position soit choisie à propos & conuenable. Or ce qui arriue tout apparemment & bien sensiblement quand les chordes sont à l'unisson, & principalement en égalité de longueur & grosseur, se trouuera moins apparent & sensible à mesure que les chordes s'éloigneront de cette égalité. Ainsi en un mesme instrument, une chorde touchée excitera dauantage celle qui luy sera à l'unisson que celle qui luy sera à l'octaue, & plus celle cy, qu'aucune autre qui feroit consonance en quelque proportion intermediate, Car il est certain que les autres consonances n'en sont pas exemptes, & encores que l'effect n'y soit si apparent, il si recognoistra neantmoins, mais plus sensiblement aux unes qu'aux autres, D.A.L.G.

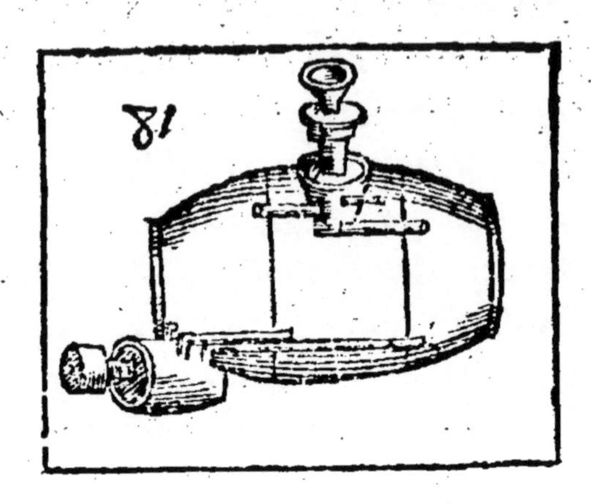

PROBLEME LXXXI.

D'vn tonneau qui contient trois liqueurs diuerses, versees par vn mesme bondon, & tirées par vne mesme broche sans aucun meslange.

L'Inuention en est belle. Le tonneau ou vase doit estre diuisé en trois cellules, pour les trois liqueurs ; par exemple, du vin, de l'eau, de l'huile. Dans le bondon il y a vn engin auec 3. tuyaux, qui aboutissent chacun à sa propre cellule, & pour fermer l'emboucheure des tuyaux, on met dans cét engin vne broche ou entonnoir, percé en 3. endroicts ; de sorte que mettant l'vn des trous vis à vis du tuyau qui luy respond, les deux autres tuyaux sont bouchez ; & par ce moyen l'on peut sans meslange verser telle liqueur qu'on veut, dans l'vne des cellules. Or pour tirer aussi sans confusion : au bas du tonneau il y doit auoir vne broche, auec tuyaux, & vn robinet percé auec 3.

trous, si bien que disposant l'vn des trous à l'endroict du tuyau correspondant, on en peut tirer du vin séparement, & mettant vn autre trou à l'endroict d'vn autre tuyau, les autres sont fermez, & on en peut tirer de l'eau, & ainsi de l'huile. Et quand on veut, on dispose le robinet en sorte, que rien du tout ne peut sotrir. Et quelquesfois encores le robinet peut estre faict si proprement, qu'on tirera deux liqueurs ensemble, quand on voudra, voire quelquesfois trois ensemble.

PROBLEME. LXXXII.

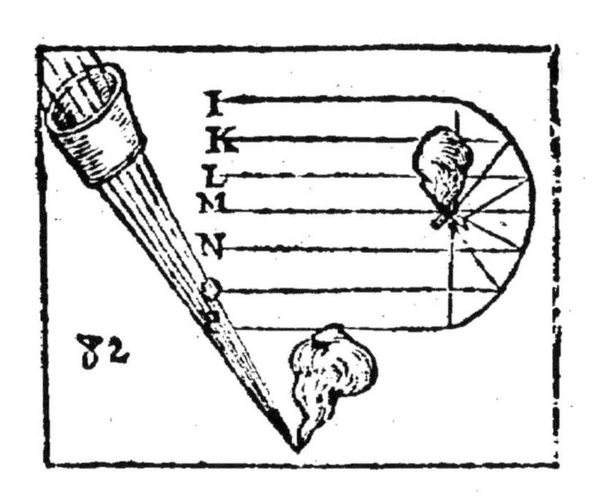

Des miroirs ardents.

VOicy des inuentions de Promothée, pour desrober le feu du Ciel, & l'apporter en terre; veu que par les miroirs ardents, auec vn petit rond de verre, ou d'acier on allume la bougie, & les flambeaux, on embraze des tisons entiers, on faict fondre le plomb, l'estain, l'or, & l'argent, en fort peu de temps: ne plus ne moins que si on l'auoit mis dans le creuset, dessus vn grand brasier.

N'auez vous iamais leu qu'Archimede, ce Briarée de Siracuse, voyant qu'il ne pouuoit atteindre aux nauires de Marcellus, qui assiegeoit sa patrie, pour les incommoder comme il souloit, & en les pirouettant les enfoncer dans la mer: Se transforma en Iupiter foudroyant, & des plus hautes tours de la ville lança dedans ces nauires le quarreau de son foudre, excitant vn terrible incendie, en despit de Neptune; & des eaux de la mer. Zonaras vous tesmoignera que Proclus braue Mathematicien, brusla de la mesme sorte les nauires de Vitalian, qui estoit venu assieger Constantinople; L'experience mesme iournaliere vous fera voir quelque chose de semblable. Car vne boule de cristal poli, ou vn verre plus espais au milieu que par les bords: que dis ie, vne bouteille pleine d'eau exposée au Soleil ardent, specialement en esté & entre 9. heures du matin & trois heures du soir, peut allumer du feu. Les enfans mesme sçauent cela, quand auec des semblable verres ils bruslent les mouches contre la parois, & les manteaux de leurs compagnons.

EXAMEN.

L'Experience que l'aucteur de ce liure apporte icy pour preuue de son dire, se doibt referer à ce qu'il a dit tout au commencement de ce Probleme, non pas à ce qu'il a rapporté en suitte d'Archimede & de Proclus. Et pour ce qu'il dit d'vne fiolle pleine d'eau exposée au Soleil en Esté, se peut aussi experimenter en Hyuer pendant le plus grand froid, & quelquesfois auec vn effect plus notable qu'aux plus grandes chaleurs de l'Esté, mesmes on peut adjouster qu'en tel temps d'Hyuer auec vne boule de glace bien vniforme & claire, où plustost auec vn morceau de telle glace formé en lentille selon vne deuë figure & proportion, il s'en pourroit produire vn effect assez semblable.

Mais pour reuenir à ce qu'il remarque d'Archimede & Proclus; nous disons qu'il y a quelque chose à redire en telles relations qui nous en faict soupçonner, quoy quelles soient ce semble communement receuës & passées iusques icy en creance, le subject estant de la qualité de tout plein d'autres merueilles faciles à imaginer, lesquelles pour ce que l'examen s'en trouue trop difficile, passent assez souuent en creance, plus pour respect enuers leurs Aucteurs, que par la verité où possibilité du subject.

Il est bien vray que tous miroirs concaues, conoides ou Spheriques de quelque matiere qu'ils soient, estans opposez aux rayons du Soleil, excitent quelque chaleur, & que tels en exciteront jusques à tel & plus haut poinct qu'il a esté remarqué. Doncques Archimede & Proclus ont peu auec des miroirs causer vn incendie dans les nauires ennemies, c'est dont nous ne demeurons pas d'accord. Car premierement si l'on examine la verité de l'histoire, il se trouuera que les principaux aucteurs n'en disent vn seul mot, & s'estonnera-t'on peut estre d'où les aucteurs cy mentionnez, auec quelques autres plus modernes qui nous ont laissé pour histoires ces admira-

bles effects des miroirs ont pris le fondement de leurs relations. Que si l'on examine aussi la verité de ces histoires par la possibilité du subiect ; nous disons qu'asseurement si l'impossibilité ne s'y trouue toute euidente, du moins l'extreme difficulté s'y rencontrera: & recognoistra-t'on le peu ou point de proportion qu'il y a de ces espouuẽtables effects a ce que nous produisons assez facilement & ordinairement auec nos miroirs communs, quoy que la chose passe assez souuent en merueille parmy les moins cognoissans.

Mais ce n'est pas icy le lieu ou il faut approfondir cette discussion, le subiect des miroirs est tel & si ample qu'il merite bien estre discouru en particulier, c'est là où nous auons pleinement examiné la verité de ces relations & par l'histoire & par la cognoissance du subject en soy: ce que nous en disons icy, n'est que par forme d'aduertissement pour detromper le monde, & exciter les curieux & en l'histoire, & dãs les choses Phisicques a en faire vn particulier examen, & cependant nous osons dire, que si par vn plus grand aduantage que nous n'auons pas en l'histoire, soit en la cognoissance, soit en la possession des historiens, quelque curieux s'entretenant sur ce subject tasche de nous en affermir la verité de l'histoire par quelques particulieres considerations: Il se trouuera peut-estre que pour le contraire nous le reuuirons sur luy par la cognoissance & discussion du subject en soy. D. A. L. G.

Mais ce n'est encore rien de cet incendie, au prix de celuy que causent deuant soy les miroirs creux nommement ceux qui sont d'acier bien poly, & qui sont creusez en forme de Parabole ou d'Ouale,

Car iaçoit que les miroirs ſpheriques bruſlent tres-efficacement entre la quatriéme & cinquiéme partie du diametre : toutesfois les paraboliques, & ouales ont bien plus d'effect. Vous en auez icy de diuerſes figures, qui vous repreſentent quant & quant la cauſe de ces embraſemens : ſçauoir eſt l'amas des rayons du Soleil, qui eſchauffent puiſſamment le lieu auquel ils s'amaſſent à la foule, & ce par refraction, où reflixion. Or c'eſt vne choſe belle à voir quand on ſouffle ſon haleine, quand on ſecouë quelque pouſſiere, quand on exite des vapeurs d'eau chaude deuers le lieu auquel les rayons s'aſſemblent, d'autant que par ce moyen, on recognoiſt la pyramide lumineuſe, & le fouier. ou place de l'incendie au bout de cette pyramide.

Quelques aucteurs promettent des miroirs qui bruſleront iuſques à vne diſtance infinie, mais leurs promeſſes ſont de peu d'effect. Suffiſoit de dire, qu'on en peut faire qui bruſlent tout au long d'vne ligne droicte, & par vn aſſez long eſpace, particulierement les paraboliques, & entre autres cette parabole couppée par le bout, qui va vnir les rayons du Soleil par derriere, & pourroit bien eſtre l'inuention meſme d'Archimede, ou Proclus.

EXAMEN.

CE que ce marchand meſlé nous raconte icy des miroirs, qui ſeuls bruſleroient à vne diſtance infinie, nous diſons qu'il eſt abſolument impoſſible auſſi bien qu'auec des verres lenticulaires ſeuls, mais que c'et effect soit aussy du tout impossible de soy, la raison nous en faict iuger autrement. Il est bien certain que la chose est tres difficile à executer. Et nous donnerons aussi ailleurs une bonne partie de ce qui se peut dire sur ce subiect, où nous ferons voir en quoy consiste la difficulté.

Cependant nous disons que la coniecture de cet aucteur sur le subject des miroirs parabolics annulaires, qu'il estime estre l'invention d'Archimede & de Proclus, est bien incertaine & son fondement bien foible pour un si notable effect : car outre que la construction de tels miroirs est beaucoup plus difficile que des autres obtusément concaues, il y a encores ce rencontre à considerer, qu'ils ne peuuent exciter une grande chaleur que fort proche: car si l'effect s'en projette plus loing, il est necessaire de deux choses l'une, ou que l'effect en soit petit, & la chaleur fort lente & debile, ou bien que tels miroirs soient grandement longs & estendus en conoïdes parabolics fort pointus (ce qui n'est ny croyable ny possible en proportion deuë & necessaire) autrement ils ne seroient pas capables d'une suffisante quantité de rayons transmissibles par reflexion en un poinct ou espace prescript pour operer l'effect projetté, veu mesmes que si le lieu destiné est tant soit peu eloigné, ils ne pourroient seruir qu'en une grande inclination du Soleil & de ses rayons partant ià diminuës de leur force.

Et en passant sera aussi remarqué que la representation que l'aucteur de ce liure nous a donnee de cet admirable effect par sa figure sur ce Probleme auec un miroir parabolic annulaire est fautiue, & mal exprimeé: en ce que les rayons du Soleil y procedent, & passent tous en ligne droicte, sans aucune apparence de reflexion, & par ainsi ils sont figures concurrens auparauant leur incidence dans le miroir parabolic annulaire. Ce que nous voyons encores auoir esté mal suiuy dans la coppie que ce braue Docteur, P. E. M. nous a donnee pour tesmoignage de sa suffisance & grande cognoissance sur ce subject.

Au reste. Ce que ce mesme aucteur adiouste encore pour renuier sur la remarque de Magin, nous a semblé d'abord prometttre quelque chose de plus releué que ce n'est. Car supposant quelque cauerne, fosse ou mine, pouuoir estre en fond illuminée du Soleil, il ne sera pas beaucoup d'ifficile d'y exiter du feu à l'ayde d'vn miroir concaue seul, ou d'vne lentille de Cristal, ou bien auec vne sphere ou boule entiere. ou bien mesme auec vne fiole pleine d'eau claire: mais non pas à telle heure qu'on voudra, comme dit cet Aucteur: & de tout le temps qu'on aura cognoissance que ledit fond pourra estre illuminé, il sera aisé de choisir telle heure, qu'ayant deuëment disposé le miroir, sphere de verre, ou fiole, le feu en puisse estre excité per les rayons du Soleil sur quelque matiere preparee. Et d'autant qu'il arriue peu qu'en tels rencontres de cauernes & mines, le Soleil y passe au besoing, nous disons que ce que cet aucteur a adiousté ne va point au pair de la remarque de Magin, selon laquelle à toute heure, pourueu seulement que le Soleil luyse, au moyen de deux miroirs l'vn concaue, & l'autre plat, il sera aisé d'executer son dessein. A quoy nous adioustons, que si par quelque rencontre de montagne, roche ou autres obstacles vn seul miroir plat ne pouuoit suffire, qu'on pourroit y en appeller vn second au secours, afin que, sinon par vne premiere & simple reflexion, du moins par *vne seconde & double, on puisse reflechir les rayons du Soleil dans ladite cauerne, ou mine. Car bien qu'il y ait en ce cas quelque affoiblissement des rayons, nous asseurons pourtant que la chose ne demeurera pas sans effect : pas mesmes apres vne troisieme & quatrieme reflexion : pourueu que le choix, & la preparation ait esté faicte des miroirs plats auec iugement & discretion. D.A.L.G.*

Maginus en son traitté des miroirs spheriques c. 5. monstre comme on se pourroit seruir d'vn miroir concaue, pour allumer du feu en l'ombre, ou en quelque lieu où le Soleil ne donne pas, & ce auec l'aide de quelque miroir plat, par lequel se puisse faire la repercussion des rayons solaires dedans le miroir concaue ; Adioustant que cela seruiroit en vn bon besoin, pour mettre le feu en quelque mine, pourueu que la matiere combustible fut bien appliquée deuant le miroir concaue. Il dit vray : Mais parce que l'effect de cette pratique depend de l'application du miroir, & de la poudre & qu'il ne l'explique pas assez, ie proposeray encore vn moyen plus general.

Comme l'on peut disposer vn miroir ardent, auec sa matiere combustible, de sorte qu'à telle heure du iour qu'il vous plaira, en vostre absence ou presence, le feu s'y prenne. C'est chose certaine que le lieu auquel se faict l'amas des rayons, ou l'incendie, tourne vire à mesure que le Soleil change de place, ne plus ne moins que l'ombre tourne à l'entour du style d'vn Horloge ; & partant, eu esgard au cours du Soleil, & à sa hauteur, qui disposera vne boule de cristal en la mesme place en laquelle seroit le bout du style, & la poudre ou autre

tre matiere combuſtible deſſus la ligne de midy, d'vne, deux, ou autres heures, & deſſus l'arc du Soleil qu'il deſcrit à tel iour, infailliblement venuë l'heure de midy ou autre ſemblable, le Soleil dardant ſes rayons à trauers le criſtal, bruſlera la matiere que ces rayons amaſſez rencontreront pour lors; & le meſme ſe doit entendre, auec proportion, de toute autre miroir ardent.

PROBLEME LXXXIII.

Contenant pluſieurs queſtions gaillardes en matiere d'Arithmetique.

IE n'apporteray en ce probleme que celles qui ſont tirées des Epigrãmes Grecques, adiouſtant de premier abord la reſponſe, ſans m'arreſter à la maniere de les ſoudre, ny aux termes Grecs, cela n'eſt pas propre à ce lieu, ny à mon deſſein, liſe qui voudra pour ceſt effect Clauius en ſon Algebre, & Gaſpard Bachet ſur Diophante.

De l'Aſne & du Mulet.

IL arriua vn iour, qu'vn mulet & vn aſne faiſants voyage, portoient chacun ſon baril plein de vin, or l'Aſne pareſſeux, ſe ſentant vn peu trop chargé, ſe plaignoit & plioit ſous le fais. Quoy voyant le mulet, luy dict en ſe faſchant (car ceſtoit le temps auquel les beſtes parloient) gros aſne dequoy te plains tu, ſi i'auois tant ſeulement vne meſure de celles que tu portes, ie serois deux fois plus chargé que toy, & quand ie t'aurois donné vne mesure des miennes, encore en porteroy-ie autant que toy. L'on demande là dessus combien de mesures ils portoient chacun à part soy ? Response. Le mulet en auoit 7. & l'Asne 5. Car le mulet ayant vne mesure de 5. en auroit 8. double de 4. & en donnant vn à l'Asne, l'vn & l'autre en auroient encore 6.

Du nombre des Soldats Grecs qui combattirent deuant Troye la grande.

LE bon homme d'Homere estant interrogé par Hesiode, pour sçauoir combien de soldats Grecs estoient venus contre Troye, respondit en ces termes. Les Grecs auoient 7. feus ou 7. cuisines : & deuant chaque feu 50. broches tournoient pour rostir vne grande quantité de chair, & chaque broche estoit pour 900. hommes. Iugez par là combien ils pouuoient estre ? Response 315000. trois cents quinze mille soldats. Ce qui est clair, multipliant 7. par 50. & le produit par 900.

Du nombres des pistolles que deux hommes auroient.

N'Est-ce pas vne plaisante rencontre ? Pierre & Iean ont vn certain nombre de pistoles: Pierre dit à Iean, si vous me donniez 10. de vos pistolles, i'en aurois trois fois autant que vous : Et moy, dit Iean, si vous m'en donniez 10. des vostres, i'en aurois 5. fois autaut que vous. Combien est-ce donc qu'ils en ont chacun ? Response. Pierre en a

15. & 5. septiémes & Iean 18. & 4. septiémes. Car donnant 10. à Pierre, il en aura 25. & 5. septiémes qui est triple de 8. & 4. septiémes qui resteront à Iean. Et donnant 10. à Iean il en aura 28. & 4. septiémes quintuple de 5. & 5. septiémes, qui resteront à Pierre. En vne autre rencontre Claude dit à Martin, donne moy deux testons i'auray le double des tiens; Au contraire dit Martin, donne m'en deux des tiens, & i'auray le quadruple. Ie demande sur cela combien l'vn & l'autre en a; Responsе Claude en a 3. & 5. septiémes & Martiu 4. & 6, septiémes.

Qu'elle heure est-il?

QVelqu'vn faisant cette question à vn mathematicien, il luy respondit, Monsieur, le reste du iour sont quatre tiers de ce qui est passé; iugez de la quelle heure il est. Response. Si lon diuisoit chaque iour en 12. heures, depuis le leuer iusques au coucher du Soleil, comme faisoient les Iuifs & anciens Romains, il seroit 5. heures & 1. septiéme, & resteront 6. & 6. septiémes. Que si on comptoit 24. heures d'vne minuict à l'autre, il seroit à ce compte 10. heures & 2. septiémes. Ce qui se trouue diuisant 12. & 24. par 7. troisiémes.

Ie pourrois bien apporter plusieurs semblables questions, mais elles sont trop pointilleuses & difficiles, pour estre mis au rang des facecies.

Des Escoliers de Pythagore.

PYthagore estant interrogé du nombre de ses escoliers, respondit. La moitié d'eux estudie en

Mathematicque, la quatriéme partie en Physique la septiéme partie tient le Tacet, & pardessus il y a 3. femmes. Deuinez donc combien i'ay d'escoliers? Responsce. Il en auoit 28. Car la moitié qui est 14. le quart 7. la septiéme partie qui est 4. auec 3. femmes, font iustement 28.

Du nombre des pommes distribuées entre les Graces & les Muses.

LEs 3. Graces portoient vn iour des pommes, autant l'vne que l'autre, les 9. Muses venans au rencontre, & leurs demandant des pommes, chaque Grace en donna à chacune des Muses vn nombre égal, & la distribution faite se trouua que les Graces & les Muses en auoient chacune autant l'vne que l'autre. Ie demande là-dessus combien les Graces auoient de pommes, & combien elles en donnerent. Pour soudre la question, il ne faut que ioindre le nombre des Graces auec celuy des Muses, viendra 12. pour le nombre des pommes que chaque Grace auoit. Ou bien il faut prendre le double triple, ou quadruple de 12. comme 24. 36. 48. à condition toutesfois, que si chacune auoit 12. pommes, elle en donne vne à chaque Muse, si 24. elle en donne deux. Si 36. elle en donne trois &c. ainsi la distribution estant faicte; elles auront toutes autant de pommes l'vne que l'autre.

Testament d'vn pere mourant

IE laisse mille escus à mes deux enfans; vn legitime, l'autre bastard. Mais i'entends que la 5. partie de ce qu'aura mon legitime, surpasse de 10. la quatriéme partie de ce qu'aura le bastard. De combien heriteront ils l'vn & l'autre ? Le bastard aura 422. & 2. neusiémes, & le legitime 577. & 7. neusiémes. Car la cinquiéme partie de 577. & 7. neusiémes qui est 115. & 5. neusiémes surpasse de 10. la quatriéme partie de 422. & 2. neusiémes qui est 105. & 5 neusiémes.

Des Couppes de Crœsus

CRœsus donna au temple des Dieux, 6. couppes d'or, qui pesoient toutes ensemble, 6. mines, c'est à dire 600. dragmes : mais chaque couppe estoit plus pesante d'vne dragme, que la suiuante. Combien pesoient-elles donc chacune à part ; La premiere estoit de 102. & 1. deuxiéme & par consequent les autres de 101. & 1. deuxiéme, 100. & 1. deuxiéme, 99. & 1. deuxiéme, 98. & 1. deuxiéme, 97. & 1. deuxiéme.

Des Pommes de Cupidon.

CVpidon se plaignant à sa mere de ce que les Muses luy auoient pris ses pommes. Clio, disoit-il, m'en a rauy la cinquiéme partie ; Euterpe la douziéme ; Thalia vne huicctiéme Melpomene la vingtiéme ; Erato la septiéme. Terpomene le quart. Polihymnia en emporte 30. Vranie six-vingts & Calliope la plus meschante de toutes. 300. Voila tout ce qui me reste, monstrant encore 5. pommes combien en auoit il du commencement ? Ie Responds 3360.

Il y a vne infinité des questions semblables à cette cy, parmy les Epigrammes Grecs; ce seroit chose ennuyeuse de les mettre icy par le menu. Ie n'en adiousteray qu'vne seule, & donneray vne regle generale pour soudre toutes celles qui sont de mesme teneur.

Des annees que quelqu'vn a vescu.

IL a passé le quart de sa vie en enfance; la cinquiéme partie en ieunesse, le tiers en l'age viril; & outre ce, il y a ia 13. ans qu'il porte la mine d'vn vieillard. L'on demande combien d'ans il a vescu? Response 60. Où il faut remarquer, qu'en cette question & autres semblables, on cherche vn nombre duquel 1. quatriéme & 1. cinquiéme & 1. troisiéme auec 13. facent le mesme nombre requis, & pour le trouuer, voicy vne regle generale.

Prenez le plus petit nombre, qui ait les parties proposées, c'est à dire & 1. quatriéme & 1. cinquiéme & vne troisiéme, tel qu'est en nostre exemple 60. ostez de ce nombre la somme de toutes ces parties, qui sont 47. Par ce qui reste, c'est à dire 13, diuisez le nombre qui s'exprime en la question, qui est icy 13. viendra 1. pour quotient: Multipliez par ce quotient le nombre que vous auez pris du commencement, viendra le nombre requis.

Du Lyon de bronze posé sur vne fontaine auec cette epigraphe.

IE peus ietter l'eau par les yeux, par la gueule, & par le pied droict; iettant l'eau par l'œil droict, i'empliray mon baſſin en deux iours, & par l'œil gauche, en 3. iours. Par le pied, en 4. iours, & par la gueule, en 6. heures. Dittes ſi vous pouuez, en combien de temps, i'empliray le baſſin, iettant l'eau par les yeux, par la gueule, & par le pied tout enſemble ? Reſponſe, en 4. heures enuiron.

Les Grecs, les plus grands cauſeurs du monde, appliquent cette meſme queſtion à diuerſes ſtatuës & tuyaux de fontaines, ou reſeruoirs. Mais au bout du compte, tout reuient à vne meſme choſe, & la ſolution ſe trouue, ou par regle de trois, ou par algebre, ou par cette regle generale.

Diuiſez l'vnité par les denominateurs des proportions, qui ſont données en la queſtion : Et derechef, diuiſez l'vnité par la ſomme des quotiens viendra le nombre requis.

Ils ont auſſi dans leur Anthologie, pluſieurs autres queſtions, mais parce qu'elles ſont plus propres à exercer, qu'à recreer les eſprits, ie les paſſe ſoubs ſilence.

PROBLEME. LXXXIV.

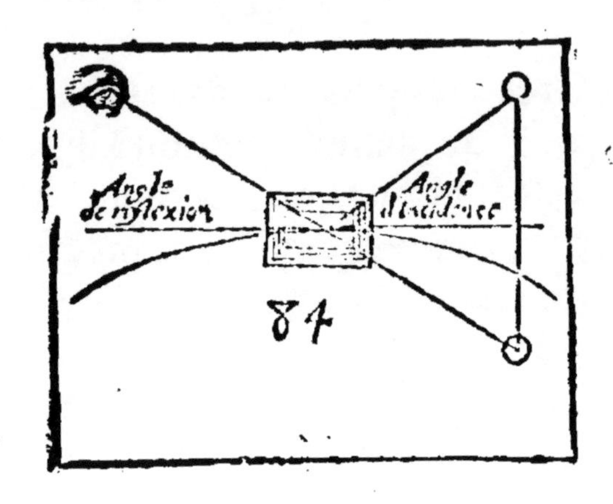

Diuerses experiences touchant les miroirs.

IL n'y a rien de si beau au monde que la lumiere rien de si recreatif pour la veuë, que les miroirs, c'est pourquoy i'en produiray desormais quelques experiences, non que i'en vueille traitter à fonds mais pour en tirer subiect de recreation. Supposant deux principes, ou fondements, sur lesquels est establie la demonstration des apparences, qui se font en toute sorte de miroirs.

Le I. est que les rayons qui tombent sur vn miroir & se reflechissent, font l'angle de reflexion egal à celuy de l'incidence.

Le second, que tousiours l'image de l'obiect se voit au concours, ou rencontre de la ligne de reflexion, auec la perpendiculaire d'incidence: qui n'est autre aux miroirs plats, qu'vne ligne tiré de l'obiect, dessus la surface du miroir, ou bien continuée auec le miroir : & aux spheriques, c'est vne ligne tirée de l'obiect par le centre du miroir.

EXAMEN.

NOous ne croyons pas qu'il se puisse trouuer ailleurs qu'en ce lieu vne si bourrue, si mal digeree, & plus mal conceuë definition de perpendicu[lai]laire d'incidence pour les miroirs plats, c'est nous dit-on vne ligne tirée de l'object dessus la surface du miroir, de telles lignes il s'en peut tirer vne infinité, ou bien dit-on continuée auec le miroir : voila vne pure chimere en Geometrie qu'vne ligne se continuë auec vn solide, ou auec vne superficie.

Ce Docteur, qui nous promet sur le second Probleme de ce ramas l'Optique d'Euclide, auec fort amples deductions, nous deuoit donner icy quelques arres de sa suffisance pour exciter vn plus grand desir de voir son liure, & en aduancer le debit apres l'impression. La Catoptrique est vne partie de l'Optique, l'apprehension des objects par l'organe de la veue se faict tousiours d'vne mesme façon, & n'y a autre difference sinon qu'à l'égard des objects & de l'exterieur de l'œil, l'vne se faict immediatement par l'Optique, & l'autre mediatemẽt par la Catoptrique, ainsi que par la Dioptrique. On se pouuoit donc auec juste raison promettre icy quelque note vtile pour redresser & affermir cette definition de perpendiculaire d'incidence ez miroirs plats. Mais il nous le faut excuser, il ne faict pas profession d'inuenter de soy, mais de ramasser seulement & rapporter d'autruy ce qu'il trouue selon sa portée. Or il n'a point trouué cette de-

finition dans l'Optique ny Catoptrique d'Euclide, & d'ailleurs nous ne voyons pas que le Sieur Henrion, duquel seul il cite les liures dans ses notes sur ces Problemes, ait encores touché cette chorde, dont le son retentit bien haut ez œuures de plusieurs graues autheurs, quoy qu'en differents modes : mais leur ton est trop haut pour luy, celuy dudict Sieur Henrion luy est plus conuenable, puis qu'il en faict vn si grand cas en toutes occurrences, luy attribuant à tort ce qui est deub à plus anciens que luy, contre son grè peut-estre & sans adueu, comme nous le voulons croire.

Faisons fin à cette digression; & disons qu'ès miroirs plats cette perpendiculaire d'incidence est la plus courte ligne qui se puisse tirer de l'object iusques à la surface du miroir & en vn mot, c'est la perpendiculaire qui tombe de l'object sur le plan du miroir.

Ou bien, pour reduire la chose en terme de demõstration, C'est la perpendiculaire qui tombe de l'object sur la ligne de commune section des deux superficies, l'vne reflechissante, & l'autre de reflexion. Dont la reflechissante est la surface du miroir qu'il faut imaginer continuee si besoin est. Et celle de reflexion est le plan qui passe par ces trois poincts de l'object de l'œil, celuy de la surface du miroir qui reflechit de l'object & à l'œil lequel est ordinairement appellé poinct de reflexion.

Quant à la definition de la mesme perpendiculaire d'incidence ez miroirs spheriques ou autres conuexes & concaues. Nous disons qu'elle est tirée plustost de l'imagination des anciens, que de la nature du subject qui nous l'a faict du commencement soubçonner d'erreur en quelques rencontres, & en fin par *experience cognoistre le plus souuent faulse. Les plus subtils en cette matiere pourront auec plaisir examiner les raisons de Kepler en ses Paralipomenes sur Vitellon, où il a couché de son reste en la recherche & establissement de cette perpendiculaire d'incidence, pour assigner le lieu des Images; & ou, bien qu'il ait donné quelque attainte au subiect des miroirs spheriques, ce n'a esté pourtant que pour quelques rencontres: mais pour les Parabolics, il eut bien mieux valu pour luy de s'en taire, que d'en parler si peu geometriquement, comme il a faict. D. A. L. G.*

Or i'entens icy par le nom de miroirs, non seullement ceux qui sont de verre, ou d'acier, mais encore tous les corps qui peuuent representer les images des choses visibles, à cause de leur politesse, comme l'eau, le marbre, les metaux, &c. Prenez, s'il vous plaist, vn miroir en main, & experimentez ce que ie vois dire.

Des miroirs plats.

I. IAmais vn homme ne se voit dans ces miroirs s'il n'est directement, & en ligne perpendiculaire deuant le miroir. Iamais il ne voit les autres obiects, s'il n'est en tel lieu, que l'angle de reflexion soit egal à celuy de l'incidence. Et partant, quand vn miroir est debout, pour voir ce qui est en haut, il faut estre en bas: pour voir ce qui est à la droicte, il faut estre à la gauche, &c.

II. Iamais on ne voit vn obiect dans ces miroirs, s'il n'est releué par dessus la surface du miroir. Mettez vn miroir sur vne muraille, vous n'y verrez rien qui soit au plat de la muraille. Mettez-le sur le planché, rien de ce qui est couché sur le mesme planché.

III. Tout ce qui paroist dans les miroirs plats, semble estre autant enfoncé derriere le miroir, comme il en est éloigné par deuant; Et s'il arriue qu'il se meuue en quelque façon, l'image semble se remuer, mais en effect elle ne se remuë point, ains c'est tousiours vne nouuelle image qui paroist aux yeux des regardans.

EXAMEN.

Cette difference de mouuement, ou changement d'images est icy assez à propos remarquee, & de verité si deux diuerses personnes voyent l'image d'vn mesme obiect, chacune void la sienne, & par ainsi sont veues deux images distinctes, quoy que tellement semblables quelles paroissent n'estre qu'vne mesme, en sorte que l'obiect demeurant immobile, & y ayant changement de lieu pour la veue à laquelle se faict la reflexion : il, est vray de dire que diuerses veuës suruenantes verront tousiours nouuelles images, mesmes qu'vne mesme personne, ouurant & fermant alternatiuement les yeux, verra successiuement nouuelles images: Or comme d'vn seul & mesme objet immobile on peut considerer plusieurs & diuerses representations d'images, selon les diuerses constitutions de la veuë, ou de l'œil : ainsi la veuë demeurant immobile, l'obiect se mouuant causera par sa diuerse situation, & position, differents poincts d'incidence, & reflexion : & descouurira à l'œil immobile tousiours nouuelles images.

D. A. L. G.

IV. Dans vn miroir couché, les hauteurs paroissoient renuersées, comme nous voyons que les tours, les hommes, & les arbres, paroissent renuersez dans vn puis, vne riuiere, vn estang. Dans vn miroir dressé, vostre main gauche paroist à la droicte de l'image, & vostre droicte à sa gauche.

V. Prenez vn cube, ou quelque autre corps solide, & le presentez à vn miroir, selon les diuerses postures, que vous luy donnerez, vous remarquerez auec grand plaisir, les diuers racourcissements qu'il faudroit donner à ce corps, supposé qu'on le voulut representer, autant derriere le miroir, comme il en est éloigné par deuant.

EXAMEN.

Peu s'en a falu, que nous n'ayons donné à cet Article vn coup de plume, comme estant vne pure niaiserie, neantmoins peut estre que d'autres y trouueront plus de sel que nous, ce que nous ne leur voulons point enuier. Seulement nous disons que les obiects seront tousiours mieux, plus distinctement, & de plus pres veus & recogneus par la vision directe, que par la reflexe quelques diuerses & differentes postures qu'on leur veuille ou puisse bailler.

D. A, L. G.

VI. Voulez-vous voir en vne chambre, sans estre veu, ce qu'on faict en la ruë : il faut disposer le miroir, en sorte, que la ligne par laquelle les images viennent sur le miroir, face l'angle de l'incidence egal à celuy de la reflexion, eu égard à vostre œil.

EXAMEN.

VOicy encores vne bonne subtilité & bien nouuelle. Comme s'il estoit impossible absolument d'estre veu & recogneu, quand d'vne fenestre ou chambre auec vn miroir plat, on void les autres dans la ruë ou ailleurs. Nous disons donc que pour d'vne chambre veoir ceux de dehors, la position deuë & conuenable du miroir plat suffit: mais pour n'estre point veu ny recogneu, en voyant les autres, il y a encores quelque chose à dire: car le miroir quel qu'il soit, est mitoyen & commun entre deux obiects susceptibles & capables d'apprehension l'vn de l'autre, ce sont mesmes lignes aussi communes, selon lesquelles vn chacun obiect se faict voir & cognoistre à l'autre par le moyen du miroir: & partant sans autre determination, il n'est pas absolument impossible qu'vne personne en voye vne autre auec vn miroir, sans estre pareillement veu.

Il faut donc adiouster que pour n'estre point veu, ou plustost recogneu dans vne chambre en voyant les autres dans la ruë où ailleurs: Il se faut mettre à couuert de la lumiere, & la preocuper par quelque obstacle comme fermant les fenestres à la reserue de quelque espace. Comme au contraire le miroir estant oublié & laissé en la mesme situation, il arriueroit que le soir ou la nuict y ayant de la lumiere dans la chambre, & les fenestres ouuertes, les passans par la rue pourroient voir vne partie de ce qui ce feroit dans la mesme chambre sans estre veus par ceux qui seroient en icelle, D.A.L.G.

VII. Voulez-vous mesurer auec vn miroir

la hauteur d'vne tour, ou d'vn clocher. Couchez vostre miroir par terre, & vous éloignez, iusques à ce que vous apperceuiez dans ce miroir le bout du clocher. Cela faict, mesurez la distance qui est entre vos pieds, & le miroir: & voyez quelle proportion aura cette distances au respect de vostre hauteur: la mesme proportion sera entre la distance qui est depuis le miroir iusques au pied de la tour, la hauteur du clocher: Ie pourrois bien encore vous dire le moyen, de mesurer les longueurs, largeurs & profondeurs. mais ie veux laisser quelque chose à vostre inuention.

EXAMEN.

TElle que ce fagoteur de Problemes & d'experiences a trouué cette methode de mesurer auec des miroirs plats, telle il nous l'a donnée, autant en a faict ce braue docteur, qui se vante d'y expliquer toutes difficultez & obscuritez dans sa note qu'il a transcripte d'ailleurs sur ce lieu, s'efforçant en plain iour de nous faire voir plus clair auec vne petite chandelle qu'il a empruntée. Essayons ce qu'ils disent, il se presente vn pignõ à mesurer, l'accez en est libre, le miroir a vn pied en quarré de surface, le mesureur le pose à 20. toises de distance du pied du pignon, & reculé iusques à ce que son œil hault de 5. pieds apperçoiue l'extremité du pignon, & trouue entre son pied & le miroir 12. pieds, il y aura donc mesme proportion de 20. thoises de distance entre le miroir & le pied du pignon, à la hauteur du pignon: que de 13 pieds de distance entre le mesureur & le miroir aux 5 pieds de la hauteur de son œil, & partant ce pignon auroit 8. thoises 2. pieds. Mais si la mesure est bien faicte, en prenant depuis le pied du mesureur iusques à l'extremité du miroir vers le pignon, ou premierement a l'extremité du hault dudict pignon à commencé à luy apparoir, il s'y trouuera 13. pieds: car le miroir tient vn pied, & partant par mesme analogie le pignon se trouuera iustement de 7. thoises 4. pieds & pres de 2. poulces

Voyez donc la difference, faute d'auoir apporté les precautions tousiours necessaires, sçauoir la iuste positien du miroir dans le plan sur lequel est éleuee la haulteur à mesurer, & à l'égard duquel doit estre estimée la hauteur de l'œil du mesureur: auec la remarque precise du poinct au miroir, selon lequel l'œil reçoit la reflexion de l'extremité de l'obiect à mesurer ce que la marque d'vn poinct sur le miroir auec ancre, cire, ou autre matiere facile à effacer, facilitera, si on recule ou aduance, iusques à ce que ledit poinct preocupe à l'œil la vision de l'extremité de l'obiect. Ou si, en trauaillant à l'aide d'vn second, on faict aduancer quelque corps, iusques à ce qu'il face cette preocupation & empesche à la veuë appercevant l'extremité de l'obiect à mesurer. Mais cecy est plus amplement & particulierement examiné ailleurs, & en son propre lieu dans nos notes sur le quarré Geometrique de l'Astrolabe, où nous y auons rapporté toutes les precautions necessaires, & selon toutes sortes de rencontres. D. A. L. G.

VIII. Presentez vne chandelle à vn miroir vn peu de costé &: vous aussi regardez vn peu de costé, vous verrez quelques-fois deux, 3. 4. 5. & 6. images, d'vne mesme chandelle, ce qui arriue (si ie ne me trompe) à cause de diuerses reflexions, qui

qui se font de la surface, du milieu, & du fond de ce miroir.

EXAMEN.

SI cet aucteur auoit faict distinction des miroirs plats de verre, d'auec les miroirs plats de fonte, metail, fer, acier, leton, marbre ou autre corps impenetrable à la lumiere, nous n'aurions rien icy à dire, fors que nous ne cognoissons point ces reflexions du milieu des miroirs dont il y est faict mention entre la surface & le fonds des miroirs. Mais ce qu'il remarque de la multiplicité des images ou apparences d'vn seul obiect, comme d'vne chandelle, se trouuera tousiours faulx en l'obseruation des experiences qui s'en feront auec des miroirs plats impenetrables à la lumiere & non diaphanes, lesquels ne representeront iamais seuls & à vn œil seul qu'vne seule image d'vn seul obiect quelque lumineux qu'il puisse estre. Et ce copiste a bien tiré d'icy autre fois que la remarque de l'aucteur ne se void qu'ez miroirs plats de verre: Mais quand il dit absolument que ceux de fonte, fer, acier ou autres ne representeront iamais qu'vn image d'vn seul obiect, il a oublié d'y copier aussi ce mot de plats. Il ne sçait pas encores peut estre que les concaues de telle matiere peuuent representer plusieurs images d'vn seul obiect: encores moins, comme nous croyons, quand & comment & iusques à quel nombre possible. Pour le nombre des images ez miroirs de verre soient plats soient conuexes ou concaues, nous l'excusons volontiers, cette discussion n'est pas assez du commun pour luy: dont la recherche de la cause & raison est vn assez bon subiect pour exercer l'esprit des curieux: & la cognoissance s'en trouuera vtile à beaucoup de rencontres. Nous adiousterons pour en faciliter les moyens qu'il y a bien de la difference en l'apparence de cette multitude d'images, soit en degrez & force de lumiere, soit en ordre & position de toutes les apparences entre elles: mais nous en reseruons le surplus en son lieu. D.A.L.G.

IX. Presentez vn miroir à vn autre, & vous disposez pour voir entre deux; vous verrez ie ne sçay combien de fois, ces deux miroirs l'vn dedans l'autre, & dans eux mesmes, & tousiours alternatiuement l'vn apres l'autre, à cause de diuerses reflexions qui se font de l'vn a l'autre.

X. Voulez vous voir en vn mot, tout plein de belles experiences auec deux miroirs; Accouplez-les en sorte qu'ils facent vn angle, s'enclinants l'vn contre l'autre, dos contre dos, ou face contre face, & vous pourrez vous voir en l'vn, droict, en l'autre renuersé: en l'vn vous approchant, en l'autre reculant: vous pourrez voir la perspectiue de deux rües ensemble, vous mettant sur le quart, & plusieurs autres choses que ie laisse à dessein.

EXAMEN.

LE seul accouplement & inclination de deux miroirs plats l'vn à l'autre ne donnera pas toutes ces apparences, mais il faut que les miroirs soient tellement joincts & accouplez qu'ils puissent receuoir differentes positions & inclinations l'vn à l'autre, comme tantost reclines & approchans dos à dos, tantost se fermans & ioignans face à face: & ce en toutes positions de l'vn d'iceux couché droict ou incliné. D. A. L.G.

XI, On s'estonnera bien de voir dans vn miroir quelque image, sans sçauoir d'ou elle vient, ny comment elle est peinte sur le miroir. Mais cela se peut faire en plusieurs manieres; & premierement mettez vn miroir plus haut que l'œil des regardants, & vis à vis quelque obiect, ou à l'entour du miroir, ou au dessous, en sorte qu'il semble rayonner sur le miroir, quoy qu'il n'y rayonne pas en effect ou s'il y rayonne, qu'il r'enuoye les images en haut, & non pas vers les regardants: Puis apres disposez quelque autre obiect, en sorte qu'il rayonne sur le miroir & descende par reflexe à l'œil des spectateurs, sans qu'ils s'en apperçoiuent, à cause qu'il sera caché derriere quelque chose. Pour lors le miroir representera tout autre chose que ce qu'on voit à l'entour ou à l'opposite, ainsi ayant mis vn cercle vis à vis du miroir, il representera vn quarré. Et voila vne belle quadrature du cercle; Ayant mis vn image d'homme, il representera vne vierge. Ayant escrit Petrus, ou Igatius, il representera Paulus, ou Xauerius. Ayant mis vn horloge qui represente certaine heure, il en representera vne autre au contraire.

EXAMEN.

Nous voyons en cét article vn homme bien empesché à se faire entendre & a expliquer ce qu'il n'entend pas trop bien & croyons qu'il a eu plus de facilité à s'y laisser surprendre qu'il n'en a eu à comprendre vne inuention vn peu trop grossiere pour les clairs voyans. D. A. L. G.

Secondement qui graueroit derriere le cristal d'vn miroir, ou traceroit quelque image, en rayant la feuille d'estain, dont il est enduict; feroit paroistre par le deuant vne image, sans aucune apparence, ou necessité de prototype par dehors. I'estime qu'on auoit graué de la sorte celuy que le grand Duc Cosme de Medicis enuoya à Henry second, puis qu'il ne representoit autre figure, que ce grand Duc.

EXAMEN.

LA simple graueure sur la feuille destain, dont vn miroir seroit enduict par derriere, n'empescheroit pas qu'aux endroits non graues le miroir ne representast vne partie de ce qui luy seroit opposé: & ce confusément auec l'apparence de la graueure qui ne representeroit que des lineamens obscurs & n'abuseroient que les ignorans de la composition des miroirs de verre. Et cette subtilité, si ainsi la deuons appeller, n'iroit pas à ne representer autre chose que la figure tracée, mais bien à la representer tousiours.

Autre chose seroit, si ayant peinct artistement quelque portraict sur le dos du verre (à la maniere que nous en voyons assez frequens dans Paris, & s'en vend volontiers proche la porte de la Saincte Chappelle) on reconuroit le tout d'vne feuille d'e[illegible] auec vif argent aux extremitez du verre qui excederoient le portraict, & que tel verre fut enchassé & placé à la maniere ordinaire des miroirs: en ce cas nous ne doubtons point que la chose ne fut trouuée assez plaisante, & en cette maniere le miroir mentionné ne pourroit en l'espace du portraict representer autre chose: en outre l'enchasseure ordinaire, & la position auec l'enceinte du portraict cõposé en veritable miroir, est ce qui feroit admirer les ignorans, & trouuer l'inuention bonne par les plus subtils, principalement quand la veuë n'en seroit donnée qu'vn peu de loing & que le miroir seroit addossé en lieu obscur. D.A.L.G.

En troisiéme lieu, mettez vn miroir assez pres d'vn planché, sans que ceux qui sont embas, le puissent beaucoup apperceuoir: Et disposez vne image fort esclairée dessus le mesme planché vis à vis du trou & du miroir, en sorte qu'elle puisse enuoyer son espece sur le miroir, elle paroistra à ceux qui sont embas, qui admireront non sans cause, l'apparence de cette image. Le mesme se pourroit faire disposant l'image à vne chambre contigue, & la faisant paroistre de costé.

EXAMEN.

Il faut reseruer ces subtilitez pour les miroirs concaues: car elles sont trop plattes pour les miroirs plats. D.A.L.G.

Quatriémement vous sçauez, qu'on faict des images cancelées, qui monstrent d'vn costé vne teste mort, par exemple, & de l'autre vne belle face. Et n'y a point de doute, qu'on ne puisse faire des statuës raboteuses, & les peindre tellement, que d'vn costé elles representeront vne figure d'homme, par exemple, & de l'autre vn arbre ou vne montagne. Or c'est aussi chose euidente, que mettant le miroir à costé de ces images, vous verrez dans luy vne figure, tout autre que celle qui paroist d'autre costé.

Finalement c'est vn beau secret, de presenter à vn miroir quelque escriture, auec telle industrie qu'on la puisse lire dans le miroir, & que hors de là on n'y cognoisse rien : Ce qui arriue lors qu'on a escrit à rebours, & en la mesme façon que les Imprimeurs disposent leurs caracteres pour imprimer. Mais ce qui extasie les personnes c'est de voir qu'on presente vne escriture à quelque miroir plat, & au lieu de la representer, il vous faict paroistre vne autre escriture, quelquesfois à contre sens, & en autre idiome ; vous luy presenterez VAE. & le miroir monstrera AVE. Vous luy presenterez du François il vous representera du Latin, du Grec, ou de l'Hebrieu. Neantmoins la raison & l'artifice de ce braue secret n'est pas trop difficile. Car puisque le miroir estant mis perpendiculairement sur l'obiect, le renuerse, en luy presentant vn V. il presentera les deux iambes d'vn A, & au contraire, presentant vn A, representera vn V. Seulement il faut faire en sorte, que pour cacher ou representer la barre de l'A, on creuse dans le bois, la cire, ou l'argile faisant que cette barre puisse rayonner sur le miroir, & non pas estre veuë des assistants. Ceux qui ont de l'esprit, comprendront facilement le reste.

EXAMEN.

Toutes ces finesses auec miroirs plats sont, comme l'on dit, cousuës de fil blanc, & en vn mot pures niaiseries & fadaises, & qui ne meritent qu'on s'y amuse & seront tousiours plus naifues en imagina-

tion qu'en representation, toutesfois il y en a de plus subiects à se laisser surprendre les vns que les autres. D.A.L.G.

Ie ne diray rien d'auantage des miroirs qui sont purement plats, ny des apparences & multiplications admirables, qui se font en vne grande multitude d'iceux. Il faudroit estre dans ces beaux cabinets de Princes, qu'on dit estre enrichis d'vn tres-grand nombre de tres beaux miroirs, pour contenter sa veuë en cette matiere.

Des miroirs bossus ou conuexes.

SIls sont en forme de boules, comme les bouteilles ou parties de quelque gros globe de verre, il y a du contentement singulier à les contempler.

I. Parce qu'ils font l'obiect plus gratieux, & le rapetissent d'autant que plus on s'esloigne d'eux.

II. Ils representent les images courbes ce qui est fort plaisant, specialement lors qu'on couche le miroir, & qu'on regarde quelque planché ou lambris; comme le dessus d'vne gallerie, d'vn porche, ou d'vne sale: Car ils le representent iustement comme vn gros tonneau, plus ventru au milieu qu'aux deux bouts, & les poutres ou soliues en sont comme les cercles.

III. Mais ce qui rauit l'esprit par les yeux, & qui faict honte aux perspectiues des peintres, c'est le beau racourcissement qui paroist dans vn si petit rond; Presentez ce miroir au fond d'vne grande allée, ou gallerie, au coing d'vne grande cour pleine de monde; ou d'vne longue ruë, ou d'vne belle place ; au bout de quelque grande Eglise. Toutes les Beluederes d'Italie, les Tuileries & Galeries du Louure, tout S. Laurent en l'Escurial, Toute l'Eglise de S. Pierre à Rome, Toute vne armée ou procession bien rangée toutes les plus belles & grandes Architectures paroistront racourcies dans l'enceinte de ce miroir, auec vne telle viuacité de couleurs & distinction de toutes les plus petites parties, que ie ne sçache rien au monde de plus aggreable pour la veuë.

EXAMEN.

Nous en dirons bien autant si la iuste proportion se rencontroit dans ce racourcis, faute de laquelle nous en faisons cas comme d'vne belle peincture, mais mal dessinée & ordonnée en vn mot mal proportionnée : & plus y aura de racourcis, & moins y aura il de proportion. De sorte que selon les differens éloignemens qu'vn mesme obiect à l'égard de ses parties aura d'vn tel miroir, son image en sera representée dans le miroir monstrueuse & grandement difforme, tant s'en faut quelle en soit representée plus gratieuse que son obiect, comme d'abord on nous vouldroit faire croire en face l'espreuue qui voudra auec vn miroir conuexe posé proche de ses pieds, & qu'il considere son image entiere en toutes sortes de postures, il trouuera indubitablement subiect de contredire cet article & souscrire à nostre remarque. D. A. L. G.

Des miroirs creux ou concaues spheriques.

IA'y desia monstré cy deuant, comme ils peuuent brusler, particulierement s'ils sont faicts de metail; Reste icy à deduire quelques apparences plaisantes, qu'ils font veoir à nostre œil, d'autant plus notables qu'ils sont plus grands & tirez d'vn plus grand globe.

EXAMEN.

IL semble que l'on face doute icy si les miroirs concaues de verre bruslent. Or il est certain que ouy & aussi vifuement que beaucoup d'autres semblables de metail, principalement si l'enduict en est bon, & le verre vn peu mince & net. Et de plus ils peuuent seruir pour les experiences cy apres deduictes.

Au surplus les miroirs n'en sont pas plus grands pour estre simplement portions de grandes Spheres: car il s'en peut faire de 2. 3. & 4. poulce de diametre en grandeur de section, qui seront portions de sphere de 2. 3. 4. pieds, voire d'autant de thoises de diametre. Il est bien certain qu'entre ceux qui comprennent vne grande portion d'vne petite sphere, & ceux qui n'en comprendroient qu'vne petite d'vne grande, soit qu'ils soient égaux ou non en grandeur de section, il se rencontrera bien de la difference en mesmes experiences, soit pour le nombre, situation, quantité & figure des images d'vn mesme ou de plusieurs & differens objects. D. A. L. G.

Maginus en vn petit traitté qu'il a faict de ces miroirs, tesmoigne de soy mesme qu'il en a faict polir pour plusieurs grands Seigneurs d'Italie & d'Allemagne, qui estoient portions de spheres, dont le diametre estoit de 2. a. 3. & 4. pieds. Ie vous en souhaitterois vn semblable, pour experimenter ce qui s'ensuit, mais à faute de cecy, il se faut passer des plus petits moyennãt qu'ils soient bien creusez & polis, car autrement les images paroistroient estropiées, obscures & troubles. Il y en a mesmes, qui par faute de miroir, se seruent du creux d'vne cuiller, d'vn plat ou d'vne couppe bien nette & bien polie. Et l'on y remerque vne grande partie des apparences suiuantes.

I. Aux miroirs concaues, les images se voyent quelquesfois en la surface du miroir, autresfois comme si elles estoient dedans & derriere luy, bien profondément aduancées; Quelquesfois elles se voyent en dehors & par deuant, tantost entre l'obiect & le miroir, tantost au lieu mesme où est l'œil, tantost plus loing du miroir que l'obiect n'est éloigné. Ce qui arriue, à cause du diuers concours du rayon reflexe & de la perpendiculaire ou diametre de l'incidence.

Or c'est vne chose plaisante, que par ce moyen l'image arriue quelquesfois iustement à l'œil. Ceux qui ne sçauent pas le secret, mettent la main a l'espée pensant estre trahis, quand ils voyent sortir de la sorte hors du miroir, vne dague que quelqu'vn tient derriere eux. L'on a veu des miroirs qui representoient toute l'espée en dehors, & separée du miroir, comme si elle eust esté en l'air. On experimente tous les iours qu'vn homme peut manier l'image de ſa main, ou de ſa face, hors du miroir. Et ce d'autant plus loing que le miroir eſt plus grand, & qu'il a le centre fort éloigné.

On conclud par meſme raiſon, que ſi on plante ledict miroir au planché d'vne ſale, tellement que ſa faſe concaue regarde l'Horiſon à plomb, on pourra voir au deſſous vn homme qui ſemblera eſtre pendu par les pieds. Et ſi l'on auoit mis ſoubs la voute d'vne maiſon bien percée, pluſieurs grands miroirs; on ne pourroit entrer en ce lieu ſans grande frayeur; car on verroit pluſieurs hommes en l'air, comme s'ils eſtoient pendus par les pieds.

EXAMEN.

Tout ce diſcours cy deſſus eſt tellement remply d'inepties, que nous ne pouuons le laiſſer paſſer ſans nous y arreſter vn peu, pour reduire ſous la verité ce que l'opinion en l'apparãce a faict aduancer non ſeulement dans ce liure, mais preſque par tout ailleurs, de faux: afin que les curieux s'en donnent de garde, & que par preocupation de faulſes apparences ils ne ſe facent vn grand preiudice en la recherche de la verité: comme noſtre ſeul but, en toutes nos remarques ſur ce liure, n'a eſté que pour reduire les faulſes apparences à la verité, & non pas d'approfondir les matieres non plus que l'aucteur en la recherche & expoſition des vrayes cauſes & raiſons, afin du moins que comme les apparences des choſes ſont les ſeuls moyens & guides par leſquels nous nous pouuons conduire vers leur cognoiſſance, & partant qu'il importe grandement que les experiences que nous en faiſons, ou celles que l'on nous en r'apporte, soient iustes & veritables : aussi par ces aduertissemẽs les curieux soient rẽdus plus circõspects en leurs experiences, pour en tirer de veritables apparences, & donner de plus vifues attaintes à la recherche des vrayes causes.

Nous disons donc sur la premiere section de ce premier article, qu'il est absolument faux & impossible que les images soient iamais en la surface du miroir : pas mesmes qu'elles puissent sembler y estre veuës (car nous faisons icy grande difference entre le vray lieu de l'image, & sa faulse apparence.) Mais pour celles que l'on establit hors le miroir, encore que la nature de la chose leur assigne vn vray lieu ailleurs, toutesfois la faulse apparence & imagination preocupée par certaine illusion, que les plus cognoissans sçauent fort bien euiter, leur veut donner quelque lieu hors le miroir, & le plus souuent le lieu qu'on leur assigne est bien different de celuy que l'apparence mesmes leur donne, & n'y a qu'en certains cas où l'apparence, quoy que faulsement, les reiecte au concours du rayon reflex auec la perpendiculaire de l'incidence : d'où procede la faulseté & selon la nature de la chose, & selon l'apparence mesme de dire que l'image soit quelquesfois au lieu mesmes où est l'œil, chose du tout impertinente & impossible.

Voila iusques à quelles chimeres l'ignorãce de la verité à porté l'imaginatiõ, laquelle cerchãt tousiours d'vne mesme façon dans la ligne de reflexion, l'image d'vn mesme obiect y portée par vne perpendiculaire d'incidence tirée du mesme object par le centre du miroir, & l'ayant tousiours, ce luy a semblé, suiuie & poursuiuie iusques dans l'œil mesmes, s'est en fin portée iusques à cette extremité d'impertinence &

d'absurdité, que de la faire passer derriere l'œil & l'y rechercher encores & establir en une infinité de differentes distances : selon & à mesure que l'object porté dans une mesme ligne d'incidence s'auoisineroit de plus en plus du miroir, iusques à une certaine & determinée distance seule capable (selon cette imagination & au dire de la plus-part) de disioindre la perpendiculaire de l'incidence d'auec la ligne de reflexion, & faute de concours en cette infinie distance, d'en ramener aussi & rappeller en un instant l'image, premierement en la superficie du miroir, & de là en aduant dedans & au delà du miroir selon que la fantaisie luy en assignera le lieu.

Voila les inepties dont la Catoptrique des anciens est remplie, & qui ont esté renouuellees de temps en temps par Alhazen, Vitellon, Magin, & autres à la verité grands personnages & pleins de doctrine: mais qui en cette partie se sont trop laissez preocuper par l'auctorité des plus anciens, & n'ont pas recherché la cognoissance de la chose dans la chose mesmes: veu que le subiect tire ses principes & fondemẽts de l'experiẽce, en laquelle vray semblablemẽt les anciens n'ont pas esté assez circonspects, puis qu'ils nous ont laissé des absurditez apparentes en cette science particuliere, comme, entre autres, que le miroir spherique opposé aux rayons du Soleil, excite le feu vers son centre: chose du tout faulse & absurde, & laquelle seule nous a ietté dans une defiance de l'establissement de leurs principes & faict soupçonner de toutes leurs conclusions.

Quiconque à nostre imitation se desobligera enuers les anciens, & autres traictans cette matiere, & sans aucune preocupation entrera en la recherche de la verité par nouuelles experiences, sans doubte il nous soubscrira en cette part : & de plus trouuera nouuelles lumieres, moyennant lesquelles, auec vne juste & conuenable position de son miroir, il aura reflexion de quantité de veritez & beaux secrets en la nature, qu'il comprendra s'il a tant soit peu la veuë bonne : & se peut dés à present asseurer que les visues images n'excederont point sa veuë, & ne la troubleront ny offenseront par vne double intromission, chose trop absurde en la nature: mais il en aura l'apprehension simple & les verra & recognoistra deuant soy, differentes neantmoins selon les differentes positions des objects proposez.

Car c'est vne verité absoluë en cette science, Que l'œil estant vne fois posé en la ligne de reflexion à l'égard de l'obiect & du miroir, quel qu'il soit, que l'on aduance ou recule tant qu'on voudra l'obiect selon la ligne d'incidence, & que l'œil demeure fixe: ou bien qu'on recule ou aduance à volonté l'œil dans sa ligne de reflexion, l'obiect demeurant immobile: ou bien encores que tous les deux, & l'œil & l'obiect se meuuent chacun selon sa ligne : iamais l'obiect ou son image, comme on voudra, ne se desrobera à l'œil, bien que selon les differentes figures des miroirs l'apparence se reuestisse continuellement de nouuelles & differentes figures, iusques à se rendre quelquefois monstrueuse, neantmoins elle sera tousiours en cette monstruosité & grande difformité plus certaine & reglée que l'imagination de ceux qui la font iouer des tours de passe-passe, tantost à la porte du miroir, tantost cachée derriere la porte, vne autre fois se porter à quereller sa semblable dans l'œil & offenser son hoste, & quelquesfois, voire le plus souuent, quitir & abandonner tout, s'eloignant au delà de la eüe, iusques à se perdre en son voyage dans l'eloinement d'vne infinie distance, pour de cette perte en aire renaistre tout à coup, comme d'vn Phenix, vne ouuelle qui commence par la porte ou superficie a ntrer petit à petit dans le miroir.

Se repaisse de ces niaiseries qui voudra, la Geoetrie les a trop à cœur, & ne les admettra iamais. agin a faict ce qu'il a peu pour leur y donner lace à l'aide de Vitellon, mais il n'y a aduancé n'à y recognoistre nouueaux inconueniens, où se rouuant embarrassé, il a mieux aymé quitter tout attendre cet effect d'ailleurs que de s'y plonger dauantage. Voila comment la preocupation luy a nuy, & comme le respect absolu aux anciens la chance en cette partie. car de grand personnage sçauant & industrieux en autre chose, il a plus senty en cette cy son forgeur & fondeur pour la matiere & composition des miroirs que Geometre en l'establissement de leurs effects. Nous remarquons cecy de luy par ce que son authorité en abuse encores tous les iours d'autres, & ce d'autant plus que son liuret ayant esté traduict en françois (quoy qu'assez mal) s'est rendu commun & familier par ce moyen à plusieurs, & entre autres à l'aucteur de ce ramas de problemes qui en a ramassé ce qu'il nous propose à sa mode sur ce subject.

tte digression premise sur la premiere section de cet rticle, pour resueiller & exciter les curieux de la veité, en attendant plus grande satisfaction, en son tẽps lieu plus propre, il est aisé d'examiner la seconde, en aquelle, bien que l'apparẽce mesmes ne puisse iamais attirer l'image iusques à l'œil, Il est bien vray toutesfois qu'en telle situation d'obiect & du miroir concaue auec la veue, plus on approchera l'obiect du miroir, & de plus en plus la faulse apparence & nostre imagination r'approcheront l'image de nostre veuë. Et telle apparence d'approchement, si c'est auec vn poignard ou espee, donnera à la verité, comme dict nostre aucteur, de l'effroy & de l'apprehension aux plus simples, lesquels a cause du continuel approchement, apprehendent à la fin le coup dans l'œil, que quelques vns affermeroient volontiers auoir receu lors que par vn tel approchement de l'obiect au miroir iusques à vne certaine partie du diametre, l'image auparauant distincte & renuersée, tout à coup par vne certaine confusion des rayons (tousiours & necessairement mitoyenne entre les deux distinctes apparences, l'vne de l'image renuersée, l'autre de l'image droicte) semble leur auoir ebloüy la veuë. Car en ce rencontre, le miroir ne leur reflechit autre chose d'vne bonne partie de sa superficie voires mesmes quelquefois de toute sa superficie selon les differẽtes distãces & positions de l'œil que l'image du poinct ou partie de l'obiect qui se trouue situé au susdit lieu du diametre ou axe du miroir: partant selon que telle partie de l'obiect est lumineuse ou colorée, le miroir leur semble & paroist quelquesfois en toute sa superficie lumineux & coloré. Ainsi d'vne estincelle de feu, ou grain de charbon ardent au bout d'vn baston, tout le miroir leur representera, non sans frayeur, comme vn gros tison de feu. Nous osons dire que le rencontre s'en faisant fortuit, & de nuict sans autre lumiere, les plus subtils & asseurez y seroient pris.

Les

Voila, ce qui peut arriuer en telles experiences, ne vous en promettes pas d'auãtage: & ce pendant tenez pour chose tres-faulse, & controuuée à plaisir ce que l'aucteur de ce liure vous rapporte dans cette mesme seconde section de l'image d'vne dague que quelqu'vn tiendroit derriere quelque ignorant, laquelle presentée au miroir, luy donneroit par son exceds & saillie hors du miroir telle frayeur & apprehẽsion qu'elle luy feroit mettre l'espée à la main, pour se garentir de trahison. Car si tant est, qu'entre plusieurs personnes posées deuant vn miroir, quelqu'vn par derriere approche auec vne dague en main, la chose veuë auec le miroir peut donner de l'apprehension si la personne qui porte la dague leur est incogneuë: mais tous miroirs sont capables de tels rencontres, autant les plats que les speriques, & autant & plus les conuexes que les concaues.

Que si la frayeur n'est donnée que par l'exceds de la dague hors du miroir: Nous disons qu'il est impossible qu'aucun voye saillir & sortir d'vn miroir concaue l'image de quelque chose qui seroit plus éloignée du miroir que sa veuë, c'est à dire qui seroit posée derriere soy: & partant quiconque verra l'image d'vne dague saillir vers soy hors du miroir, il verra aussi deuant soy la mesme dague poussée vers le miroir si ce n'est que par l'interposition de quelqu'vn il en soit empesché: ce qui luy sera aisé de recognoistre. Ainsi si auec vn miroir, dont le centre seroit fort eloigné on represente vne espée saillir entiere hors du miroir auec la main mesmes de celuy qui la tient, quiconque verra ce phantosme & cet image, verra deuant soy la main & l'espée entiere: & ce qu'il n'en verra deuant soy sans preoccupation ou interposition, ne luy semblera auoir aucune saillie hors du miroir, ains luy paroistra plus petit & plus enfoncé dans le miroir.

Et fault tenir pour vne verité absoluë que si l'image de quelque obiect comme d'vne espée, d'vne baguette ou houssine est veuë saillante hors du miroir tirer droict vers la face de quelqu'vn, l'objeϐt sera tousiours pareillement veu poussé droict vers l'image de la mesme face dans le miroir, & chacun peut recognoistre la mesme chose tant pour soy que à l'egard des autres assistans. Et toutesfois & quantes qu'entre plusieurs deuant vn miroir concaue, vn de la compagnie prendra vne espée, ou vne houssine, & voudra en faire saillir l'apparence vers quelqu'vn, qu'il choisisse son image dans le miroir, & qu'il y porte droict l'espée ou la houssine, la chose reüssira selon son desir.

Or en tous ces rencontres, la faulse apparence faict exceder l'image hors du miroir, en sorte que l'objeϐt s'approchant du centre du miroir, l'image semble aussi s'en approcher, & s'y rendre: tellement que quand vn homme y aduancera sa main, par exemple, l'image de sa main semblera aussi s'en approcher, & aura ce plaisir auec toute l'assistance de veoir l'objeϐt comme luitter auec son image: mais de penser apprehender l'vn l'autre, c'est en vain. Ce que nous auons cy-deuant & par plusieurs fois pris plaisir de faire experimenter à vn singe, auec autant plus de contentement à toute l'assistance, que tels animaux, comme tous autres fors l'homme, ne font pas grande difference entre l'apparence & la verité, en sorte qu'à bon escient le singe se vouloit saisir de l'image de ses bras & mains (permettez de parler ainsi l'action le merite bien) & se mettoit *comme en cholere voyant ses efforts inutils; quelques-fois, comme pour apprinoiser cette image, faignoit se joüer: & ce que nous auons remarqué de particulier en l'action, c'est que souuent ce singe retiroit sa patte pour frotter ses yeux.*

Mais ce qui suit, qu'vn miroir concaue estant attaché au plancher faict voir vn homme, & plusieurs miroirs plusieurs hommes pendus au mesme plancher, c'est vne consequence trop generallement tirée des raisons cy-dessus & l experience fera souuent veoir du contraire. Il est bien vray qu'en cette situation du miroir, vn homme estant dessous & se voyant dedans, se verroit contreposé, mais non pas auec vn tel exceds hors du miroir qu'il se peut veoir comme pendu au plancher, si ce n'estoit que le miroir, estant assez grand & spatieux, fut portion d'vne telle sphere qu'estant attaché au plancher son centre auoisinast la teste de celuy qui se regarderoit dedans: car à la verité en ce cas l'effect en seroit assez notable pour celuy qui se regarderoit dedans, mais non pas pour d'autres, comme il semble que l'on nous le vueille faire croire indifferemment en quelque situation qu'ils fussent à l'egard de celuy qui seroit soubs le miroir: estant partant vne absurdité & impertinence de dire que cette situation de plusieurs miroirs fera veoir auec frayeur des l'entree plusieurs hommes pendus au plancher: car il n'y aura que ceux qui seront fort proches de celuy qui leur pourroit paroistre tel que pourront recognoistre ce phenomene, mais encores auec vne certaine addresse & iuste position, et non pas indifferemment D. A. L. G.

II. Aux miroirs qui sont plats, l'image se voit tousiours égale à son obiect, & pour representer tout vn homme, il faudroit vne glace aussi grande que luy. Aux miroirs conuexes, elle se voiđ tousjours moindre; Mais aux concaues, elle se peut voir, ores égale (*mais sans proportion D.A.L G.*) ores plus grande, & ores plus petite, à cause des diuerses reflexions qui restraignent ou eslargissent les rayons. Quand l'œil est entre le centre & la surface du miroir, l'image paroist aucunesfois tres grande & tres difforme: ceux qui n'ont encore que du poil folet au menton, se peuuent consoler en voyant vne grande & grosse barbe qui paroist. Ceux qui s'estiment estre beaux iettent le miroir par despit. Ceux qui mettent leur main pres du miroir, pensent voir la main d'vn geant. Ceux qui appliquent le bout du doigt contre le mesme miroir, voyant vne grosse pyramide de chair, renuersée contre leur doigt.

III. C'est vne chose admirable, que l'œil estant venu au centre du miroir concaue, il voit vne grande confusion & meslange, & rien autre que soymesme. Mais reculant outre le centre, à cause que les rayons s'entre couppent au centre, il voit l'image renuersée sans dessus dessous, ayant la teste en bas, & les pieds en haut.

IV. Ie passe sous silence les diuerses apparences causées par le mouuement des obiects, soient qu'ils reculent ou approchent; ou qu'ils tournent à droict ou à gauche; & soit qu'on ait attaché le miroir contre vne muraille, ou qu'on l'ait posé sur le paué. Item celles qui se font par le mutuel aspect des miroirs concaues auec les plats & conuexes. Ie veux finir par deux rares experiences. La premiere est, pour representer moyennant le Soleil telles lettres qu'on voudra sur le deuant d'vne maison, & d'assez loing, si bien que quelqu'vn de vos amis les pourroit lire. Ce qui se faict, dict Maginus, en escriuant sur la surface du miroir, auec quelque couleur que ce soit, les lettres pourtant assez grandes & à la renuerse : ou bien encore faisant lesdictes lettres de cire, pour les pouuoir facilement oster du miroir : Car opposans le miroir au Soleil, les lettres escrites en iceluy seront reuerberées & escrittes au lieu destiné. Et peut estre que Pythagore promettoit auec cette inuention de pouuoir escrire sur la Lune.

EXAMEN.

CEt effect de reflechir sur vne muraille quelque escriture n'est pas des plus nobles, & bien que la chose reussisse assez bien de pres sur quelque paroy bien obscure & ombragée, elle n'est pas sensible sur vne autre plus éloignee, & moins obscure, sur laquelle la reflexion mesmes des rayons du Soleil ne se recognoist qu'à peine : voire point du tout. Mais pour ce qui se fait la nuict auec vne chandelle allumee pour illuminer quelque lieu de loing, c'est vn effect des plus nobles qui se puissent operer auec les miroirs concaues : bien qu'il y ait quelque chose à redire à ce qui en est cy apres escrit : où, parlant des miroirs concaues spheriques, on donne à entendre que la lumiere faisant rencontre du miroir rejallit & se reflechit par des lignes paralelles, à quoy la rayson & l'experience resistent.

Le seul miroir parabolic a cette proprieté, que supposant la lumiere procedante comme d'vn poinct lumineux mis au lieu de son foyer, il la reflechit par lignes paralelles, formant comme vne colomne ou cilindre de rayons. Mais le miroir spherique ne peut rendre cet effect, ny auec vn poinct lumineux, ny auec vne chandelle, ou flambeau : ains si selon la distance des lieux a illuminer, on choisit vne deue situation de la chandelle (par exemple,) il reflechira le plus de rayons sur le lieu proposé, en sorte que la chandelle estant mise au centre toute l'illumination se rencontre sur icelle formée comme vne chandelle ardente renuersée: & plus on approchera la chandelle du foyer du miroir, & plus s'éloignera l'illumination. Ainsi le foyer, c'est à dire la distance proche de la quatrieme partie du diametre, sera le termo pour la plus distante illumination, car au delà il ny aura plus de concours. D.A.L.G.

La seconde, comme on se peut diuersement seruir du miroir auec vne chandelle ou torche allumée, l'appliquant au lieu où ledict miroir brusleroit, autrement dit le point d'inflammation, qui est entre la quatriéme & cinquiéme partie du diametre. Car par ce moyen la lumiere de la torche venant à frapper le miroir, reiallist fort loing par des lignes parallelles, faisant vne si grande & esclatante lumiere qu'on peut clairement voir ce qui se faict de loing, voire disent quelqu'vns iusques au camp des ennemis. Et ceux qui voyent le miroir de loing, pensent voir vn bassin d'argent allumé & vne lumiere plus resplendissante que la torche mesme C'est ainsi qu'on faict certaines lanternes, qui esblouyssent la veuë de ceux qui leur viennent au rencontre, & seruent tres-bien à esclairer ceux qui les portent ; accommodant vne chandelle auec vn petit miroir caue, tellement qu'elle puisse successiuement estre appliquée au point de l'inflammation.

De mesme par cette lumiere reuerberée, on peut lire toutes lettres de loing, pourueu qu'elles soient assez grosses, comme quelque epitaphe mis en haut, bien qu'en vn lieu obscur : ou quelque lettre d'vn amy, qu'on ne pourroit approcher sans peril ou soupçon.

Finalement ceux qui craignent d'interesser leur veuë par le voisinage des lampes ou chandelles, peuuent par cet artifice mettre au coing de la chambre, vne lampe auec vn miroir caue, qui renuoira commodement la lumiere, dessus la table en laqelle on voudra lire ou escrire, pourueu que le miroir soit vn peu esleué, affin que la lumiere frappe sur la table à angles aigus, comme faict le Soleil, quand il est esleué sur nostre Horizon. *Il suffit de dire qu'il faut que le miroir soit tellement éleué qu'il puisse reflechir la lumiere sur la table. Le reste est vne pure ineptie D.A.L.G.*

Des autres miroirs de plaisir.

I. LEs miroirs columnaires & Pyramidaux, entant qu'ils contiennent des lignes droictes, representent comme les plats, & en tant qu'ils sont courbez, representent comme les caues ou conuexes.

II Les miroirs qui sont plats, mais releuez en angle sur le milieu, representent 4. yeux deux bouches, deux nez &c.

EXAMEN.

CEtte experience se trouuera differente, selon les diuerses rencontres des miroirs & ce que nous dit cet aucteur de quatre yeux, deux bouches, & deux nez, a esté sans doute pris des miroirs plats vulgaires c'est à dire de verre, lesquels sont ordinairement façonnez & taillez exterieurement en biseau vers leurs extremitez, & representent par ce moyen, le long dudit biseau, deux differentes superficies ou miroirs faisans angle exterieur ou releué : mais interieurement n'ont qu'vne mesme superficie, sur laquelle est enduict & estendu le teint ou vif-argent, & partant ne sont qu'vn mesme miroir, duquel par refraction selon les differentes espoisseurs du verre, & les differents angles de la taille du biseau, sont differemment reflechies les images : c'est à dire en sorte que quelquefois il se faict reflexion à la veuë de quatre yeux, deux bouches, & deux nez: quelquefois trois yeux vne bouche, & vn nez, l'vn èlargy & l'autre alongée outre mesure : autresfois deux yeux seulement, auec le nez & la bouche estropiez. Or le miroir angulaire impenetrable à la lumiere, si l'angle est exterieur, comme celuy en question, ne representera iamais quatre yeux, iamais deux nez & deux bouches: ains, selon certaine position & la difference de l'angle, estropiera plus ou moins le milieu du visage respondant à l'interuale des deux yeux, comme le nez, la bouche, mẽton, barbe, & front, lesquels auec vne partie mesme des yeux, il retressira tousiours. Mais si l'angle est interieur & r'entrant ou enfoncé, selon la difference encore dudict angle, comme s'il est plus aigu se-

ront representees les images doubles & distinctes, c'est à dire deux visages entiers : & à mesure que l'angle s'ouurira, plus les images doubles se reunniront, & rentreront l'vne en l'autre: ce qui representeroit quelquefois en vn seul visage estendu en largeur, quatre yeux, deux nez & deux bouches : en fin l'angle s'euanoüissant, & les deux superficies estans reduites en vne, la duplicité des images s'euanoüit, & ne paroist plus qu'vne seule image. Ce qui pourra estre facilement experimenté, comme nous auons faict, auec deux petits miroirs d'acier, fer, leton, ou autre metail & fonte, en telle sorte allignez & joincts l'vn à l'autre qu'ils puissent facilement representer diuers angles ou inclinations. D. A. L. G.

III. On voit des miroirs qui font les hommes pasles, rouges & colorez en diuerses manieres, à cause de la teincture du verre ou diuerse refraction des especes. On en voit qui rendent les objects beaux en apparence, & qui font les hommes plus ieunes ou plus vieux qu'ils ne sont. Et au contraire d'autres qui les estropient & enlaidissent, & leur donnent quelquesfois des visages d'asne, des becs de gruë, des groins de pourceau ; Parce qu'il n'y a rien qui ne se puisse representer dans les miroirs par reflexion & refraction ; iusques là mesme que si vn miroir estoit taillé comme il faut, ou si plusieurs pieces de miroirs estoient appliquees, pour faire vne conuenable reflexion, on pourroit d'vn atome faire vne montagne en apparence, d'vn poil de cheueux vn arbre, & d'vne mouche vn Elephant. Mais cette application est plustost vn ouurage de subtilité Angelique que d'humaine.

Ie serois trop long si ie voulois tout dire, &

donnerois plustost de l'ennuy que de la recreation au lecteur, à vne autre impression le reste.

EXAMEN.

LA cause que ce compilateur donne icy de l'apparence és miroirs des images pasles, rouges, ou autrement colorées en diuerses manieres, ioincte auec à ce qu'il a remarqué cy-dessus de la multiplicité desdictes images, nous faict soupçonner qu'il n'a eu cognoissance d'autres miroirs plats, que de verre. Or diuers & differents miroirs de fonte & metail, comme argent, leton, ou autre matiere adiaphane & impenetrable à la lumiere, rendent souuent les images aussi differemment pasles, jaunes, rouges, ou autrement colorées: Est-ce comme il dict, à cause de la teincture du verre, ou diuerse refraction des especes? D. A. L. G.

PROBLEME LXXXV.

De quelques Horologes bien gaillardes.

VOudriez vous chose plus ridicule en cette matiere, que l'horologe naturel descrit dan les Epigrammes Grecs; où quelque poëte folastre s'est amusé à faire des vers, pour monstrer que nous portons tousiours vn horologe en la face, par le moyen du nez & des dents; N'est-ce pas vn ioly quadrant Car il ne faut qu'ouurir la bouche. Les lignes seront toutes les dents, Et le nez seruira de touche.

Horologes auec des herbes.

II. MAis voudriez vous chose plus belle en vn parterre & au milieu d'vn compartiment, que de voir les lignes & les nombres des heures representées auec du petit buis ou thim, de l'hyssope ou autre herbe propre à estre taillée en bordure, & au dessus de la touche 'vn pannonceau pour monstrer de quel costé souffle le vent,

Horologe sur les doigts de la main.

III. N'Est-ce pas encore vne commodité bien agreable, quand on se trouue sur les champs ou aux villages, sans autre Horologe; de voir auec la main seule, pour le moins à peu pres, quelle heure il est. Cela se praticque sur la main gauche, en ceste maniere. Prenez vne paille, ou chose semblable, de la longueur de l'Index ou second doigt. Tenez cette paille bien droicte, entre le poulce & l'Index. Estendez la main tournez le dos & le nœud de la main au Soleil, tellement que l'ombre du muscle qui est sous le poulce, touche la ligne de vie, qui est au milieu entre les deux autres grandes lignes qu'on remarque en la paulme de la main. Cela faict, le bout de l'ombre monstrera quelles heures: au bout au grand doigt, 7. heures du matin & 5. heures du soir, au bout du doigt annelier. 8. heures du matin & 4, du soir, au bout du petit doigt 9. & 3. en la premiere iointure du mesme doigt; 10. & 2. en la seconde; 11. & 1. en la troisiéme & midy en la ligne suiuante, qui vient sur le bout de l'Index,

Quelques vns varient cette praticque en hyuer, faisant tourner la face vers le Soleil & coucher la main de plat, mais cela me semble bien incertain.

Horologe qui estoit autour d'vn Obelisque à Rome.

IV. N'Estoit-ce pas vne belle éguille, pour faire vn quadrant sur le paué; que de choisir vn Obelisque ayant cent & seize pieds de haut, sans conter la base. Neantmoins Pline l'asseure au l. 26. c. 8. Disant que l'Empereur Auguste, ayant faict dresser au champ de Mars, vn obelisque de cette hauteur, il fit faire vn paué à l'entour, & par l'industrie du Mathematicien Manilius, on enchassa des marques de cuiure, sur le paué, & mit on vne pomme dorée sur l'obelisque, pour cognoistre les heures & le cours du Soleil, auec les croissances & decroissances des iours, par le moyen de l'ombre: en la mesme façon, que quelques vns par l'ombre de leur teste, ou de quelque autre stile, font de semblables espreuues d'Astronomie.

Horologes auec les miroirs.

PTolomée escrit, au rapport de Cardan, que iadis on auoit des miroirs qui seruoient d'horologes & representoient la face des regardants, autant de fois qu'il falloit pour monstrer l'heure 2. fois s'il estoit 2. heures 9. s'il estoit 9. heures &c. Peut estre que cela se faisoit par le moyen de l'eau, laquelle coulant petit à petit hors d'vn vase, descouuroit tantost vn, tantost deux, & puis 3. 4. 5. miroirs pour representer autant de faces, que d'heure s'estoient écoulées auec l'eau.

EXAMEN.

IL faut icy soupçonner tout autre chose que la nature & proprieté des miroirs en particulier : car comme nous auons cy-deuant remarqué, vn miroir de metail, ou autre matiere impenetrable par la lumiere, ne representera iamais seul qu'vne seule image d'vn seul obiect : & bien que le miroir de verre ait esté remarqué, en representer quelque fois plusieurs, à cause de ses differentes superficies, qui reflechissent differemment, & par simple reflexion, & par refraction : pourtant le susdit effect n'en sera iamais produict, & cette proprieté ne luy peut non plus conuenir qu'aux autres miroirs : car il representera tousiours en mesme position vn nombre egal d'images, & en pareil ordre. Et cependant nous ne tenons pas la chose de soy, impossible : tant s'en faut, nous auons quelquefois faict des experiences qui y ont quelque rapport, & estimons la chose plus facile à imaginer & executer qu'il ne semble. D. A. L. G.

Horloge auec vn petit miroir, au lieu de style.

VI. QVe diriez vous de l'inuention des Mathematiciens, qui trouuent tant de belles & curieuses nouueautez ? Ils ont maintenant le moyen de faire les horloges sur le lambris d'vne chambre, & en vn lieu où iamais les rayons du Soleil ne sçauroient directement frapper, mettant vn petit miroir en lieu de style, qui reflechit la lumiere à mesme condition que l'ombre de la touche seroit conduitte sur les heures ? Il est facile d'experimenter cela en vn horloge commun, changeant seulement la disposition de l'horologe & attachant au bout de la touche vne piece de miroir plat. Les Allemans n'ont plus besoing par ce moyen, de mettre le nez hors de leur poiles pour voir au Soleil quelle heure il est : car ils feront venir par reflexe & par quelque petit trou ses rayons pour marquer dans la chambre quelle heure il est.

EXAMEN.

CEt article contient deux sortes d'experiences, & bien que l'vne & l'autre se face auec le miroir plat, il y a neantmoins quelque difference a remarquer entre elles que celuy qui les propose n'a pas recogneu vray semblablement. La premiere se faict auec vn fort petit miroir estably & posé en vn espace libre aux rayons du Soleil, & la seconde se faict auec vn miroir spatieux estably & exposé à vn fort petit trou, par où le Soleil puisse rayonner. En la premiere, le petit miroir represente l'extremité du stile de quelque horloge, dont l'ombre proiectee sur le plan de l'horloge, est conuertie en rayon de soleil, reflechy & semblablement projecté sur vn autre plan opposé. Et en la seconde c'est le trou de la fenestre, ou autre pertuis par où passe le rayon du Soleil, qui represente l'extremité du stile, & le miroir represente le plan de l'horloge, sur lequel le rayon estant projecté à guise d'ombre se reflechit sur vn autre plan opposé. Et consequemment il est besoin qu'en cette seconde maniere, le miroir soit aucunement spacieux & capable, au moins de contenir les lineamens necessaires d'vn horologe, dont le petit trou representeroit l'extremité du stile.

Mais s'il est licite d'vser en cette façon des miroirs, il en faut abuser tout à faict, & tracer sur vn miroir tous les lineamens d'vn horologe vulgaire quelconque, sçauoir droict, inclinant ou declinant, Meridional, Septentrional, ou vertical &c. selon les differentes positions du miroir, ou plustost selon les differens lieux & plans, sur lesquels on desire faire la proiection des rayons reflechis : car si, y ayant deubëment appliqué vne banniere ou bien vn seul stile, ou plustost vne perle representante l'extremité du stile, le miroir est mis & situé en lieu libre ausdits rayons du Soleil, ils se reflechiront sur le lieu proposé dans vn espace figuré auec des lineamens obscurs respondans à ceux du miroir : entre lesquels l'ombre du stile ou de son extremité, comme de ladite perle, se recognoistra aussi distinctement que sur le miroir. Auec cette inuention, on peut sans ouurir aucune fenestre, & sans rien tracer dans vne chambre recognoistre l'heure, si tel miroir est deuëment posé sur la fenestre, en sorte que le tout se reflechisse au trauers de quelque lozange de verre bien egal ; où bien si tel miroir est appliqué proche d'vn chassis de papier, en sorte que la reflexion se face sur vn espace qui ne soit point exposé aux rayons du Soleil, ce qui est assez aysé à preparer.

Que si les miroirs ne sont assez traictables pour cet effect, où que d'ailleurs on les iuge trop subjects à tout plein d'inconueniens. Laissons les la, & pour obtenir le mesme effect, voire plus noble & plus propre, faictes tracer sur vne lozange de vos vitres, ou plustost sur vn quarré de vostre chassis à verre, voire mesmes sur le papier du chassis faute de verre, vn horologe auec ses lineamens necessaires, & faictes appliquer par dehors auec vn petit fil de fer, ou leton, vne perle en deuë & conuenable position, en sorte quelle represente l'extremité du stile de l'horologe, & vous aurez le plaisir, le Soleil y luisant de recognoistre l'heure par l'ombre de la perle sans rien ouurir & le plus souuent sans vous bouger de place. Ainsi ces manieres seroient plus propres aux Allemans que celle qui leur est cy dessus dediée, laquelle en donnant passage aux rayons du Soleil par vn trou, quoy que petit, donneroit aussi peu ou prou passage au vent & à l'air exterieur : & c'est tout ce qu'ils apprehendent, D. A. L. G.

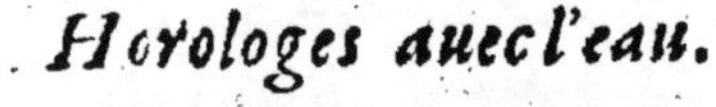
Horologes auec l'eau.

VII. CEs horologes estoient bons pour la simplicité ancienne, aussi bien que ceux de sable, auparauant qu'on eut l'artifice des monstres ou horologes à roüe. Quelques vns emplissoiẽt vne cuue pleine d'eau, & ayans faict experience de ce qu'ils en sortit tout vn iour, ils marquoient dans la cuue mesme, les interualles horaires, ou bien ils mettoient vn ais dessus l'eau, auec vne petite statuë, qui monstroit à la faueur d'vne baguette, les mesmes interualles, marquez contre vne muraille, à mesure que l'eau s'aualloit. Vitruue en descrit d'vne autre sorte plus difficile. Baptiste à Porta parmy ses secrets naturels, donne cette inuention. Ayez vn vase plein d'eau en forme de chauderon, & vn autre vase de verre, semblable aux cloches auec lesquelles on couure les melons. Que ce vase de verre soit quasi aussi large que le chauderon, & qu'il n'ait qu'vn trespetit trou par le milieu, quand on le mettra sur l'eau, il s'abbaissera faict à faict que l'air sortira, & par ce moyen on pourra marquer les heures en sa surface pour s'en seruir vne autre fois. Que si du commencement on auoit attiré l'eau dans ce mesme vase de verre, en suçant par le petit trou, cette eau ne retomberoit pas, si non faict à faict que l'air succederoit, r'entrant lentement par le petit trou, & par cette autre façon, on pourroit encore distinguer les heures, selon le rabbais de l'eau.

Il me semble sauf meilleur aduis, que ce seroit vne plus facile & certaine industrie si on faisoit couler l'eau par vn siphon goutte à goutte dans vn cylindre de verre, car ayant marqué à l'exterieur les interualles des heures sur le cylindre, l'eau mesme qui tomberoit dedans, monſtreroit quelle heu-re il eſt, beaucoup mieux, que le ſable ne peut monſtrer les demiheures, & quarts d'heure, aux horologes communs : à cauſe que l'eau prend incontinent ſon niueau, non pas le ſable.

En voicy encore vn lequel eſtant plus parfaict requiert plus d'appareil. La figure l'explicquera mieux qu'vne longue ſuitte de parolles, & n'y à point d'autre myſtere ſinon, faict à faict que l'eau flue par le ſiphon, la nacelle deſcendant, faict tourner l'arbre, auec la touche de l'horloge, qui par ce moyen marque l'heure deſſus le rond de la monſtre. Que ſi on vouloit adiouſter à ce rond, les heures des diuers pais, ou bien faire ſonner les heures auec vn tymbre, on le pourroit facilement.

PROBLEME LXXXVI.

DES CANONS.

Les gentils-hommes. & soldats, verront volontiers ce Probleme, qui contient 3. ou 4. questions curieuses.

La Premiere sera Comme l'on peut charger vn canon sans poudre.

CEla se peut faire auec de l'air & de l'eau seule: ayant bien bouché la lumiere du canon, on verse quantité d'eau froide dans l'ame du canon, ou bien on serre tant qu'on peut & on siringue à force, l'air le plus espais qu'on peut, & ayant mis vn bois rond bien iuste & huilé, pour mieux couler & pousser la balle quand il sera temps, on serre ce bois auec quelque perche, de peur que l'air ou l'eau ne s'escoule auant le temps. De plus on faict du feu à l'entour de la cullasse, pour eschauffer l'eau & quelquesfois encor pour l'air, & puis quand on veut tirer, on relasche la perche, ou ce qui contenoit l'air & l'eau serrée au fond du canon. Pour lors, l'eau ou l'air cherchant vne plus grande place, & ayant moyen de la prendre, pousse le bois & la boule auec grande roideur, ayant presque mesme effect que s'il estoit chargé de poudre. L'experience de ce qui arriue aux Sarbataines, quand on chasse des noyaux, des morceaux de papier maché, ou des petites flesches auec l'air seul, monstre bien la verité de ce Probleme.

EXAMEN.

ON nous propose icy vn bon moyen pour nous espargner la poudre a canon & vn bon se-

cours à son defanlt, on dit que l'eau ou l'air renfermez dans le canon & échauffés ont presque vn mesme effect que la poudre ayant pris feu. Mais qui voudra comparer la violence de l'vn à l'autre, & en cognoistre la difference, qu'il prenne deux semblables Æolipiles dont est parlé cy-dessus & qu'il en emplisse vne d'eau, & l'autre par quelque moyen de pouldre à canon, qu'il les eschauffe iusques à ce que chacune ioüe son ieu, & il se fera sçauant en cettematiere. D. A. L. G.

Seconde. Combien de temps met la bale d'vn Canon, deuant que de tomber à terre.

LA resolution de ceste question depend de la force du canon & de sa charge. On dit que Ticho Brahé & le Landgraue ont expetimenté sur vn canon d'Allemagne, qu'en deux minutes d'heure, la balle faisoit vne lieuë d'Allemaigne. A ce compte vn corps qui se remueroit aussi viste que la boule d'vn canon feroit trente lieuës d'Allemagne c'est à dire 120. milles d'Italie en vne heure.

EXAMEN.

IL semble que l'experience de Tycho & du Landgraue, comme on nous la rapporte, establisse autant la portée du canon iusques à vne lieuë d'Allemagne, comme le temps quelle employeroit en cette portée: Mais comme ainsi soit qu'vne lieuë d'Allemagne est presque double d'vne des nostres Françoises: & que dumoins trois d'Allemagne en égal-

lent cinq des nostres : il est aisé de iuger que cette portée iusques à vne leuë & deux tiers de France seroit absurde, & partant faut dire que selon telles experiences en deux minutes la balle continuant son mouuement feroit vne lieuë d'Allemagne.

D. A. L. G.

Troisieme. D'où vient que le canon a plus de force, quand il est eleué en haut, que quand il est pointé contre bas, ou quand il est de niueau parallele à l'Horison.

SI nous auions egard à l'effect du Canon, quand il faut battre vne muraille, ie dirois que la question est faulse : estant chose euidente que les coups qui tombent perpendiculairement sur vne muraille, sont bien plus violents, que ceux qui frappent de biais, & par glissade.

Mais considerant la force du coup seulement, la question est tres-veritable & tres-bien experimentée, iusques là mesme, qu'on trouue certainement, qu'vn coup pointé contremont, à la hauteur d'vn angle demy droit, est trois ou quatre fois plus violent, que celuy qu'on tire à niueau de l'Horison. La raison est, ce me semble, parce qu'en tirant en haut, le feu suit & porte plus long-temps la boule: L'air se remuë plus facilement contremont que contre terre, à cause que les cercles d'air qui se font par le mouuement, sont plustost brisez contre terre.

CEs deux raisons sont autant puissantes pour sauuer & establir vne veritable experience, comme nous estimons le feu ou l'air puissant hors du canon pour violenter de telle force vn boulet de fer ou plomb, qu'ils puissent augmenter sa portée : mais il ne se faut étonner si celuy qui nous a cy-dessus asseuré que l'effect d'vn canon tiré auec de l'eau ou de l'air, seroit presque le mesme que tiré auec de la poudre donne encores icy vne telle puissance au feu & à l'air, qu'il puissent seruir de vehicule à vn boulet de canon, pour le porter au delà de sa iuste portée, & luy augmenter la violence du mouuement qu'il a receu dés la sortie du canon. Et supposé qu'il y eut vne grande & sensible difference au mouuement de l'air ou du feu comme l'on veut dire, le canon estant tiré du haut en bas, ou de bas en hault, ou bien encores d'égale hauteur, (ce dont nous ne faisons aucun doubte,) neantmoins en quelque façon que ce mouuement d'air soit consideré, il ne s'y trouuera iamais en proportion pour agir si sensiblement sur vn boulet de canon, & produire de si sensibles differences en son mouuement & portées. D. A. L. G.

D'auantage, quand le canon est haussé, la boule presse d'auantage la poudre, & par cette resistance faict qu'elle s'enflamme toute deuant que de chasser; voire, faict qu'elle chasse plus fort, car on jette plus loing vn esteuf qui resiste qu'vne balle de laine.

EXAMEN.

L'On pourroit dire qu'vne mesme force pourroit ietter plus loing vne balle de laine qu'vn esteuf,

& vn esteuf plus loing qu'vne boule de pierre , & celle cy plus loing qu'vne autre de fer ou plomb: c'est vne experience veritable & assez ordinaire, dont on pourroit aussi bailler vne raison toute contraire , & sans doubte plus à propos , sçauoir que ce seroit à cause que la balle de laine faict moins de resistance à la force mouuante que l'esteuf, & l'esteuf moins que la pierre & autres. Est-ce donc comme on nous dit icy, à cause de la resistance que l'esteuf est ietté plus loing qu'vne balle de laine ? iugez de cette subtilité en philosophie. D. A. L. G.

Quand le canon est autrement disposé , tout le contraire arriue, car estant baissé, le feu quitte incontinent la boule, les ondes de l'air sont facilement rompuës contre terre. Et la boule roulant par le canon resiste moins, & partant la poudre ne s'enflamme pas toute , d'où vient que tirant vn coup d'arquebuse au niueau de l'horison contre du papier, de la toile, ou du bois, nous voyons vn grand nombre de petits trous , ouuerts par les grains de poudre, qui sortent du calibre, sans estre enflammés.

EXAMEN.

Et nous, nous disons que si cela arriue en vne portée de niueau , le mesme arriuera en vne portée de bas en haut en quelque inclination que ce soit , pourueu que la charge de l'arquebuse soit égale & semblable. & le doubte que nous y faisons , c'est que nous n'estimons pas cette experience veritable , sinon en trois cas : sçauoir qu'il y eut grand exceds en la charge, eu égard à la longueur du canon : ou qu'il y eut manque en la maniere de charger, qui est le cas le plus frequent & ordinaire: ou qu'il y eut manque en la poudre qui ne seroit pas bonne, ou seroit euentée, ou trop humide. D. A. L. G.

A ce compte dira quelqu'vn, le Canon pointé droict au zenith deuroit tirer plus fort, qu'en toute autre posture. Ceux qui estiment que la bale d'vn canon tiré de cette façon, se liquefie, se perd, & se consume dans l'air, à cause de la violence du coup & actiuité du feu; respondroient facilemẽt, qu'ouy, & maintiendroient qu'on en a faict souuent l'experience, sans que iamais on ait peu sçauoir que la bale soit retombée en terre. Mais pour moy qui trouue de la difficulté à croire cette experience, ie me persuade plustost que la bale retombe assez loin du lieu auquel on a tiré, ie responds que non, parce qu'en tel cas quoy que le feu ait vn peu plus d'actiuité, la balle a beaucoup plus de resistance.

C'est encore vne belle question, sçauoir mon si la portée des canons est d'autant plus grande & forte, que plus ils sont longs.

IV. Il semble d'vn costé que cela soit tres vray, parce qu'vniuersellement parlant, tout ce qui se meut par le conduit d'vn tuyau, est d'autant plus violent, que le tuyau est plus long, comme i'ay desia monstré cy deuant, pour le regard de la veuë, l'ouye, l'eau, le feu, &c. Et en particulier, la raison semble demonstrer le mesme aux canons, parce qu'aux plus longs, le feu est detenu plus longtemps dedans l'ame, & pousse le boulet par derriere, luy imprimant de plus en plus vne qualité mouuante. L'experience mesme a faict voir, que prenant des canons de mesme embouscheure & de diuerse grandeur, depuis 8. iusques à 12. pieds; le canon de neuf pieds a plus de portée que celuy de huict: celuy de 10. plus que celuy de 9. & ainsi des autres, iusques à celuy de 12. Or absolument parlant, le canon commun de France deschargé en l'air peut porter de poinct en blanc, enuiron 600. pas communs, à 3. pieds de Roy le pas. Et si on le descharge de 200 pas, il peut percer dans la terre molle, de 15. à 17. pieds: dans la terre ferme, 10. à 12. dans la terre instable, comme le sable, de 22, à 24. pieds; & s'il estoit deschargé contre vn bataillon rangé, on dit que son boulet peut percer d'outre en outre vn homme armé, & forcer iusques dans la poictrine de celuy qui le suit.

Mais que dirons nous à vne difficulté qui se presente au contraire: car l'experience a faict voir en Allemagne qu'ayant fait plusieurs canons de pareille emboucheure & diuerse grandeurs, depuis 8. iusques à 17. pieds, il est bien vray que depuis 8. iusques à 12. la force croist, iaçoit que non pas du tout auec mesme proportion que la grandeur: mais depuis 12. iusques à 17. la force decroist, de sorte que la portée du canon de 13. pieds, est moindre que celle de celuy de 12. Du canon de 14. encore moindre, & ainsi des autres iusques à 17. qui a la moindre portée de tous.

Pour decider cette question, i'aduouë ce que la raison & l'experience monstre en general & en particulier, que la portée est d'autant plus grande que les canons sont plus grands. Mais l'opposition du contraire me contraint d'y adioindre cette limitation: pourueu que cela se face en vne mediocre longueur, autrement l'exhalaison & inflammation de la poudre, qui a plus d'air à chasser dehors tout à coup, & plus de chemin à faire en vn long tuyau semble perdre sa force & auoir plus d'empeschement que d'effort.

PROBLEME LXXXVII.

Des progressions & de la prodigieuse multiplication des animaux, des plantes, des fruict, de l'or & de l'argent, quand on va tousiours augmentant par certaine proportion.

IE vous diray icy plusieurs choses, non moins recreatiues qu'admirables, mais si asseurées & si faciles à demonstrer, qu'il ne faut que sçauoir multiplier les nombres pour en faire la preuue. Et premierement.

Des grains de moustarde.

1. IE dis que toute la semence qui naistroit d'vn seul grain de moustarde 10. ans durant, ne sçauroit tenir dans le pourpris du monde, quand il seroit cent mille fois plus grand qu'il n'est; & ne contiendroit autre chose depuis le centre iusques au firmament, que des petits grains de moustarde. Et parce que ce n'est pas tout de dire, mais il faut prouuer; Ie le monstre en cette façon. Vne plante de moustarde peut facilement porter dans toutes ses gosses plus de mille grains. Mais n'en prenons que mille & procedons 10. ans durant à multi-

plier tousiours par mille, Posé le cas qu'on seme tous les grains qui en prouiendront, & que chacun grain produise vne plante capable de porter sa milliasse de grains. Au bout de 17. ans, vous verrez desia que le nombre des grains surpassera le nombre des arenes, qui pourroient emplir tout le firmament. Car suiuant la supputation d'Archimede & la plus probable opinion de la grandeur du firmament que Tycho Braché nous a laissé, le nombre des grains de sable seroit suffisamment exprimé auec 49. chiffres. Là ou le nombre des grains de moustarde, au bout de 17. ans auroit desia 52. notes. Et comme ainsi soit que les grains de moustarde sont incomparablement plus grands que ceux de sable, il est éuident que dés la dix-septiéme année toute la semence qui naistroit par succession d'vn seul grain, ne pourroit estre comprise dans l'enceincte du monde. Que seroit-ce donc si nous continuons à multiplier par milliasses, iusqu'à la 20. année. C'est chose claire comme le iour que le comble des grains de moustarde seroit cent mille fois plus grand que tout ce monde.

Des Cochons.

II. N'Est-ce pas vne plaisante & admirable proposition ? de dire que le grand Turc auec tous ces reuenus ne sçauroit nourrir vn an durant tous les cochons qui peuuent naistre d'vne truie & de sa race par l'espace de 12. ans. Et n'eantmoins c'est chose tres-veritable : car posons le cas qu'vne truie n'en porte que six d'vne ventrée, deux masles & quatre femelles, & que chaque femelle en engendre tout autant les années ſuiuantes l'eſpace de 12. ans, au bout du compte nous trouuons plus de trente trois millions de cochons & de truies. Et par ce qu'vn eſcu n'eſt pas trop pour entretenir & loger chaque beſte vn an durant, car ce n'eſt pas plus de 2. deniers par iour, il faudroit pour le moins autant d'eſcus pour les entretenir vn an durant. Puis donc que le grand Seigneur n'a pas 33. millions de reuenu, il eſt euident &c.

Des grains de bled.

III. TOus ſerez eſtonné ſi ie dis qu'vn grain de bled auec tout ce qui en peut venir ſucceſſiuement l'eſpace de 12. ans, produira ce nombre de grains, 244.140. 625. 000. 000. 000. 000. Qui monte iuſqu'à 244. quintillions. Poſé le cas qu'on ſemaſt tout tous les ans & que chaque grain en produiſit 50. (Ce qui eſt peu, car ils en produiſent quelquefois 70. 100. & d'auantage) Or cette prodigieuſe ſomme ſeroit vn monceau cubique de 244. 140. lieuës françoiſes, donnant à chaque pied 100. grains de long autant de large & autant de fonds , & partant quand vous prendriez 24. 414. 000. villes ſemblable à Paris leur donnant vne lieuë en toute quarrure & [illegible] pieds de hauteur elles en ſeroient toutes pleines du haut en bas, quoy qu'il n'y eut autre choſe que du bled. Et ſuppoſé qu'vne meſure ou bichot fut égale au pied cubique , comprenant vn million de grains viendroit ce nombre de bichots 244. 140. 925. 000. 000. Nombre ſi grand que ſi on en vouloit charger des vaiſſeaux , mille bichots ſur chacun, il faudroit tant de nauires, que l'Ocean à peine y pourroit suffire. Car il en faudroit bien 244.140.625.000. Et donnant le quart d'vn escu pour chaque bichot il faudroit tout ce nombre d'escus 611.351.562.500.00. Ie ne croy pas qu'il y en ait tant au monde comprenant tous les thresors des Princes & des personnes particulieres. N'est-ce pas donc vn bon mesnage de semer vn grain de bled & tout ce qui en vient l'espace de quelques années consecutiues, pourueu qu'on aye de la terre à suffisance, & qu'on n'en consume point ce pendant.

De l'homme qui va recueillant des pommes, des pierres, ou chose semblable, à certaine condition.

IV. IL y a cent pommes ou cent œufs, cent pierres ou choses semblables, disposées en longueur de sorte qu'il y a tousiours vn pas entre deux: Quelqu'vn ayant mis vn panier à vn pas prés de la premiere pomme entreprend de les recueillir toutes les vnes apres les autres, & de les rapporter dans son panier. Ie demande combien il fera de chemin? Responſe. Il luy faudroit bien vn demy iour car il fera dix mille & cent pas surnumeraires.

Des Brebis.

V. CEux qui ont de grandes bergeries seroient en peu de temps bien riches, s'ils conseruoient leurs brebis l'espace de chaque année sans les vendre ou faire tuer. Et que chaque brebis en produisist vne autre par chacun an : Car au bout de 16. ans, 100. brebis se multiplieroient iusques au nombre de 61. 689. 600. soixante & vn million : Et par ce qu'elles vallent vn escu par teste ce seroit consequemment 61. million. Pourueu qu'on eut où les loger & du pasquis pour les faire paitre. Car ie ne responds icy que pour mes nombres.

Des pois chiches.

VI IE veux que chasque pois en produise 50. par an ; & qu'on seme tout ce qui viendra l'espace de 12. ans, viendra ce grand nombre 530. 44. 000. 000. 000. 000. Et donnant 50. poids de long, autant de large, autant de haut, à vn pied cubique, on en feroit vn monceau qui comprendroit tant de pieds cubiques, que ce nombre a d'vnitez : 42. 435. 280. 00000. Prenant pour chaque bichot vn pied cubique & vn quart d'escu ou vn teston par bichot. Il faudroit pour les achepter, incomparablement plus d'escus qu'il n'y en a dans tout le monde ; c'est à sçauoir 106. 088. 820. 00000. Et neantmoins qui voudroit estendre ces pois par tout le rond de la terre, n'en sçauroit couurir toute la surface du globe de la terre & de l'eau, quand il ne mettroit qu'vn seul pois d'espaisseur. Si bien, celuy ne comprendroit que la terre, sans compter la surface de l'eau.

De l'homme qui vend seulement les clous de son cheual, ou les boutons de son pourpoint, à certaine condition.

VII. CEt homme ne seroit ny fol ny beste qui vendroit vn cheual d'honneur, ou vn pourpoint tout chargé de brillants, à condition qu'on luy paye les 24. clous ou les 24. boutons de son pourpoint, donnant pour le premier clou vn liart de France, ou la quatriéme partie d'vn sol, deux pour le second, & 4. pour le troisiéme, 8. pour le quatriéme, & ainsi tousiours en doublant Car au bout du compte, il auroit pour tous les 24. clous ce nombre de sols 1398101. qui feroient 21926. c'est à dire plus de 21. mille 926. escus

Des Carpes, Brochets, Perches &c.

VIII. S'Il y a des animaux feconds, c'est particulierement entre les poissons, car ils font vne si grande multitude d'œufs, & produisent tant de petits, que si on n'en destruisoit vne bonne partie dans peu de tẽps ils rempliroient toutes les mers, les riuieres & estangs. Cela est facile à monstrer, supputant ce qui viendroit par l'espape de 10. ou 12. ans, & faisant comparaison auec la solidité des eaux qui sont destinées pour loger les poissons.

Combien vaudroient 40. villes ou villages, vendus à condition qu'on donnast vn denier pour le premier, deux pour le second, 4. pour le troisiéme, & ainsi des autres en proportion double.

II. LE nombre des deniers qu'il faudroit payer est celuy-cy 1099. 511. 627. 775. lesquels estans reduits en somme d'escus faict 1527. 099. 483.

escus, comme il appert diuisant le nombre susdit par 720. autant de deniers que contient vn escu de 60. sols, à 12. deniers le sol. Et qui voudroit mettre cet argent en constitution de rente prenant seulement 5. pour 100. quoy qu'on puisse prendre d'auantage, receuroit tous les ans 763.,54974. c'est à dire 76. millions enuiron autant que le Roy de la Chine tire tous les ans de son vaste Royaume. Que vous en semble, les villages ne seroient ils pas bien vendus?

Multiplication des hommes.

x. IL y en a qui ne peuuent conceuoir comment il se puisse faire, que de 8. personnes qui resterent apres le deluge, 4. masles & 4. femmes, soit sorti tant de monde qu'il en falloit, pour commencer vne monarchie sous Nembrod & leuer vne armée de 200. mille hommes deux cents ans apres le deluge. Mais cela n'est pas grande merueille, quand nous ne prendrions que l'vn des enfans de Noé. Car faisant que les generations se renouuellent au bout de 30. ans, & qu'elles augmentent au septuple, d'vne seule famille pouuoient facilement sortir 8. cents mille ames, en ce renouueau du monde, auquel les hommes viuoient plus long temps & estoient plus feconds.

Il y en a aussi qui admirent ce que nous lisons des enfans d'Israel qu'apres 210. ans n'estans venus que 70. en nombre, ils sortirent en si grande trouppe qu'on pouuoit facilement compter six cents mille combattans outre les femmes, les enfans, les vieillards & personnes inutiles. Mais selon ce que ie

viens

viens de dire, qui voudroit supputer ric à ric, trouueroit que la seule famille de Ioseph estoit bastante pour fournir tout ce nombre. A combien plus forte raison si l'on assembloit plusieurs familles?

Nombre excessif quand on monte iusqu'à 64.

XI. ENcore faict-il bon estre mathematicien pour ne se laisser pas tromper. Vous trouuerez des hommes si simples qu'ils achepteront ou feront quelque autre marché, à condition de donner autant de bled qu'il en faudroit pour emplir 64. places mettant vn grain en la premiere, 2. en la seconde, 4. en la troisiéme &c. Et ne voient pas les bonnes gens, que non seulement leurs greniers, mais tous les magazins du monde n'y peuuent suffire. Car il faudroit ce nombre de grains 18446744073709551615. Qui est si grand, que pour le porter sur mer il faudroit des nauires 177 919852. quand chasque nauire porteroit plus de 2. mille 500. muids de bled. Chose facile à supputer reduisant les grains en bichots. Que si on vouloit compter autant de deniers que de grains de bled, reduisant la susdite somme de deniers en escus, il faudroit plus de 2. quatrilions 256204778015 21 55. Et qui est-ce qui ne voit que les richesses de Crassus, de Cresus, des Turcs, des Chinois, des Espagnols, & autres Princes du monde ne sont pas la disme de ce nombre? Il y a bien plus de grains de bled, que de deniers, neantmoins c'est chose trop euidente, qu'il n'y en a pas en tout le monde suffisamment pour charger toutes les nauires susdictes.

Or ce seroit chose bien plus absurde, si quelqu'vn entreprenoit de fournir 64. places, autant qu'il y en a au ieu d'eschets ou de dames, procedant en proportion triple. Car il luy faudroit, tout ce nombre de grains ou de deniers 14445612734309374948859496964 27. Que si ces grains estoient de froument, & qu'on en voulut charger les vaisseaux, il en faudroit vn nombre si prodigieux qu'il pourroit couurir non seulement tout l'Ocean, mais plus de cent millions de globes, aussi gros que la terre & l'eau prises ensemble. Si ces grains estoient de coriande, on en pourroit faire plus de 70. globes aussi gros que la terre. Tout cela est aisé à supputer, reduisant les grains en bichots, considerant la charge des nauires, & comparant vne petite boule de coriande auec vn autre plus grosse boule, selon les proportions Geometriques.

D'vn seruiteur gagé à certaine condition.

XII. VN seruiteur dit à son maistre, qu'il est content de le seruir durant toute sa vie, pourueu seulement qu'il luy donne autant de terre qu'il en faut pour semer vn grain de bled, auec tout ce qui en peut naistre 8. ans durant. Pensez-vous qu'il fasse vn bon marché? Pour moy i'estime que ce seroit, comme l'on dict, vn larron marché. Car quand il ne faudroit que le quart d'vn poulce de terre à chacun grain, & quand chacun grain n'en produiroit que 40. par chacun an, viendroit au bout de 8. ans ce nombre de grains 397360000.0000. & pour le semer il faudroit tous ces poulces de terre 9934000000. Et puis qu'en vn mille quarré il y a 6. mille & 4. cens millions de poulces 6400000000. Diuisant le nombre 99. &c. par 64. &c. on trouuera qu'il faudroit plus de 153. milles, ou plus de 73. lieuës quarrées, c'est à dire vne bien grande Prouince pour monsieur le valet.

PROBLEME LXXXVIII.

Des fontaines, machines hydrauliques, & autres experiences qui se font auec l'eau, ou semblable liqueur.

I. Le Moyen de faire monter vne fontaine du pied d'vne montagne, par le sommet d'icelle, pour la faire descendre à l'autre costé.

IL faut faire sur la fontaine vn tuyau de plomb, ou d'autre semblable matiere, qui monte sur la montagne & continuë en descendant de l'autre costé vn peu plus bas que n'est la fontaine, affin que ce soit comme vn siphon, duquel i'ay parlé cy-deuant. Puis apres on faict vn trou dans ce tuyau, tout au haut de la montagne, & ayant bouché l'orifice en l'vn & l'autre bout, on le remplit d'eau pour la premiere fois, fermant soigneusement ce trou qu'on a ouuert au haut de la montagne. Pour lors si l'on desbouche l'vn & l'autre bout du tuyau, l'eau de cette fontaine montera perpetuellement par ce tuyau; & descendra à l'autre costé. Qui est vne assez facile & iolie inuention pour fournir des villages & des villes quand elles ont disette d'eau.

II. Le moyen de ſçauoir combien il reſte de vin, ou d'eau dans quelque tonneau, ſans ouurir le bondon, & ſans faire autre trou que l'ordinaire par lequel on tire le vin.

IL ne faut que prendre vn tuyau de verre vn peu courbé par le bas, & par là meſme l'accommoder dans la broche, dreſſant le reſte du tuyau. Pour lors vous verrez que le vin montera par ce tuyau, autant & non plus qu'il eſt haut dedans le tonneau meſme. Par vn ſemblable artifice, on pourroit emplir le tonneau, ou luy adjouſter quelque choſe, ou tranſuaſer le vin d'vn tonneau en vn autre, ſans ouurir le bondon.

III. Eſt il vray ce qu'on dict, qu'vn meſme vaſe peut tenir plus d'eau, de vin, ou ſemblable liqueur, dans la caue qu'au grenier, & plus au pied d'vne montagne qu'au ſommet?

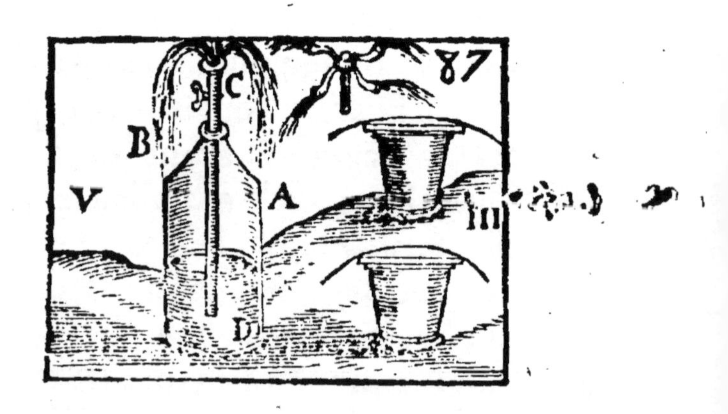

C'Eſt choſe tres-veritable: parce que l'eau, & toute autre liqueur ſe diſpoſe touſiours en rondeur à l'entour du centre de la terre. Et d'autant que le vase est plus pres du centre, la surface de l'eau faict vne plus petite sphere, & partant plus bossuë, & plus eminente par dessus le vase : au contraire quand le mesme vase est plus éloigné du centre, la surface, de l'eau faict vne plus grande sphere & partant moins éleuée par dessus le vase, d'où vient que par dessus ses bords il peut plus tenir d'eau quand il est en la caue qu'au pied d'vne montagne, au fonds d'vn puis, qu'au grenier, & au sommet de la montagne, ou du puis.

I. Par le mesme principe on conclurra qu'vn mesme vase tiendra tousiours d'autant plus, que plus on l'approchera du centre. II. Qu'il se pourroit faire bien pres du centre vn vase, qui tiendroit plus d'eau par dessus ses bords, que dedans son enceinte, si les bords n'estoient pas trop hauts. III. Que proche du centre l'eau venant à s'arrondir de tous costez, ne toucheroit quasi pas ce vase, le quittant petit à petit, & tout à faict, quand on viendroit à porter ledict vase outre le centre. IIII. Qu'on ne sçauroit porter vn seau tout plain d'eau, ny porter vn vase tout plain, de la caue iusqu'au grenier, sans respandre quelque chose, parce qu'en montant, le vase se rend moins capable, & partant il est necessaire qu'vne partie de l'humeur vienne à se décharger.

IV. Moyen facile pour conduire vne fontaine du sommet d'vne montagne à vne autre.

Il arriue qu'au haut d'vne montagne se trouue vne belle fontaine d'eau viue, & au haut d'vne autre montagne voisine, les habitans ont faute d'eau, or de faire vn grand pont auec des arcades en forme d'Aqueducs, c'est chose qui coute trop: quel moyen de faire venir à peu de frais l'eau de cette fontaine? Il ne faut que faire vn tuyau qui descende par le vallon iusques au sommet de l'autre montagne. Parce qu'infailliblement l'eau coulant par ce tuyau, monte tout autant qu'elle descend.

V. D'vne jolie fontaine qui faict trincer l'eau fort haut & auec grande violence quand on ouure le robinet.

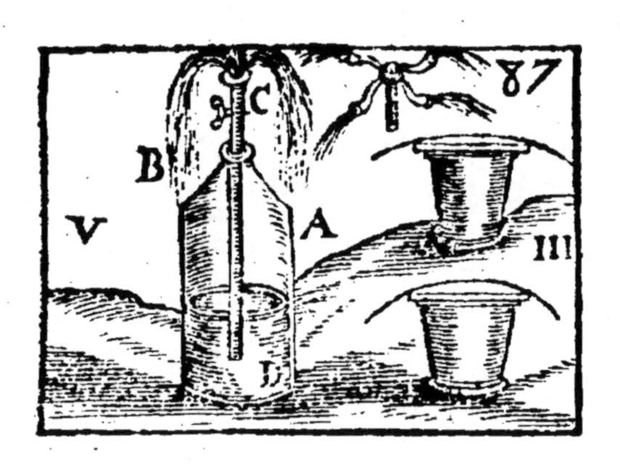

SOit vn vase fermé de toutes parts A, B. ayant au milieu vn tuyau C, D. troüé en D. assez pres du fond, & bouché par en haut auec le robinet C. On faict entrer dans ce vase par le tuyau C. & auec vne syringue premierement l'air le plus pressé qu'on peut, & en suitte de ce autant d'eau qu'on peut, puis on ferme viste le robinet faict à faict qu'on syringue, & quand il y a beaucoup d'air & d'eau dans le vase, l'eau se tient au fond du vase, & l'air qui est grandement pressé, se voulant mettre au large, la presse auec impetuosité, de sorte que laschant le robinet il la faict sortir par le tuyau, & trincer bien haut, nommément si l'on vient à chauffer encore ce vase. Quelques-vns s'en seruent au lieu d'aiguiere, pour lauer les mains, & pour cet effect mettent vn tuyau mobile sur C. tel que la figure represente, car l'eau sortant de roideur le fait tourneuirer auec plaisir.

VI. De la vis d'Archimede qui faict monter l'eau en descendant.

CE n'est rien autre chose qu'vn cylindre, autour duquel on voit vn tuyau recourbé en forme de vis, & quand on le tourne, l'eau descend tousiours au regard du tuyau, car elle passe d'vne partie plus haute en vne plus basse, & neantmoins au bout de la machine, l'eau se trouue éleuée bien plus haut que sa source. Ce grand ingenieur, admirable par tout inuenta cette belle machine, pour netoyer le monstrueux vaisseau du Roy Hiero, comme disent quelques autheurs, ou pour arrouser les champs des Ægyptiens, comme Diodore tesmoigne : & Cardan rapporte, qu'vn Citoyen de Milan, ayant faict vne semblable machine, dont il pensoit estre le premier inuenteur, en conceut vne telle ioye, qu'il deuint fol.

Vous imaginerez facilement cette vis, disposant vne bougie autour de quelque baston rond. Et par vne autre façon vous pourrez encore experimenter comme vne chose peut monter en descendant, si vous mettez vne balle dans vn cornet de chasseur que quelqu'vn tournera perpendiculaire à l'horizon.

EXAMEN.

Nous ne voyons point comment auec vn Cors de chasseur contourné perpendiculaire à l'horizon, on puisse faire monter vne balle en descendant. Mais si tel cors estoit formé en spirale ayant plusieurs circulations, ou reuolutions, dont les dernieres tousiours moindres que les premieres, seroient partant tousiours plus éleuées sur le plan supposé (de quelle forme & figure rarement les cors de chasse se rencontrent) : Il est bien vray qu'en ce cas mettant vne balle dedans ledit cors, & le contournant en sorte que la premiere circulation soit tousiours comme perpendiculaire ou touche tousiours le plan supposé, ladite balle descendant continuellement s'éleuera à mesure, iusques à sortir en fin & tomber par l'emboucheure dudit cors terminant la derniere & plus éleuée circulation de la spirale. Or auec vn cors ordinaire de chasseur tourné perpendiculaire, ce qui s'en [illegible] experimenter est que si on met vne balle dedans [illegible] extremité, elle sortira en fin par l'autre: mais ſans aucune ẻleuation, ſinon à la raiſon de la diffe-rente eſpoiſſeur du cors en ſes deux extremitez.

Cette particularitẻ remarquẻe: Nous dirons generalement que iamais il ne ſe fera ẻleuation d'aucun corps fluide ou autrement mobile (comme eauë, balle de blomb, de fer, de bois ou autre matiere) ſi les helices ou reuolutions de la viz ne ſont inclinẻes à l'horizon, afin que ſelon cette inclination la liqueur ou balle deſcende touſiours, encores que par vn continuel mouuement & reuolution on la face continuellement monter: & cette experience ſera plus vtilement & naturellement faicte auec vn fil de fer ou leton tournẻ & ployẻ en helices autour d'vn Cylindre, auec quelque diſtinction & diſtance entre les helices: car en ayant retirẻ le Cylindre, & y ayant pendu & accrochẻ quelque poids (comme vne bague, ou perle) en ſorte qu'il puiſſe librement couler, ſi l'on releue vn bout dudit fil, ſes helices ou reuolutions, neantmoins demeurantes inclinẻes à l'horizon, en le virant & contournant d'vn coſtẻ ledit poids montera à meſure, & le reuirant de l'autre deſcendra auſſi à meſure: la choſe eſt facile à faire, Mais ſi comme nous auons autresfois faict, on polit le fil, & que les reuolutions ſoient d'vn meſme ou ẻgal pas, & partant tellement ẻgales & ſemblables entre elles qu'au virement & contour leur mouuement ſe deſrobe à la veuë; peu s'en faudra que la choſe ne tienne aux plus ſimples lieu de miracle. D.A.L.G.

VII. D'vne autre belle fontaine.

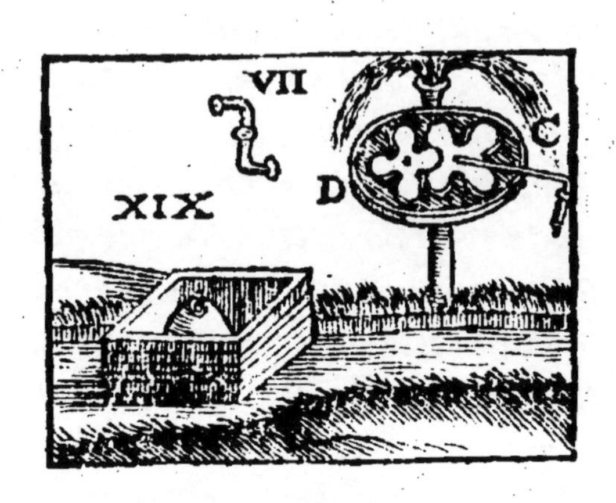

IE laiſſe les inuentions d'Hero, de Creſibius, & autres ſemblables dont pluſieures ont traitté, me contentant d'en produire vne plus nouuelle, & aſſez plauſible. C'eſt vne machine qui à deux rouës dentelées A. B. qu'on encoffre dans vn ouale CD. en telle ſorte que les dents de l'vne entrent dans les dents de l'autre, mais ſi iuſtement, que ny air ny eau, ne ſçauroit entrer dans le coffre ouale, ſoit par le milieu, ſoit par les coſtez. Car les rouës ioignent de ſipres le coffre de coſté & d'autre, qu'il n'y à rien de vuide, ſeulement il y a vn eſſieu à chaque rouë, affin qu'on les puiſſe tourner par dehors auec vne maniuelle. Cette maniuelle faiſant tourner la rouë A d'vn coſté faict tourner l'autre à l'oppoſite, & par ce mouuement l'air qui eſt en E. & conſequemment l'eau eſt portée par les creux des rouës de coſté & d'autre, tellement que continuant à tourner les rouës, l'eau eſt contrainčte de monter & ſortir par le tuyau F. Et pour la pouſſer en telle part qu'on voudra, on applique ſur le tuyau F. deux autres tuyaux mobiles, inserez l'vn dedans l'autre comme la figure represente mieux que les paroles.

EXAMEN.

L'Inuention de cette forme de pompe est assez gentille & subtile, mais l'effect ne respond pas absolument à la subtilité de l'inuention : car à peine fera t'on attraction d'eau, si ce n'est que l'on luy donne vn mouuement tant soit peu viste & prompt par vne prōpte reuolution de la manivelle. Or ce qui en arive est qu'en peu de temps les rouës frayent & frayant froissent ou sont froissees : & par ce moyen l'air trouue voye & s'y insinue tost ou tart ; En sorte qu'estant violenté & refermée, il eschappe & s'en retourne pour preocuper l'eau que la pesanteur rend plus paresseuse. Il est toutesfois bien vray, que telles pompes bien ouurées & conseruées pour quelque besoin, sont souueraines pour lançer l'eau fort haut & loing en cas d'incēdie: & ce auec vne douille ayant vn tuyau mobile qui se puisse poincter aisément vers vn lieu proposé : mais en ce cas il faut tourner legerement & fort viste la manivelle. D. A. L. G.

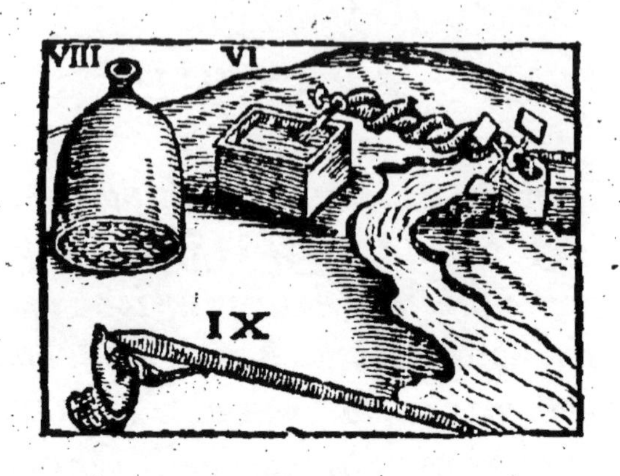

VIII. D'vn arrousoir bien gentil.

IL est faict en forme de bouteille, ayant le fond percé de mille petits trous, & dessus le col vn autre plus grand trou qu'on desbouche pour emplir l'arrousoir, & puis quand il est plein on le bouche auec le poulce, auec de la cire, ou en quelque autre façon. Or tandis qu'il est bouché, on peut seurement porter l'arrousoir par tout où l'on veut, sans que l'eau s'écoule, mais si tost qu'on ouure ce trou, parce que l'air peut succeder ; & qu'il n'y a plus de danger de vuide, toute l'eau s'epanche par le fonds.

EXAMEN.

CEtte maniere d'arrousoir seul ne sera iamais propre pour porter l'eau vn peu loing, tant s'en faut qu'on le puisse seurement porter par tout où l'on voudra : mais bien seruiroit elle auec vn seau: car encores que plongé dans vn seau plein d'eau il s'emplisse, & le retirant il retienne l'eau, si le trou d'enhaut est bouché, cette retenüe n'est pas si absolüe qu'il ne s'en écoule tousiours vne bonne partie, en sorte que s'il est porté tant soit peu loing, il arriuera que toute l'eau sera ecoulée auparauant que d'estre sur le lieu proposé à arrouser: & ce principalement si les trous du fonds sont tant soit peu grands & proches du bord, comme aussi plus les trous seront petits & éloignez du bord du fonds, & plus l'eau se retiendra. Telle est la difference entre vne bouteille ordinaire pleine d'eau ou autre liqueur, ou bien vne lampe comme celles qu'on dict de l'inuention de Cardan, lesquelles remplies d'huille se fournissent par bas: & quelque baril plein de liqueur qui auroit le fõds plat, & n'auroit qu'vn bien petit trou vers le milieu dudit fonds. Car il est certain que les vns & les autres estans simplement renuersés, cettuy-cy ne se vuidera qu'a peine & fort peu, & les deux autres facilement & iusques à vne entiere éuacuation. Il est bien vray qu'il y a des liqueurs plus fluides les vnes que les autres: mais particulierement sur le subiect de l'eau, il est presque impossible de construire aucun vaisseau, lequel remply d'eau, & n'ayant qu'vn bien petit trou vers le milieu du fonds, puisse sans aucune ouuerture par hault, estant renuersé retenir entierement son eau sans qu'il s'en écoule quelque partie peu ou prou considerable, & ce sans aucun succés ou insinuation d'air, qui est vne Philosophie vn peu trop haute pour nostre aucteur: mais ces experiences, quoy que differemment modifiées elles reçoiuent differentes considerations, tournent neantmoins toutes sur vn seul point de Phisique, & communiquent auec tout plein de secrets en la nature. D. A. L. G.

IX. Le moyen de puiser facilement du vin par le bondon pour gourmer sans ouurir le fond, du tonneau.

IL ne faut qu'auoir vn tuyau longuet, & plus mince par les bouts que par le milieu, on le met dans le vin par le bondon, & quand le bout d'enhaut est ouuert, le vin entre par le bas, prenant la place de l'air, puis quand le tuyau est plein de vin, on bouche auec vn doigt le trou d'enhaut, par ce moyen on le tire plein de vin, & quand on veut le descharger dans vn verre, il ne faut qu'oster le doigt qui fermoit le bout du tuyau.

EXAMEN.

ADioustez à ce que nous venons immediatement de remarquer cette circonstance, de rendre icy le tuyau plus mince par les deux bouts, que par le milieu: encores que pour le bout d'enhaut il semble qu'il n'y ayt point de necessité: si a-il bien pour le bout d'embas. La conference des deux remarques ensemble fera facilement imaginer le pourquoy. D.A.L.G.

X. Comment voudriez vous trouuer la grosseur & pesanteur d'vne pierre brute irreguliere & mal polie, ou de quelque autre corps semblable, par le moyen de l'eau.

IL y en a qui plongent le corps donné dans vn vase plein d'eau, & recueillent ce qui en sort, disans que cela est égal à sa grosseur. Mais cette façon est peu exacte, parce que l'eau éleuée par dessus le vase, s'epanche facilement, & en plus grande quantité qu'il ne faudroit, & n'est pas aisé de la recueillir toute entiere. Voicy vne meilleure pratique : versez quantité d'eau dans vn vase, iusques à vne certaine marque que vous ferez. Vuidez cette eau dans quelque autre vaisseau, & ayant mis le corps donné dans le premier vase, Renuersez y de l'eau tant qu'elle paruienne iusques à la premiere marque. Ce qui restera, sera precisément égal en grosseur au corps proposé. Item à l'eau dont la place est occupée par le mesme corps. Et au poids qu'il perd dedans l'eau.

EXAMEN.

Il y a icy à remarquer qu'il pourroit arriuer qu'vne pierre, par exemple, dont on voudroit sçauoir le volume auec l'eau, seroit poreuse & tendre, & partant que cette experience sera plus ou moins exacte, & l'erreur plus ou moins sensible, selon le plus ou moins d'eau qui s'imbibera dans la pierre, & par ainsi ce qui restera d'eau apres le renuersemēt ne sera pas presisement égal en grosseur au corps de la pierre, comme dit cet Aucteur. Il faut donc supposer la pierre ou corps estre purement solide & sans pores, du moins impermiables à l'eau, comme vn caillou, vne piece de metail, fonte ou verre.

D. A. L. G.

XI. trouuer le poids de l'eau par sa grandeur, & la grandeur par son poids.

PVis qu'vn doigt cubique d'eau pese enuiron demy-once, il est euident par multiplication, qu'vn pied cubique pesera 170. liures, & ainsi du reste. Et puis qu'vne demy-once fait vn poulce cubique il est euident qu'vne liure fera vingt quatre doigts cubiques, &c. (*Ce poids est different selon les differentes mesures de differents pays. Le docte Steuin donne 65. liure pour chacun pied cubique d'eau. D.A.L G.*)

XII. Trouuer la charge que peuuent porter toutes sortes de vaisseaux, comme nauires, tonneaux, balons enflez &c. dessus l'eau, le vin ou quelque autre corps liquide.

EN vn mot ils peuuent porter autant pesant que pese l'eau qui leur est egale en grosseur, rabbattant la pesanteur du vaisseau. Nous voyons qu'vn tonneau plein de vin ou d'eau ne coule pas à fond. Si vn nauire n'auoit point de cloux ou d'autre charge qui l'appesantit, il pourroit nauiger tout plein d'eau, Tout de mesme donc s'il estoit chargé de plomb, autant pesant que l'eau qu'il contient. C'est en cette façon que les gens de marine appellent les nauires de 50. mille, tonneaux, parce qu'elles peuuent contenir mille, ou deux mille tonneaux, & par consequent porter vne charge equipollente au poids de mille, & deux mille tonneaux de l'eau sur laquelle on doibt nauiger.

XIII. D'où vient que quelques vaiſſeaux ayant heureuſement cinglé en haute mer, coulent à fond & ſe perdent arriuant au port, ou à l'embouchеure de quelque riuiere d'eau douce, quoy qu'il n'y ait aucune apparence de tempeſte.

C'Eſt parce qu'vn meſme vaiſſeau peut porter plus ou moins de charge à meſure que l'eau, ſur laquelle il nauige, eſt plus ou moins peſante: Or l'eau de la mer eſt plus groſſiere, eſpaiſſe, & peſante que celle des riuieres, des puits, ou des fontaines, & partant la charge qui n'eſtoit pas trop groſſe en haute mer, deuient exceſſiue au port, & en eaue douce.

Il y en a qui croyent que c'eſt la profondeur de l'eau qui faict que les nauires ſont plus facilement ſupportées en haute mer. Mais c'eſt vn abus, car pourueu que la charge du nauire ne ſoit pas plus peſante que l'eau dont il occupe la place, il ſera auſſi bien ſupporté ſur l'eau qui n'a que vingt braſſes de profondeur, que ſur celle qui en à 100. Voire meſme ie me porte fort de faire que l'eau qui ne ſeroit pas plus eſpaiſſe qu'vne fueille de papier en profondeur, ny plus peſante qu'vne once, ſupporte neantmoins vn vaiſſeau ou vn corps de mille liures, car ſi vous auiez vn vaſe capable de mille liures d'eau & vn peu plus, mettant dedans ce vaſe quelque piece de bois ou autre corps peſant mille liures; mais plus leger en ſon eſpece que n'eſt l'eau; & puis verſant tant ſoit peu d'eau à l'entour, de ſorte que ce bois ne touche pas les bords du vaſe, vous verriez que ce peu d'eau ſupporteroit tout le bois en nage.

XIIII. Comment voudriez vous faire nager dessus l'eau vn corps metallique vne pierre, ou chose semblable.

IL faut estendre le metail en forme de lame bien deliée, ou bien le rendre creux en forme de vase, tellement que la grandeur de ce vase auec l'air qu'il contient, soit égale à la grosseur de l'eau qui pese autant que luy, car toute sorte de corps surnage sans couler à fonds, lors qu'il peut occuper la place d'vne eau aussi pesante que luy: comme s'il pese 12. liures il faut qu'il puisse tenir la place de 12. liures d'eau, autrement n'esperez iamais qu'il doiue surnager. C'est ainsi que nous voyons flotter le cuiure dessus l'eau, quand il est creusé en forme de chauderons, & couler a fonds quand il est en billon.

Quoy donc dira quelqu'vn, faut il que les Isles qui flottent en diuers quartiers sur l'Ocean, chassent a costé autant d'eau pesant qu'elles pesent en elles mesmes? Asseurement. Et pour cette cause, il faut dire, ou qu'elles sont creuses en forme de nacelles, ou que leur terre est fort legere, & spongieuse, ou qu'il y a force cauitez soubsterraines, ou force bois enfoncé dans l'eau.

Mais dites moy determinément, combien faut-il agrandir chaque metail pour le faire nager dessus l'eau? Cela depend des proportions qu'il y a entre la pesanteur de l'eau & de chaque metail; Or nous sçauons par tradition de bons autheurs; que prenant de l'eau & du metail de pareille grosseur, si l'eau pese 10. liures; l'estain en pese 75. le fer quaſi 83. le cuiure 91. l'argent 104. le plomb 116. & demie, le vif argent 150. l'or 187. & demie. D'ou l'on infere, que pour faire nager le cuiure de 10. liures pour exemple, il faut faire en ſorte, qu'il chaſſe enuiron 9. fois autant peſant d'eau c'eſt à dire 91. liures, puiſque le cuiure & l'eau ſont en peſanteurs, comme 10. a 91.

EXAMEN.

Il ſemble d'abord que pour executer cette propoſition on donne pour premier moyen ſuffiſant l'extenſion ſeule du metail en forme de lame fort deliée: Mais nous ſouſtenons abſolument du contraire. Le Sieur Galilei braue Mathematicien Florentin, ſuppoſant la choſe indifferemment poſſible & veritable, s'eſt exercé à en rechercher la cauſe dans vn petit traitté que l'on nous a rapporté auoir veu de luy de his quæ innatant humido. *Bien que nous n'ayons pas encores veu ſes raiſons, Nous oſons dire que c'eſt choſe de ſoy impoſſible que par la ſeule extenſion de la matiere tant ſubtile & deliée quelle puiſſe eſtre renduë, le metail de ſa nature plus peſant que l'eau puiſſe eſtre rendu plus leger, & ſurnager ſur l'eau, ce ſeroit combattre la verité des principes qu'Archimede en a eſtably vniuerſellement & ſans aucune conſideration de la figure dans ſon traitté ſur le meſme ſubiect. De ſorte, que ſi la choſe ſe faict veoir par experience (comme elle n'eſt pas abſolument impoſſible, voire meſmes eſt aſſez frequente) il en faut encores chercher ailleurs la raiſon, & ne l'a pas reſtraindre dans la ſeule extenſion de la matiere qui ne ſert que d'vne ſeule diſpoſition à l'effect. En quoy paroiſt l'im-*

pertinence de l'aucteur de ce liure, de vouloir sur la fin de cet article establir vne certaine proportion d'extension pour faire surnager toute sorte de matiere sur l'eau. C'est veritablemẽt surnager ce sujeſt cy, & ne s'y point enfonçer, c'est à dire ne le pas penetrer ny approfondir que d'establir telles absurditez. Au reste les proportions icy rapportées des differens metaux auec l'eau sont differentes de celle que le sieur Guetaldus a establies dans son liure intitulé Promotus Archimedes. Lequel ie croirois & suiurois plus volontiers D. A. L. G.

XV. Le moyen de peser la legerité de l'air ou du feu dans vne balance.

1. Mettez vne balance renuersée dans l'eau, de sorte que ses bassins estans de bois, nagent renuersés dessus l'eau, 2. Ayez de l'eau enfermée dans quelque corps, comme dans vne vessie ou chose semblable, supposant que telle quantité d'air, soit vne liure de legereté (car on la peut distinguer par liures, onces & trezeaux, tout de mesme que la pesanteur) 3. Mettez l'air ou corps leger dessous l'vn des bassins, & dessous l'autre autant de liures de legereté qu'il en faut pour contrebalancer & empescher que l'vn des bassins ne soit esleué hors de l'eau. Vous verrez par là combien grande est la legereté requise.

Mais sans aucune balance, ie vous veux apprendre vn moyen nouueau pour cognoistre la pesanteur & la legereté de tout corps proposé. Ayez vn vase creux cubique ou columnaire, qui nage dessus l'eau & à mesure qu'il s'enfonce pour le poids d'vne 2. 3. 4. 5. & plus ou moins de liures qu'on met dessus, marquez à fleur d'eau combien il s'enfonce.

Car voulant puis apres examiner le poids de toute sorte de corps, vous n'aurez qu'à le mettre dans ce vase, & voir combien il s'enfonce, ou combien il s'esleue par dessus l'eau, par ce moyen vous cognoistrez qu'il pese tant ou tant de liures.

Voila vne assez bonne niaiserie & fadaize pour peser l'air: mais pour peser le feu comme, il est proposé, nous en demanderions volontiers aussi la methode. D. A. L. G.

XVI. Estant donné vn corps, marquer iustement ce qui se doit enfonçer dans l'eau.

IL faut sçauoir le poids du corps donné, & la quantité de l'eau, qui pese autant que luy. Pour certain, il s'enfoncera, iusques a ce qu'il occupe la place de cette quantité d'eau.

XVII. Trouuer combien les metaux, les pierres, l'ebene, & autres semblables corps pesent moins dedans l'eau, que dans l'air.

PRenez vne balance, & pesez par exemple 9. liures d'or, d'argent, de plomb, ou de pierre en l'air. Puis approchant de l'eau, faictes prendre la mesme quantité d'or, d'argent, de plomb, ou de pierre auec vn filet ou poil de cheual au bout de la balance affin qu'il soit libre dedans l'eau, & vous verrez qu'il faudra vn moindre contrepoids de l'autre costé pour contre-balancer, & partant que tout corps pese moins dedans l'eau que dans l'air, tant par ce que l'eau estant plus espaisse & plus difficile a diuiser, supporte d'auantage: comme aussi parce que l'eau qui est mise hors de sa place & tasche de la reprendre presse, à proportion de sa pesanteur, les autres parties de l'eau qui enuironnent le corps donné. Et d'icy l'on collige vne proposition generale demonstrée par Archimede, que tout corps pese moins dedans l'eau, ou semblable liqueur, au pro-rata de l'eau dont il occupe la place, si cette eau pese vne liure, il pesera vne liure moins qu'il ne faisoit en l'air. Ainsi cognoissant les proportions de l'eau auec les metaux, nous pouuons dire que l'or perd tousiours dedans l'eau enuiron la 19. partie de son poids, le cuiure la neufiéme, le vif argent la 15. le plomb la 12. l'argent la 10. le fer la 8. l'estain la 7. & vn peu plus, parce qu'en matiere de pesanteur, l'or est au respect de l'eau dont il occupe la place, comme 18. & trois quarts à l'vnité. C'est à dire quasi 19. fois plus pesant. Le vif argent comme 15. Le Plomb comme 11. & 3. cinquiémes. L'argent comme 10. & 2. cinquiémes. Le cuiure comme 9. & $\frac{1}{20}$ Le fer comme 8. & demie. L'estain 7. & demie. Et au contraire en matiere de grandeur, l'eau qui seroit aussi pesante que l'or, est quasi 19. fois plus grande &c.

XVIII. Il se peut faire qu'vne balance demeure en equilibre, & entre deux fers en l'air, & qu'auec la mesme charge, elle perde son equilibre dedans l'eau.

IL n'y a rien de plus clair, supposé le Probleme precedẽt parce que si l'on auoit mis 18. liures d'or

& 18. liures de cuiure dans les bassins d'vne balance, elles se contrebalanceroyent en l'air, Mais non pas dedans l'eau, à cause que l'or ne perdoit quasi que la 18. partie de son poids, qui est 1. liure, & le cuiure en perdoit la 9. qui faict deux liures, partant l'or peseroit encore 17. liures ou enuiron, & le cuiure n'en peseroit que 16. d'où s'ensuit l'inegalité euidente.

XIX. *Comment voudriez vous cognoistre de combien vne eau ou autre liqueur, est plus pesante que l'autre.*

LEs Medecins prennent garde à cela, iugeans que l'eau qui est plus legere, est aussi la plus scine. Et les nautonniers y doiuent aussi aduiser, pour la charge de leurs vaisseaux, parce que l'eau la plus pesante porte d'auantage. Or voicy comment on le cognoist.

Prenez vn vase plein d'eau & accommodez vne boule de cire auec du plomb, ou chose semblable, de façon quelle n'age precisement à fleur d'eau estant renduë par ce moyen aussi pesante que l'eau du vase. Voulant puis apres examiner la pesanteur d'vne autre eau, il ne faudra que mettre dedans elle cette boule de cire, & si elle coule à fonds, cette eau est plus legere que la premiere: si elle s'enfonce moins qu'auparauant, c'est signe que l'eau est plus pesante. En la mesme façon, qui prendroit vn lopin de bois ou d'autre corps leger, remarquant s'il s'enfonce plus auant dans vne eau que dans l'autre, concluroit par vn argument infaillible, que celle là est la plus legere, dans laquelle il s'enfonce plus auant.

XX. Le moyen de faire qu'vne liure d'eau pese autant que 10. 20. 30. voire que cent, mille, & dix mille liures de plomb, mesme dans vne balance, qui sera tres juste, ayant les bras égaux, & les bassins aussi pesants l'vn que l'autre.

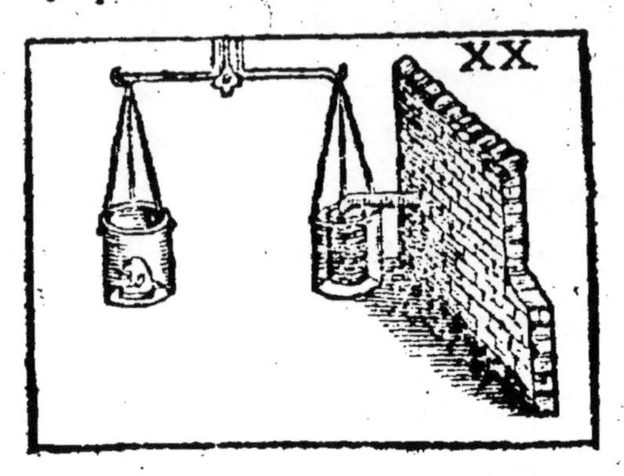

C'Est vn faict estrange, que l'eau enfermée dans vn vase, & contrainte à se diuiser en quelque façon que ce soit, pese tout autant, que si dans son creuil y auoit de l'eau toute vniforme, & continuë.

Ie pourrois apporter plusieurs experiences en faueur de cette proposition; mais pour la verifier, ie me contenteray d'en produire deux excellentes, que ie n'eusse iamais creuës, si ie ne les eusse faictes en propre personne.

La premiere est telle. Prenez vne grosse pierre qui tienne autant de place que 10. 100. 10. mille liures d'eau, & posons le cas qu'elle soit penduë auec vne corde ou chaisne, ou fermement attachée, & pendante en l'air. Prenez aussi quelque vase qui puisse enuironner cette pierre, à condition toutesfois qu'il ne la touche pas, mais seulement qu'il laisse tout autour la place d'vne liure d'eau. C'est merueille, que si la pierre tient autant de place que

100. liures d'eau, vne ſeule liure d'eau verſée dans ce vaſe peſera plus de cent liures, tellement qu'à peine pourra on ſouſtenir ce vaſe, au deſſoubs de la pierre.

EXAMEN.

IL ſemble que l'on ne fait pas icy grande differen- ce, ſi le ſolide qui doibt occuper l'eſpace d'une quantité d'eau eſt ſimplement pendu en l'air, comme auec vne chaiſne ou chorde, en ſorte qu'il ſoit libre de mouuoir, ou s'il eſt attaché ferme & immobile. & toutesfois quiconque ſuſpendroit à vne chaiſne ou chorde vn ſolide ſimplement capable d'occuper 99. liures d'eau, par exemple, mais qui ſeroit beaucoup plus leger en ſon eſpece que l'eau, comme s'il ne peſoit tout entier que 10. ou 12. liures: par la ſoubsposition d'vn vaiſſeau capable de 100. liures d'eau, & par l'infuſion d'vne liure, il ſe cognoiſtra vn effect bien differend de celuy que le meſme ſolide attaché ferme & immobile produira auec le meſme vaiſſeau ſoubſpoſé, & auec l'infuſion d'vne pareille quantité d'eau. Que la choſe ſoit experimentée auec la balance, la difference en ſera aiſée à recognoiſtre. D.A.L.G.

La ſeconde eſt encore plus admirable: ayez vne balance toute ſemblable aux communes, auec cette ſeule difference, que l'vn des baſſins, quoy qu'il ne peſe pas plus que l'autre, doit neantmoins eſtre capable de 10. liures d'eau. Puis apres mettez dans ce baſſin quelque corps qui puiſſe tenir la place de 9. liures, attachez ce corps au bout de quelque baſton ou broche de fer fichée en la muraille de ſorte qu'il ne puiſſe hauſſer deſcendre ou remüer en façon quelconque, & n'importe qu'il ſoit creux ou maſſif, pourueu ſeulement qu'il ne touche pas le baſſin de la balance, & qu'il tienne la place de 9. liures d'eau, laiſſant aux enuirons la place d'vne liure, c'eſt tout aſſez, car ayant mis vne liure d'eau dans ce baſſin, & 10. liures de plomb, dedans l'autre vous verrez que cette liure d'eau contrebalancera 10 liures de plomb, qui eſt la ſeconde partie de ce Probleme.

PROBLEME. LXXXIX.

Diuers queſtions d'Arithmetique & premierement, du nombre de grains de ſable.

1. VOus me direz incontinent que i'entreprens vne choſe impoſſible de vouloir nombrer les arenes de Lybie & le ſablon de la mer, c'eſt ce que chantent les Poëtes, ce que le vulgaire croit, & que diſoient iadis certains Philoſophes à Gelon Roy de Sicile, eſtimants que les grains de ſable eſtoient tout à faict innombrables. Mais ie responds auec Archimede que non ſeulement on peut nombrer ceux qui ſont aux riuages de la mer, ains encore ceux qui empliroient tout le monde, quand il n'y auroit autre choſe que du ſable, & que ſes grains ſeroient ſi petits qu'il en falut 10. pour faire vn grain de pauot. Car au bout du compte il n'en faudroit que ce nombre pour les exprimer. 308409794ſ6. & 35. zero au bout.
Clauius & Archimede le font vn peu plus grand, parce qu'ils mettent vn firmament plus grand que

Tycho Brahé. Et s'il ne tient qu'à augmenter l'estendue de l'vniuers i'augmenteray facilement mon nombre, & diray asseurement, combien il faudroit de grains de sable pour emplir vn autre monde, à comparaison duquel le nostre seroit comme vn grain de sable, comme vn atome, & vn poinct. Car il ne faut que multiplier le nombre susdit par soy mesme, viendra vne somme exprimée par ces nonantes chiffres 951.437.981.349.109.559.36. & septante zero au bout, qui font en tout, neuf cens cinquante & vn vingt neuf millions. Cela semble prodigieux, mais il est tres facile à supputer: car posé qu'vn grain de pauot contienne 100. grains de sable, il ne faut plus que comparer la petite boule d'vn grain de pauot, auec vne boule d'vn doigt ou d'vn pied, & celle cy auec la terre, puis cette autre auec le firmament, & ainsi du reste.

II. Qu'il est totalement necessaire que deux hommes ayent autant de cheueux ou de pistolles l'vn que l'autre

C'Est vne chose certaine qu'il y a plus d'hommes au monde, que l'homme le plus velu, ou le plus pecunieux n'a de poils ou de pistolles; & parce que nous ne sçauons pas precisement combien il y a d'hommes, ny combien de poils aura le plus velu de tous, prenant des nombres finis pour des autres pareillemẽt finis, posons le cas qu'il y ait 100. hommes, & que le plus velu d'entr'eux n'ait que 99. poils. Ie pouuois aussi bien prendre 2. ou 3. cens millions d'hommes, & de cheueux; Mais pour plus grande facilité ie choisis des plus petits nombres, sans aucun interest de la demonstration. Puis donc qu'il y a plus d'hommes que de poils en vn seul, considerons 99. hommes & disons ou ces 99. sont tous inegaux au nombre de leurs cheueux ou il y en a qui sont egaux. Si vous dites qu'il y en a des égaux, c'est ce que ma proposition porte. Si vous dictes qu'ils sont inegaux, il faut donc pour ce faire que quelqu'vn n'ait qu'vn cheueu, vn autre deux, l'autre 3.4.5. & ainsi des autres iusques au 99. iéme. Et le 100. iéme qu'aura t'il? il n'en peut auoir plus de 99. selon l'hypothese; il faut donc necessairement qu'il en ayt quelque nombre au dessoubs de 100. & partant il est necessaire que deux hommes ayent autant de cheueux l'vn que l'autre.

De mesme pourroit-on conclure, qu'il est necessaire que deux oiseaux ayent autant de plumes, deux poissons autant d'escailles, deux arbres autant de fueilles, de fleurs ou de fruicts, & peut estre autant de fueilles, fleurs & fruicts tout ensemble, pourueu que le nombre des arbres soit assez grand. Ainsi pourroit-on gager en vne assemblée de 100. personnes pourueu que pas vn n'ait plus de 99 pistolles, qu'il faut necessairement que deux en ayent autant l'vn que l'autre.

Ainsi peut-on dire qu'en vn liure, pourueu que le nombre des pages soit plus grand que celuy des mots contenus en chaque page, il faut que deux pages se rencontrent auec autant de mots l'vne que l'autre &c.

III. Diuers metaux estans meslez par ensemble dans vn mesme corps, trouuer comme Archimede, combien il y a de l'vn & de l'autre metail.

CElle-cy est l'vne des plus belles inuentions d'Archimede racontée par Vitruue en son architecture ; là où il tesmoigne que l'orfeure du Roy Hieron ayant desrobé vne partie de l'or dont il deuoit faire vne couronne, & y ayant meslé autant d'argent comme il en auoit osté d'or, Archimede descouurit le larrecin & dit combien d'argent il auoit meslé auec l'or ; Ce fut dans vn bain qu'il trouua cette demonstration: car voyant que l'eau se haussoit ou sortoit de la cuue faict à faict que son corps y entroit, & concluant que le mesme se feroit à proportion, plongeant vne boule d'or tout pur, vne boule d'argent, & vn corps meslangé; il trouua que par voye d'Arithmetique on pourroit soudre la question proposée, & l'inuention luy pleust tant, que tout à l'heure mesme il sortit du bain tout nud, criant comme vn homme transporté, i'ay trouué.

Quelques vns disent qu'il prit deux masses, l'vne d'or, l'autre d'argent tout pur, chacune egale à la couronne en pesanteur, & partant inegales en grandeur. Et puis sçachant la diuerse qu'antité d'eau qui correspondoit à la grosseur de la couronne & des deux masses, il colligea subtilement, que si la couronne occupoit plus de place dedans l'eau que la masse d'or, ce n'estoit qua proportion de l'argent qu'on y auoit meslé. Donc par la reigle de proportion, supposé que toutes les trois masses fussent de 18. liures, que la masse d'or occupa la place d'vne liure d'eau, celle d'argent vne liure & demie, & la couronne meslée vne liure & vn quart, il pouuoit operer en cette sorte : La masse d'argent qui pese 18. liures, chasse vne demie liure d'eau plus que l'or, & la couronne qui pese aussi 18. liures, chasse vn quart plus que l'or, seulement à raison de l'argent qu'elle contient : si doncques vne demie d'excez respond à 18. liures d'argent, vn quart à quoy respondra-il ? on trouuera 9. liures d'argent, meslées dans la couronne.

Baptista Benedictus en ses Theoremes Arithmetiques troune ce meslange d'vne autre façon car au lieu de prendre deux masses de mesme poids & de diuerse grandeur auec la couronne, il en prend deux de mesme grandeur, & consequemment de diuerse pesanteur. Et parce que cela posé, la couronne ne peut pas moins peser que la masse d'or, sinon à proportion de l'argent qu'elle contient, il collige par l'inegalité du poids, combien il y a d'argent meslé auec l'or en cette maniere. Si la masse d'or egale en grandeur a la couronne pese 20. liures, & celle d'argent 12. liures la couronne ou corps mixtionné pesera plus que l'argent, a raison de l'or qu'elle contient, & moins que l'or à proportion de l'argent, posons qu'elle pese 16. liures, c'est à dire 4. liures moins que l'or, là ou l'argent pese 8. liures moins, Nous dirons donc par la reigle de trois. Si le defaut de 8. liures prouient de 12. liures d'argent, d'où prouiendra le defaut de 4. liures ? & en cette hypothese viendront 6. liures d'argent. Voila comme pour l'ordinaire on explique l'inuention d'Archimede.

qui par Algebre, qui par la reigle de faux, qui auec la simple reigle de trois, mais il faut tousiours supposer que la couronne est massiue & non creuse, autrement nous pourrions obiecter pour l'orfeure, qu'il y a des Paralogismes en cette inuention.

EXAMEN.

TOntes ces inuentions vont bien à découurir le meslange en la couronne: mais non pas iusques a pouuoir specifier la qualité du meslange, c'est à dire quel metail ou combien de metaux l'Orfebure auroit allié auec l'or: si ce n'estoit que de ce temps-là on n'eut cogneu qu'vn seul alliage, comme celuy de l'argent auec l'or, ou celuy du cuiure auec le mesme; Et pour simplement cognoistre le meslange, deux choses suffisent; Sçauoir la Couronne & vn solide d'or égal en poids: où bien la Couronne & vn solide d'or égal en volume: mais supposé que ce fut de l'argent ou du cuiure, pourueu que la Couronne soit solide. par ces inuentions non seulement on decouurira le meslange: mais aussi on specifiera la quantité d'vn chacun metail entré en la composition. D. A. L. G.

Peut estre que quelques vns iugeront cette façon plus facile & certaine. Soit vne couronne meslée d'or & de cuiure, qu'on pesera premierement en l'air, & puis dedans l'eau. Dans l'air son poids sera de 18. liures par exemple, & par ce que dessus, il est certain que dedans l'eau si elle estoit toute d'or, elle ne peseroit que 17. liures, si toute de cuiure que 16. liures, mais parce qu'elle est meslée d'or & de cuiure elle pesera moins que 17. &

plus que 16. liures, à proportion du cuiure meslé: posons le cas quelle pese 16. liures trois quars. Ie feray pour l'ors vne reigle de proportion disant. Si la difference d'vne liure de perte qui est entre 16. & 17. respond à 18. liures de cuiure, à quoy respondra la difference d'vn quart qui est entre 17. & 16. trois quars? viendront 4. liures & demie pour le cuiure meslangé auec l'or.

IV. Trois hommes ont 21. tonneaux à partager entr'eux: dont il y en a 7. pleins de vin, 7. vuides, & 7. pleins à demy, l'on demande comme se pourra faire le partage, en sorte que trois ayant de tonneaux & de vin autant l'vn que l'autre.

CEla se peut faire en deux façons suiuant ces nombres 2. 2. 3. ou bien 3. 3. 1. qui seruent de direction, & signifient par exemple, que la premiere personne doit auoir 3. tonneaux pleins & autant de vuides (car chacun en doit tousiours prendre autant de pleins que de vuides , & par consequent la mesme personne n'en doit auoir qu'vn à demy plein pour accomplir les 7. La seconde personne doit estre partie tout de mesme. Mais la troisiéme doit auoir vn tonneau plein 1. vuide & 5. à demy pleins, par ainsi chacun aura 7. tonneaux & chacun trois & demy pleins de vin, c'est à dire autant de tonneaux & de vin l'vn que l'autre.

Or pour soudre generalement toute question semblable , diuisez le nombre des tonneaux par celuy des personnes, & si le quotient ne vient vn nombre entier, la question est impossible, mais quand

quand c'est vn nombre entier il en faut faire autant de parties qu'il y a de personnes, pourueu que chaque partie soit moindre que la moitié dudict quotient, comme diuisant 21. par 3. viennent 7. pour le quotient, que ie couppe en ces 3. parties 2.2.3. ou bien 3.3.1. dont chacune est moindre que 3. & demie qui est la moitié de 7.

V. Il y a vne perche ou eschelle dressée contre vne muraille haute de 10. pieds, quelqu'vn luy donne pied tirant le bout d'embas sur le paué, l'espace de 6. pieds; ie demande combien elle aura descendu au haut de la muraille.

RESponse. Elle ne sera abbaissée que de 2. pieds car puisque la perche a 10. pieds, il faut par la regle Pithagorique que son quarré soit égal au quarré de 6. pieds, qui sont au long du paué, & au quarré de la hauteur qu'elle attaint en la muraille, Or le quarré de 10. est 100. le quarré de 6. est 36. & pour égaler 100. il faut adiouster à 36. le nombre 64. duquel la racine est 8. il faudra donc que la perche attaigne iusques à la hauteur de 8. pieds & consequemment elle ne sera abbaissée que de deux pieds.

PROBLEME XC.

Procez facetieux entre Caius & Sempronius, sur le faict des figures, qu'on appelle Isoperimetres ou d'égal circuit.

NE vous estonnez pas si ie fais entrer les Mathematiques dans le barreau & si ie cite icy Bartole, puisque luy mesme tesmoigne en la Tyberiade, qu'estant ia vieux Docteur, il se fit apprendre en matiere de Geometrie, pour commenter certaines loix touchant la diuision des champs, des isles fluuiatiques, & autres incidents; Ce sera pour monstrer en passant, que ces sciences sont encores profitables aux iurisconsultes, pour expliquer plusieurs loix, & vuider les procez.

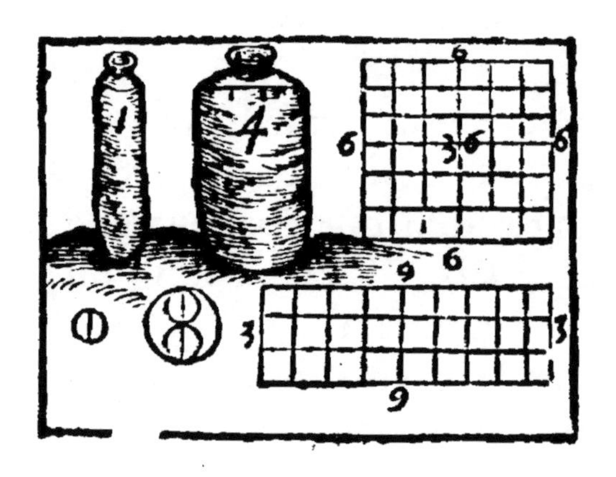

I. Incident.

CAius auoit vn champ parfaictement quarré, contenant 24. pieds en circuit, 6. de chaque costé: Sempronius desirant s'en accommoder le pria d'en faire eschange contre quelque autre piece de terre équiualente, & le marché cõclud, il luy donna en contr'eschange, vne piece qui auoit tout autant de circuit, mais n'estoit pas quarrée, ains quadrangulaire, ayant 9. pieds de long & 3. de large. Caius qui n'estoit pas des plus fins, ny des plus sçauants du monde, accepta ce marché du premier abord; mais du depuis ayant pris conseil d'vn bon arpenteur & Mathematicien, trouua qu'on l'auoit trompé, & que son champ contenoit 36. pied quarrez, là où l'autre n'en auoit que 27. chose facile à cognoistre multipliant à l'ordinaire la longueur du champ par sa largueur, ou bien resoluant l'vn & l'autre en pieds quarrez. Sempronius contestant à l'encontre, se targuoit de ses paralogismes les figures qui ont mesme circuit sont égales entr'elles, mon champ à mesme circuit que le vostre, donc il luy est égal. Cela est bien suffisant, pour empescher vn iuge ignorant les Mathematiques, mais vn bon Mathematicien eut facilement descouuert la fourbe, sçachant bien que les figures Isoperimetres, ou d'égal circuit, n'ont pas tousiours vne mesme capacité, ains qu'auec le mesme circuit on peut faire vne infinité de figures, qui seront tousiours de plus en plus capables, à mesure qu'elles auront plus d'angles & de costez égaux, & qu'elles seront plus approchantes du cercle, qui est la plus capable figure de toutes, à cause que toutes ses parties sont éloignées les vnes des autres, & du milieu tant que faire se peut. Ainsi voyons nous par régle & experience infaillible, qu'vn quarré est plus capable qu'vn triangle de mesme circuit, & vn pantagone qu'vn quarré, & ainsi des autres, pourueu que ce soient figures regulieres qui ayent tous les costez égaux. Car autrement il se pourroit faire qu'vn triangle regulier, ayant 24. pieds de tour, fut plus capable qu'vn quadrangle ou bord long. qui auroit aussi 24. pieds de tour, ayant par exemple 11. pieds de long, & 1. de large.

Il faut repeter icy la figure cy dessus pag. 274.

II. Incident.

SEmpronius ayant emprunté de Caius vn sac de bled qui auoit 6. pieds de haut & 4. de large, quand il fut question de luy rendre, prit quatre sacs qui auoient chacun 6. pieds de haut & 1. pied de largeur. Qui ne croiroit, que ces sacs estans pleins de bled, valoient autant pour satisfaire à Caius, qu'vn seul sac de mesme hauteur, qui n'auroit aussi que 4. pieds de large; Il y a grande apparence de le croire, & neantmoins (l'experimente qui voudra) ces quatre sacs ne sont que le quart de ce que Sempronius auoit emprunté. Car vn cylindre ou vn sac, ayant vn pied de large & 6. de haut, est contenu seize fois dans vn sac ou cylindre qui a 4. pieds de large & 6. de haut; chose facile à demonstrer par les principes d'Euclide.

III. Incident.

QVelqu'vn a vn poulce d'eau d'vne fontaine publicque, & pour plus grande commodité du logis, ayant permission d'auoir encore vne fois autant d'eau, il faict faire vn tuyau qui a deux poulces en diametre, vous diriez incontinent qu'il a raison, & que c'est pour auoir iustement deux fois autant d'eau qu'il auoit. Mais si le Magistrat entend quelque chose en Geometrie, il le mettra fort bien à l'amende, pour en auoir pris quatre fois autant; Car vn trou circulaire qui a deux poulces en diametre, est 4. fois plus grand & rend 4. fois plus d'eau que celuy qui n'a qu'vn poulce.

Vne infinité de semblables cas peuuent suruenir, capables de bien empescher des Iuges & des Magistrats, qui n'ont que peu ou point estudié en Mathematique. Mais ce que i'en ay dit, suffira pour le present.

PROBLEME XCI.

Contenant diuerses questions en matiere de Cosmographie.

I. Question sera, Ou est le milieu du monde.

IE ne parle pas icy en Mathematicien, mais comme le vulgaire qui demande ou est le milieu de la terre, & en ce sens absolument parlant il n'y a point de milieu en sa surface: car le milieu d'vn globe est par tout. Neantmoins respectiuement parlant l'Escriture Saincte faict mention du milieu de la terre, & les interpretes explicquent ces paroles de la ville de Hierusalé située au milieu de la Palestine, & de la terre habitable. En effect qui prendroit vne mappemonde, mettant le pied du compas sur la ville de Hierusalem, & estendant l'autre iambe pour encerner tous les pays habitables en Europe, Asie & Affrique, trouueroit que Ierusalem est comme le centre du cercle, qui enuironneroit tous ces pays.

II. Question, Quelle & combien grande est la profondeur de la terre, la hauteur des cieux, & la rondeur du monde.

LA terre a de profondeur iusques au centre 3436. milles ou l'ieuës d'Italie, deux desquelles font vne lieuës de France. Son tour comprend 21600. milles.

Depuis le centre iusques à la Lune, il y à bien 56. demy diametres de la terre, c'est a dire enuiron 192416. milles. Iusques au Soleil 1142. demy diametres de la terre, c'est à dire 3924912. milles, prenant l'vn & l'autre astre, au milieu de son ciel. Iusqu'aux estoilles fixes, qui brillent dans le firmament, 14000. demy diametres de la terre, c'est à dire 48104000. milles. Selon la plus vraye semblable opinion de Tycho Brahé.

Or de toutes ces mesures, l'on peut colliger par supputation Arithmeticque, plusieurs propositions gaillardes en cette façon.

Si l'on auoit faict vn trou dans terre, & qu'vne meule de moulin descendant par ce trou, fit à chaque minute vn mille, encore mettroit elle plus de 2. iours & 9. heures, auant que d'atteindre le centre.

Quand quelqu'vn feroit tous les iours 10. lieuës, il employeroit presque 3. ans à faire le tour de la terre. Et si vn oiseau faisoit ce tour en 24. heures, il faudroit qu'il volast par l'espace de 450. lieuës françoises en vne heure.

La Lune faict plus de chemin en vne heure, que si durant la mesme heure, elle parcourroit deux fois tout le rond de la terre.

Si quelqu'vn faisoit tous les iours 10. lieuës,

en montant vers le Ciel, il luy faudroit plus de 29. ans, pour arriuer iusqu'à la Lune. *A son compte il n'en faudroit pas plus de 23. & enuiron 30. iours, D. A. L. G.*

Le Soleil faict plus de chemin en vn iour, que la Lune n'en faict en 12. parce que le tour du Soleil est 12. fois pour le moins plus grand, que celuy de la Lune.

Vne meule de moulin, qui feroit en descendant mille lieuës par chacune heure, mettroit encore plus de 90. iours à tomber depuis le Soleil iusqu'en terre.

Le Soleil faict en vne heure cinq cents treize mille & neuf cents lieuës, & en chaque minute, qui est la soixantiéme partie d'vne heure il fait bien 8565. lieuës, & n'y a boule de canon, fléche, foudre ou tourbillon de vent, qui se meuue d'vne pareille vitesse.

C'est encore toute autre chose de la vitesse des estoilles du firmament. Car vne estoile fixe située dans l'Equateur, iustement entre deux poles, faict en vne heure 2520018, milles d'Italie, autant qu'vn cheualier qui feroit tous les iours 40. milles en pourroit parcourir en 1726. ans. Autant que si quelqu'vn faisoit en moins d'vne heure, plus de mille fois le tour de la terre, & en moins d'vn Aue Maria, plus de sept fois. I'estime pour moy que si l'vne de ces estoilles voloit dedans l'air & autour de la terre auec vne si prodigieuse vistesse, elle brusleroit & calcineroit tout ce bas monde. Voila comme le temps vole auec les astres, & cependant la mort vient.

III. Si le Ciel ou les astres tomboient qu'en arriueroit-il?

Vous me direz incontienẽt, qu'il y auroit beaucoup d'allouëttes prises, & les anciẽs Gaulois disoiẽt qu'ils ne craignoiẽt autre chose que cete chute. Voire mais si la trop grãde chaleur, ou les autres malignes influẽces n'estoient à craindre, vn Mathematicien pourroit biẽ icy faire le hardy: car puisque le Ciel & les astres sont de figure ronde, quãd ils tõberoient ils ne toucheroient la terre, qui est aussi rõde, qu'en vn poinct, & hors de là il n'y auroit pas grand danger, pour ceux qui seroient éloignez de ce poinct. Que si plusieurs estoilles tomboient toutes à la fois de diuerses contrées, elles s'empescheroient les vnes les autres, & s'entretiendroient en l'air, deuant que de tomber iusqu'a terre.

IV. Comment se peut-il faire, que de deux Gemeaux qui naissent en mesme temps, & meurent puis apres ensemble, l'vn ayt vescu plus de iours, que l'autre?

Cela est aisé à cõceuoir, posé le cas que l'vn d'eux s'en aille voyager vers l'Occident, & l'autre vers l'Orient. Car celuy qui va vers l'Occident, suiuant le cours du Soleil, aura les iours plus longs, l'autre qui va vers l'Orient les aura plus courts, & au bout de quelque temps en comptera plus que l'autre. Cela est arriué en effect pour le regard des nauires qui demarent de Lysbonne, & de Seuille, pour voyager aux Indes Occidẽtales & Orientales.

On n'auroit iamais faict, si on vouloit mettre soubs la presse toutes les autres faceties de Mathematique qui se presentent à la foule pour entrer dans ce liure, il en faut laisser plusieurs en arriere, retrancher le reste, & se contenter pour ce coup. Peut estre qu'vne autre impression vous les fera voir étenduës plus au long.

FIN.

LA SECONDE PARTIE DES RECREATIONS MATHEMATIQVES.

COMPOSEE DE PLVSIEVRS Problemes plaiſans & facetieux en faict d'Arithmetique, Geometrie, Aſtrologie, Optique, Perſpectiue, Mechanique & Chymie, & autres rares ſecrets non encor veus, ny mis en lumiere.

Enrichies d'obſeruations, ſcolies, & Corolaires ſeruans à l'explication des choſes les plus difficiles de cét œuure.

A PARIS,
Chez ANTHOINE ROBINOT, au quatriéme pillier de la grand' Salle du Palais.

M. DC. XXX.

Auec Priuilege du Roy.

AV LECTEVR.

APRES auoir leu & examiné la premiere partie de ce Liure diuersifiée de quantité de propositions plaisantes & serieuses, qui peuuent occuper les mediocres & bons esprits du temps, plus vtilement qu'vn tas de Romans infructueux, que les Autheurs modernes nous distribuent à plus grand prix, que vne Somme de S. Thomas, ou vne Philosophie d'Aristote, ou que les escrits d'Archimede ou de Steuin: I'ay creu que le temps que i'employerois à vne seconde partie, entée en approche (pour tenir assez de la nature de la premiere, & suiure à peu pres le dessein de l'Autheur) ne seroit pas entierement perdu, & ne rendroit pas vn diuertissement inutile à ceux qui voudroient s'en donner le loisir de la lire: I'ay donc choisi vn petit nombre de Problemes parmy toutes les parties de Mathematique, que les plus penetrans pourront faire multiplier iusques à vn bien plus grand: tirant par des inductions & consequences quantité de rares secrets vtiles pour toutes sortes de professions: Comme par voye Chymique d'vne matiere inutile & ineficace on peut tirer des essences tres medecinales & salutaires: Ie ne me suis point, non plus que l'Autheur de la premiere partie, arresté aux demonstrations, tant pour ne m'esloigner point de son dessein, que pour n'embarrasser pas l'esprit de ceux qui le pensant relascher par ceste lecture, le retiendroient plus fort qu'auparauant, pour ne desmesler vne si penible fuzee. En vn mot, mon dessein est de contenter le public, & ne mescontenter pas l'Autheur.

LA SECONDE PARTIE DES RECREATIONS MATHEMATIQVES.

PROBLEME. I.

Trouuer l'année Bissextile, la lettre Dominecale & la lettre des Mois en deux manieres.

FAVT premierement diuiser 123. ou 124. ou 125. ou 26. ou 27. selon l'année qui court par 4. années, ou l'on rencontre Bissexte, & ce qui vient au reste c'est l'année Bissextile, comme s'il vient 1. c'est la premiere année, si 2. c'est la deuxiéme, &c. Et si 0. c'est l'année de Bissexte, & le quotient de la diuision monstre combien il s'est faict de Bissexte, en 123. 24. 25. 26. ou 27. années.

Autrement.

Faut diuiser 123. 24. 25. 26. ou 27. par 28. qui est le Cycle Solaire ou reuolution des lettres Dominicales, & ce qui vient au reste c'est le nombre des jointures qui faut compter par *Filius esto Dei cœlum bonus accipe gratis*, & là où se termine le nombre, c'est le doigt qui monstre l'année qui court, & au mot du vers la lettre Dominicale.

Exemple.

Diuisez 123. par 28. en ceste année-là, & ainsi en toutes les autres années, vient 4. & 11. qui restent. Il faut donc compter iusques à 11. mots de *Filius esto Dei cœlum bonus accipe gratis*, sur les iointures, à commencer par la premiere jointure de l'Index, & on aura le requis.

A present pour cognoistre la lettre Dominicale de chaque mois, faut compter depuis Ianuier iusques au mois requis inclusiuement : & s'il y a 8. ou 9. 7. ou 5. &c. faut commencer sur le bout des doigts depuis le poulce, & compter, *Adam degebat*, &c. autant de mots comme il y a de mois, & lors on a la lettre qui commence le mois. Puis pour sçauoir le quantiesme du mois proposé, faut voir combien de fois 7. est compris dans le nombre des iours & prendre le reste : posé que ce soit 4. on compte sur le premier doigt dedans & dehors, par les jointures, iusques au nombre de 4. puis finissant au bout du doigt, on infere de là que le iour requis est vn Mercredy, le Dymanche se marquant à la premiere jointure de l'Index. Et par ainsi vous aurez l'an qui court, la lettre Dominicale, la lettre qui commence le mois, & tous les iours du mois.

PROBLEME II.

Trouuer nouuelle & pleine Lune en chaque mois.

FAVT adiouster l'Epacte de l'année qui court & le nombre des mois, commençant par Mars: puis soubstraire le surplus de 30. du mesme nombre 30. & le reste est le tantiesme où commence nouuelle Lune, & y adioustant encor 14. vous aurez pleine Lune.

Notez.

Que l'Epacte se faict tousiours par 11. qui s'adioustent iusques à 30. & s'ils passent, le surplus est l'Epacte: comme s'il se trouue 33. Ceste année là on aura 3. d'Epacte, auquel nombre adioustant 11. vous aurez l'Epacte de l'année suiuante, & ainsi consecutiuement, recommençant tousiours estant paruenu au nombre de 30.

PROBLEME. III.

Trouuer la latitude des Pays.

A Ceux qui habitent au deça du Tropique de Cancer, depuis le 20. de Mars iusques au 25. de Septembre, qui contient le Printemps & l'Esté, faut adiouster la Declinaison du Soleil, trouuee dans les Tables ou dans le Globe Celeste, auec la distance du Zenit au Soleil, trouuee à l'aide de l'Astrolable ou de la carte du cercle, & on aura la latitude requise.

Item depuis le 23. de Septembre iusques au 20. de Mars, soubstrayez la Declinaison du Soleil de la distance du Zenit au Soleil, & le reste sera la latitude.

PROBLEME IV.

Trouuer le Climat de chaque Pays.

FAut prendre la difference entre 12. heures & le plus long iour, & doubler ceste difference, qui fera le nombre des Climats.

Exemple.

Ceux qui ont le plus long iour de 18. heures, 6. est la difference de 12. à 18. doublez-les, & vous aurez 12. qui est le nombre des Climats.

Notez.

Que les Climats sont paralelles à l'Equator &

aux Tropiques, & coupent le Meridien en angles droicts, & s'appellent inclinations ou pantes du Ciel, par Vitruue : Et est à noter que la latitude du premiere Climat est plus grande que celle du second, & ainsi consecutiuement & proportionnellement iusques au dernier, qui est le 66. à 24. de chaque costé de l'Equator iusques aux Cercles Arctiques & Antarctiques qui sont 48. (& sont semy heures) & 9. à chaque espace des deux Cercles iusques aux deux Poles, lesquels sont appellez Climats 20. iours, à cause que le plus long iour à ceux qui ont le Cercle Arctique ou Antarctique pour Zenit, est 20. iours, & ainsi consecutiuement iusques à 6. mois de iour, & autant de nuict.

La longitude des Climats est la ligne tirée d'Orient en Occident paralelle à l'Equinoctiale : c'est pourquoy l'estenduë ou longueur du premier Climat, est plus grande que celle du second, & du deuxiéme que du troisiéme, &c. à cause que la superficie de la Sphere se retressit tousiours venant de l'Equinoctial vers le Pole.

Deffinition des longitudes & latitudes des Pays & des Estoilles.

Premiere definition.

Longitude d'vn Pays est l'arc de l'Equator, compris entre le Meridien des Assores, (à cause que c'est la partie la plus Occidentale) & le Meridien du lieu proposé à trouuer.

Notez.

Qu'on peut prendre diuers premiers Meridiens, veu que les anciens Astronomes posoient le premier Meridien aux Colomnes d'Hercules qui est le destroit de Gilbatar; d'autant qu'ils ne cognoissoient pas de pays plus Occidental, & se trouue par le moyen du Globe terrestre.

Seconde definition.

La latitude d'vn Pays ou d'vne Ville, est lespace entre l'Equator & le Zenit du lieu proposé, tellement qu'elle peut estre, ou Meridionale ou Septentrionale, si le lieu proposé est au delà ou au deçà de l'Equator: Latitude donc est ât l'espace entre le Zenit & l'Equator, ayant l'esleuation Polere on la peut trouuer facilement, d'autant qu'elle est égale à ladite esleuation.

Troisieme definition.

Longitude d'vne Estoille est l'Arc de l'Ecliptique, compris entre la section vernale & le Meridien de ladite Estoille & sa latitude, l'espace de l'Ecliptique à icelle Septentrionale ou Meridionale.

Belle Remarque.

Sous la Ligne Equinoctiale aupres de la Guynée, il y a deux sortes de Vents qu'on nomme Ordinaires : lesquels soufflent chacun six mois, & c'est ce qui faict que le Soleil estant Nord, le flux de la Mer est Nord : & estant Sud, il est Sud. Ceux qui nauigent vers les Indes Orientales, partant trop tarp d'icy, & rencontrant vn de ces vents vis à vis de la Guynée, ne peuuent passer outre s'il leur est contraire, & faut qu'ils s'en reuiennent ou qu'ils attendent 2.3. ou 4. mois, iusques à ce que l'autre vent aye repris son arro. Ils sont Collateraux.

PROBLEME V.

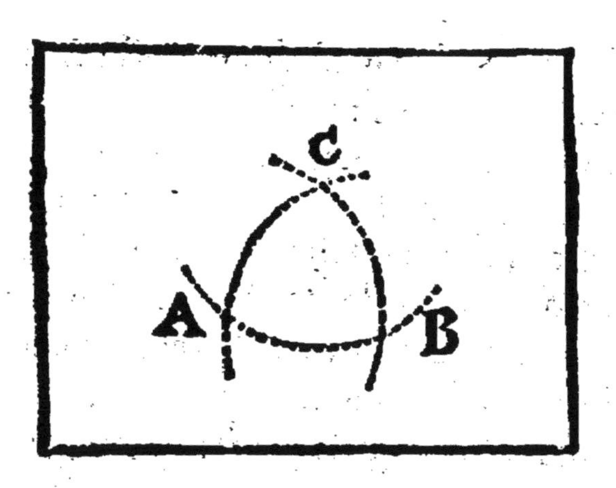

Faire vn triangle dont les trois angles seront esgaux à trois droicts, contre l'Axiome general, qui dit que tout triangle les trois angles sont esgaux à deux droicts.

FAut ouurir vostre compas à volonté, & sur le poinct A. descrire le segment du Cercle BC. derechef, & de la mesme ouuerture du cõpas dessus le poinct B. descrire AC. puis finalement sur C.

descrire BA. & vous aurez le triangle spherique equilateral, dont les 3. angles seront droicts estans de 90. decrez chacun, & qui ne se peut iamais rencontrer aux triangles plans, soit qu'il soient Equilateraux, Isocelles, Scalences, Rectangles ou Oxigones.

PROBLEME VI.

Diuiser vne ligne en autant de parties esgales qu'on voudra, sans compas & sans y voir.

CEste proposition est fallacieuse, & ne se peut pratiquer que sur le Monocordon, car la ligne Mathematique qui procede du flux du poinct, ne se peut diuiser de la sorte : Faut donc auoir vn instrument qu'on appelle Monocordon, à cause qu'il n'y a qu'vne corde, c'est pourquoy si vous desirez diuiser vostre corde en la tierce partie coulez vostre doigt sur les touches, iusques à ce que vous rencontriez vne tierce de Musique ; si à la quatriesme partie, vne quarte ou vne quinte, &c. vous aurez le requis.

PROBLEME. VII.

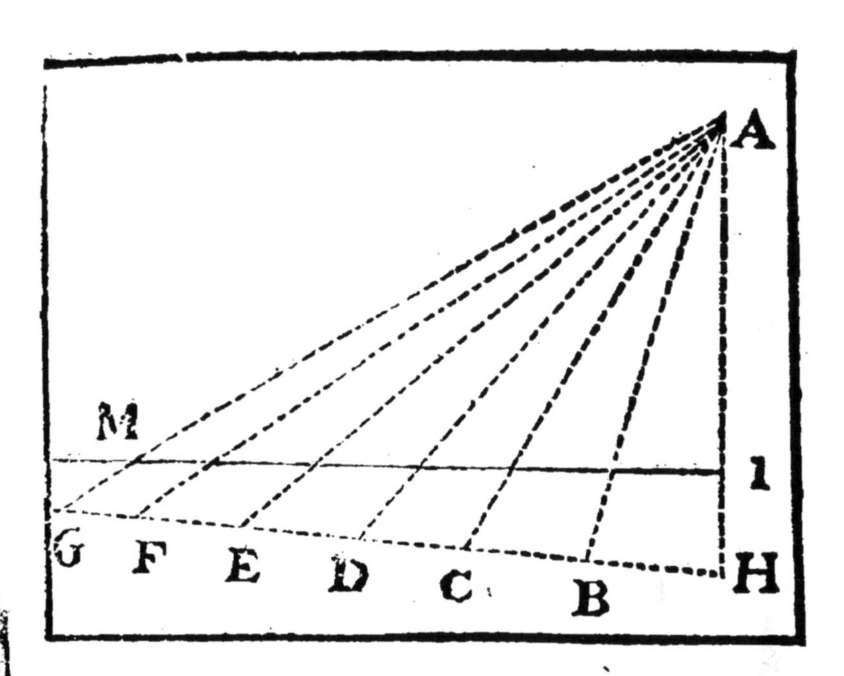

Mener vne ligne laquelle aura inclination à vne autre ligne, & ne concurrera iamais contre l'Axiome des paralelles.

C'Est par le moyen d'vne ligne qu'on appelle Conchoïde, laquelle prolongee à l'infiny en vn mesme plan aupres d'vne ligne droicte ne la rencontre iamais, elle a esté en grande estime chez les Anciens : Elle se fait en ceste sorte.

Menez vne ligne droicte infiniement, & sur son terme finy esleuez vne perpendiculaire, & la prolongez au dessous de l'espace que vous voudrez donner a vos deux lignes, puis du poinct A. menez des lignes à l'áduanture , comme AB. AC. AE. AF. AG. &c. puis fermez toutes ces lignes par vne autre de l'espace HI. & vous aurez la ligne requise, qui est HG.

PROBLEME. VIII.

Trouuer combien la Terre est plus grande que l'Eau.

LA solidité de la terre & de l'eau ensemble, se trouue de 2141547143[3]. La solidité de la Terre seule se trouue 2132306391[7]. La difference donc entre ces deux nombres, c'est 92907516. qui est pour l'Eau: diuisant donc la solidité de la Terre seule par la difference, viendra au quotient 230. qui est ce que la terre est plus grande que l'Eau, le requis.

PROBLEME. IX.

Obseruer la variation du Boussolle en chaque Pays.

FAut descrire vn grand Cercle sur quelque plan ou terrain, n'importe où, pourueu que le Soleil donne dessus au Midy, & au milieu poser vn gnomon ou style, de la longueur qu'on iugera à propos : vne heure donc auant Midy faut obseruer l'ombre du Soleil par le moyen de ce style & marquer le lieu où elle donnera ; puis derechef à vne heure apres Midy faire vne seconde obseruation de son lieu, puis diuiser ceste espace en deux esgalement, & mener vne ligne droicte qui sera la ligne Meridionale : alors faudra sur le demy Cercle vers lequel declinera l'aiguille Aymantée, en prendre la moitié & la diuiser en 90. degrez, puis poser sur ladite ligne Meridionale le Boussole, alors on pourra remarquer combien de degrez elle decline du Nord, qui est vne curiosité qui ne'st pas commune.

PROBLEME. X.

Trouuer en tout temps auec certitude tous les rung de Vent selon les trente-deux diuisions des Nautonniers.

Faut au premier plancher d'vne Tour, comme C. qui soit bien poly & plastré, faire vn Cercle diuisé en trente-deux parties esgales, & auoir vn Boussole aupres de vous pour faire vos lignes de diuision selon les vrayes parties du Monde, & escrire leurs noms tout autour, & faire que la verge de la giroüette aye vn bien libre mouuement, & soit la plus legere que faire se pourra & la plus courte aussi, c'est pourquoy faut faire la charpente de la Tour assés basse : mais neantmoins la massonnerie fort haute & exposée à tous vents sans abry, au bout d'icelle verge on attachera vne aiguille qui vous monstrera ce que vous demandez.

PROBLEME XI.

Mesurer vne distance inaccessible, comme vne riuiere, sans la passer, auec le chappeau.

FAut qu'vn homme estant sur le bord de la riuiere, aye son chappeau sur sa teste, en sorte que le bord d'iceluy borne sa veuë & l'empesche de voir au dela du bord de la riuiere, se rencontrant directement dans la ligne visuelle : Alors qu'il se soustienne le menton d'vn petit baston, qu'il appuyera sur le tantiesme bouton de son pourpoinct à fin de tenir sa teste en estat, pour la sçauoir replacer apres en mesme lieu, qu'il prenne garde de remuer son chappeau, mais n'importe pour la teste. Estant donc dans vne plaine, qu'il se mette en la mesme posture, & remarque où se termine sa veuë : puis qu'il mesure de ce poinct là iusques à luy ;

luy; La distance qui s'y trouuera sera égale à la largeur de la riuiere.

PROBLEME. XII.

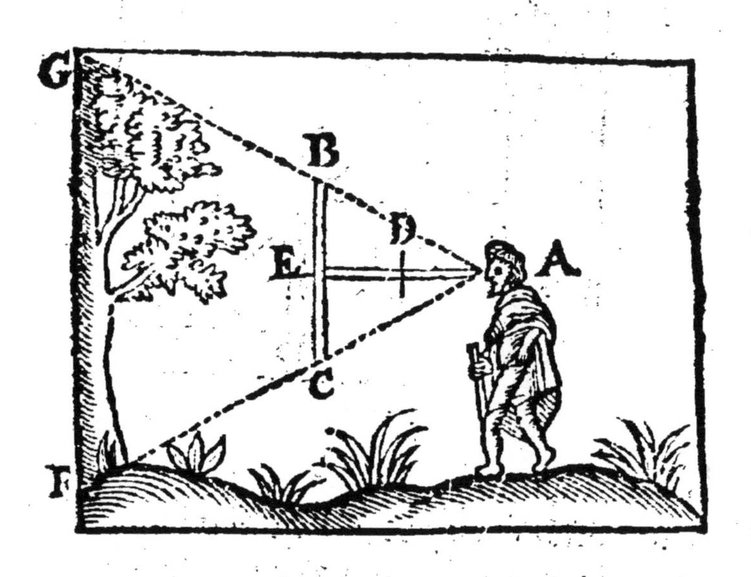

Mesurer la hauteur d'vne Tour ou d'vn Arbre, par le moyen de deux petit bastons ou de deux paille, sans autre formalité.

FAVT auoir deux bastons tellement proportionnez, que EB, soit égal de DE. & DE. de DA. alors posant le poinct A. proche de l'angle de l'œil & fermant l'autre, faut se reculer ou s'auancer iusques à ce que les rayons visuels descouurent le poinct de hauteur G. & de profondeur ou de racine si c'est vn arbre F. Alors mesurez la distance qu'il y a de vostre pied aupres de l'arbre, & vous aurez la hauteur d'iceluy : ce qui est requis.

Autrement & mieux.

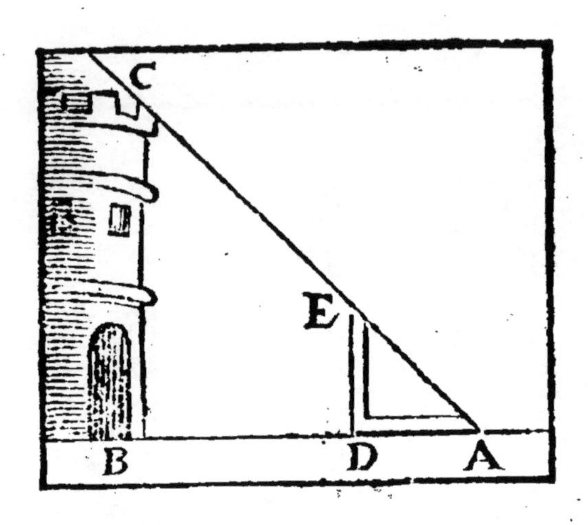

Prenez vne Esquerre, comme A. D. E. qui aye les deux costez égaux, & posant A. à l'œil faut s'aduancer ou reculer, iusques à ce que les rayons visuels s'accordent en B. & C. passant par D. & E. alors la distance AB. sera égale à la hauteur B C. ce qui est le requis.

PROBLEME. XIII.

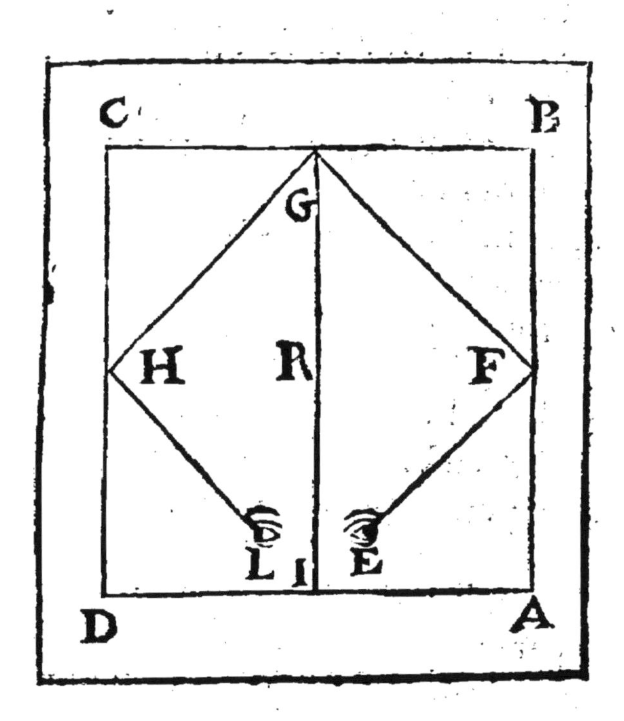

Trouuer le moyen de faire voir à vn Ialoux dedans vne chambre, ce que fait sa femme dans vne autre, nonobstant l'interposition de la muraille.

FAVT appliquer trois miroirs dedans les deux chambres, dont l'vn sera attaché au plancher, & sera commun, estant posé au haut de l'ouuerture qu'il faut donner à la muraille, à fin qu'ils se puissent communiquer les especes l'vn à l'autre par leurs reflexions: Les deux autres seront appliquez contre les deux murailles opposites en angles droicts, comme le demonstre la precedente figure aux poincts B. & C.

Alors le visible E. par la ligne d'Incidence FF. tombant sous le miroir B A. se reflechira en la superficie du miroir BC. au poinct G. tellement que si vn œil estoit en G, il verroit E. soubs la cachete d'Incidence, que ie n'explique point pour ne choquer l'intention de l'Autheur qui n'a voulu proceder aux demonstrations.

Maintenant l'image deuient visible, tellement que ce mesme visible, E. se reflechira sur le troisiesme miroir au poinct H. & l'œil qui seroit en A. verroit l'image E. au poinct de cachete, comme i'ay dit, lequel image deuenant visible, l'œil du Ialoux qui est en L. & qui est dans les impatiences de voir les postures de sa femme, void l'image de F. au poinct que i'ay dit, par le moyen du troisiesme miroir sur lequel s'est faict la seconde reflexion: Et voila par ce moyen la curiosité du cœur satisfaite abondamment, quoy que la multiplicité des reflexions diminuë les images, & faict paroistre l'object plus esloigné qu'il n'est.

Corolaire. I.

Par ceste inuention de reflexions, les assiegez d'vne Ville peuuent voir de dessus le rempart, nonobstant le parapel, ce que les assiegeans font dans le creux du fossé, appliquans vn miroir sur le haut de la muraille, en sorte que la ligne d'incidence partant du fond du fossé, face vn angle égal à la ligne de reflexion, laquelle partant du poinct d'Incidence fera voir l'image des assiegeans à celuy qui est sur le rempart.

Corolaire. II.

De là, on infere que les mesmes reflexions se

peuuent garder dans vn Polygone regulier, de tant de costez qu'il puisse estre, posant autant de miroirs plans comme il y a de costez, deux. Car alors le visible estant posé en l'vn, & l'œil en l'autre, l'on verra l'image comme il est requis.

Corolaire III.

De là s'ensuit, que nonobstant l'interposition de plusieurs murailles & plusieurs chambres ou cabinets, on peut voir ce qui se passe dans le plus reculé, appliquant autant de miroirs qu'il y a d'ouuerture aux murailles, & leur faisant receuoir les lignes d'Incidence en angles égaux : c'est à dire faisant en sorte ou par voye Mechanique, ou par voye Geometrique, comme auec vn Geometre, que les pointes d'Incidence se rencontrent au milieu des glaces : Tout ce qu'il y a de defaut, c'est que l'image passant par trop de reflexions se diminuë à mesure qu'il s'esloigne du poinct d'où il a party comme i'ay dit.

PROBLEME XIV.

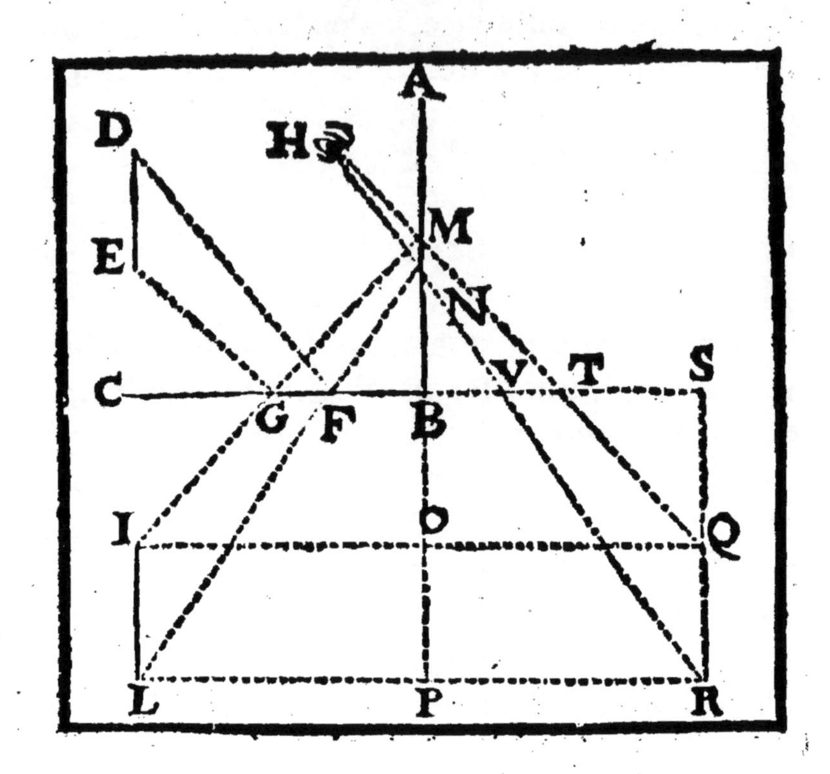

Par le moyen de deux miroirs plans, faire voir vn Image volant en l'air, ayant la teste en bas.

LEs deux miroirs plans soient AB. & BC. faisant ensemble vn angle droict ABC. G. vn des miroirs comme BC. soit selon le plan de l'horison, que le visible de l'œil soit en quelque lieu comme en H. la nature fera d'elle-mesme que le poinct D. se reflechira en N. par F. & de là en H. de mesme le poinct E. se reflechira en M. & de là en H. par G. & le visible ED. sera veu par vne double reflexion en QR.

Le poinct sublime D. en R. & le poinct E. en Q. renuersé par ce moyen comme il a esté proposé, prenant D. pour la teste d'vn homme & E. pour le pied, ce sera donc vn homme renuersé, qui paroistra voler en l'air comme Icare, s'il à le moindre mouuement & si on luy veut attacher des aisles au dos : & si le miroir est assez grand pour pouuoir receuoir plusieurs reflexions, à fin de tromper d'auantage la veuë, en l'admiration de l'image & au changement de sa couleur.

PROBLEME XV.

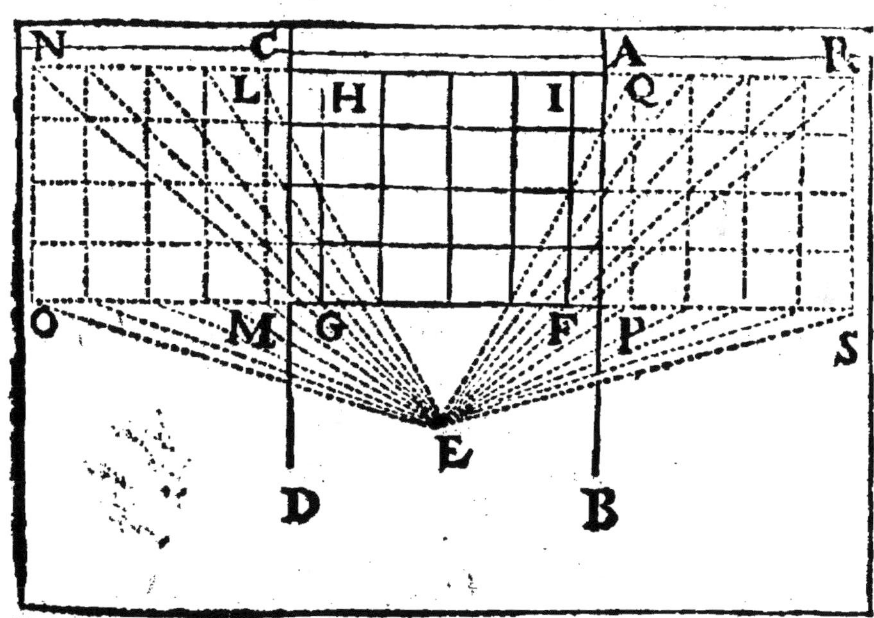

Disposer deux miroirs plans, en sorte qu'vne seule compagnie de Soldats paroissent vn Regiment, c'est à dire, que vne petite quantité se multiplie iusques à vn grand nombre.

LEs deux miroirs plans proposez soient AB. CD. lesquels doiuent estre fort grands, pour representer des hommes au naturel, & moindres pour des petites figures racourcies, de bois ou de plomb ; voilà comme il faut trauailler :

Faut arranger sur vne table vn petit bataillon qui est icy en carré EGHI. Il n'importe s'il est carré d'hommes ou de terrain : Que chaque miroir soit placé perpendiculairement sur la table, suposée fort plane & égale, & que les assiettes soient paralelles, il faut que les miroirs soient la moitié plus proches des dernieres files, que l'espace entre les files : Ie dy que le bataillon se multipliera & paroistra beaucoup plus grand en apparence qu'il ne le sera en effect.

Corolaire. I.

Par ceste inuention on peut faire vn petit Cabinet de trois ou quatre pieds de long, & deux pieds & demy de largeur, ou plus ou moins n'importe, lequel estãt remply, soit de rochers ou autres telles choses, comme d'argent ou de pierreries, les parois dudit Cabinet estans reuestuës de miroirs plans, ces visibles paroisteront contenir d'vne grandeur excessiue, par la multiplicité des reflexions : Et à l'ouuerture dudit Cabinet (ayant mis quelque chose qui cache lesdits visibles) ceux qui regarderont dedans se tromperont facilement, y croyant plus de figures, de pierreries, & d'argent qu'il n'y en a.

PROBLEME. XVI.

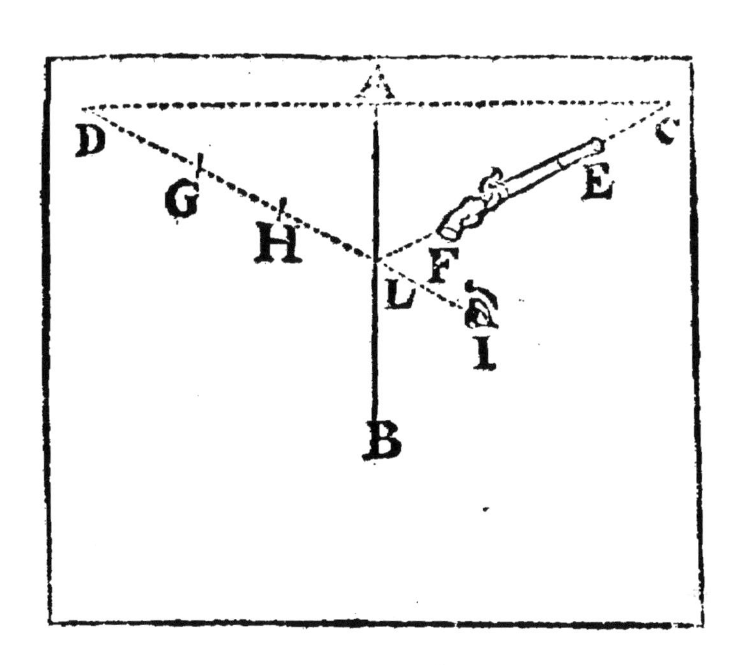

Par le moyen d'vn miroir plan, ayant le Mousquet sur l'espaule, tirer aussi iustement en vn blanc, comme si on le couchoit en iouë.

LE Miroir donné soit AB. l'arquebuse EF. le but où l'on veut tirer C. & l'œil de celuy qui tire. Il faut en arriere donner iustement au but C.

Le but C. se monstre en D. en la ligne de reflexion I L D. & au cachete d'Incidence C A D. faut en remuant le mousquet EF. faire que son image GH. s'accorde directement auec la ligne de reflexion ILHGD. comme il est facile c'est à dire que l'image du mousquet estant pointée droict vis à vis de l'image du visible du but : Ie dis alors que l'image GH. s'accordera auec la ligne d'Incidence LC. & par consequent laschant le coup de mousquet ainsi disposé, sans doute qu'on frappera directement le but proposé C. ce qu'il falloit faire.

COROLAIRE I.

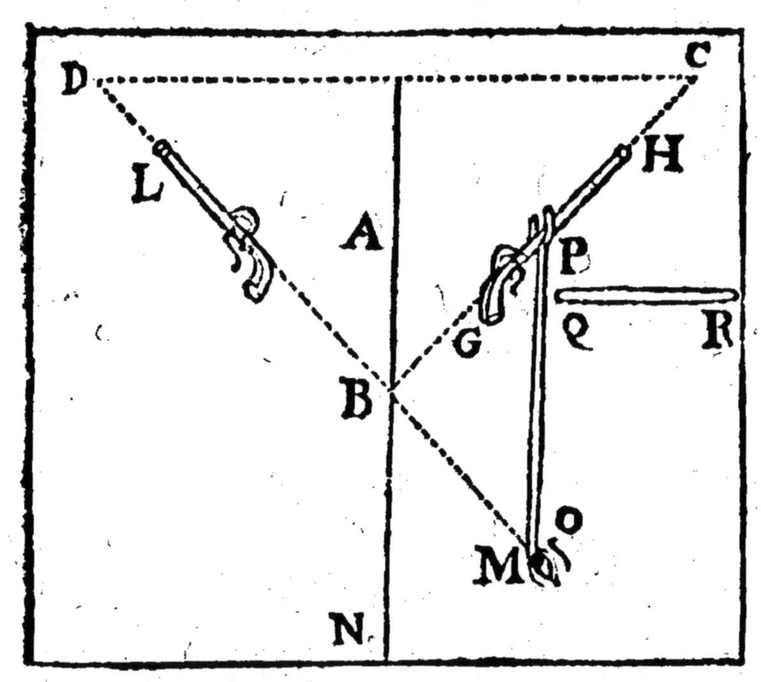

D'icy nous colligeons, qu'on peut iustement tirer d'vne harquebuse en vn lieu qui ne sera point veu, pour quelque obstacle ou interposition qu'il y aye.

SOIT proposé le miroir ABN. le but que l'on veut frapper, soit C. l'œil M. la muraille interposée entre l'œil & le but RQ. & neantmoins on desire le frapper auec vne harquebuse cōme GH. qu'elle soit plantée sur vn baston ou fourchette comme OP. l'Image de GH. sera IL. lequel il faudra, comme nous auons dit, accorder auec la ligne de reflexion MBD. il faudra alors par necessité, que le visible GH. soit d'acord auec sa ligne d'Incidence CB. & par consequent GH. sera opposé directement au poinct C. que l'on frappera sans le voir laschant pour lors le coup d'harquebuse.

PROBLEME XVII.

Auec vne Chandelle & vn' Miroir caue spherique, porter vne lumiere si loing dans la plus obscure nuict, qu'on puisse voir vn homme à demy quart de lieuë de là.

IL faut opposer directement à vn miroir spherique, vne chandelle ou flambeau, à proportion de sa grandeur, les rayons d'iceluy flambeau se trouuans dans la concauité de ce miroir se reflechiront vers l'object proposé à voir, & se respandant en l'air s'estendront en sorte qu'ils porteront la lumiere incroyablement loing.

Notez.

Qu'à cause qu'en ce miroir spherique les rayons de la chandelle ne sont pas reflechis en ligne paralelles, & ne s'estendant point à l'infiny, ne peuuent pas auoir tant d'effect pour trauailler : Plus exactement les Mathematiciens ont inuenté la Section du Cone rectangle ; qui est la Parabole, à fin que selon ceste section on fist la concauité du miroir, ce qui se monstre à faire dans la Fabrichronologie.

Corolaire.

Par ceste inuention de miroit caue Parabolique, on peut lire vne escriture de fort loing, soit ou de iour ou de nuict, & plus de nuict que de iour. Mais comme ceste proposition contient deux parties, il faut trauailler en deux sortes : l'vne pour le iour, & l'autre pour la nuict.

Celles du iour se faict ainsi.

ON escrit vne lettre de la main gauche, puis on la presente au miroir caue, entre la superficie & l'angle de concurrence, & lors on void vne lettre fort grosse : Mais pour la lire aisément faut mouuoir doucement ladite lettre, à fin qu'vn mot estant leu, il passe d'autant que les lettres semblent si grosses, que difficilement ils peuuent paroistre bien formees.

Pour la Nuict.

IL faut trauailler de deux sortes : Premierement, au miroir : secondement au loing du Miroir. Quand à la premiere : il faut auoir vn grand Carton, & escrire de grosses lettres Capitalles &

les coupper, puis les appliquer sur iceluy & y apposer vne chandelle, tellement qu'ils paroistront de feu.

La seconde est comme la precedente, appliquant vne chandelle qui portera sa lumiere fort loing.

Notez.

Que si le miroir est de fonte & grand, il portera sa lumiere merueilleusement plus loing que s'il estoit de crystal ou de verre.

Obseruation.

Pour conclure ce discours, ie vous aduise de remarquer en l'vsage des miroirs dont vous voulez porter la lumiere, ou exciter vne ignition que les spheriques ont moins d'effect, que les autres: parce que l'amas des rayons se faict vn peu en longueur, & rend la chaleur ou la lumiere moins forte. C'est pourquoy il vaut mieux se seruir des segmens du Parabole qui approchent plus de l'vnité de congregation des rayons, & prendre tousiours les moindres qu'on pourra, à fin que le lieu de congregation estant plus esloigné, l'ignition s'en face par consequent plus loing : faut aussi que ces miroirs soient les plus grands qu'on pourra, parce que receuant plus de rayons, la congregation sorte plus & l'ignition plus prompte.

Corolaire.

D'où s'ensuit, qu'vne bouteille de verre qui

aura ceste forme & pleine d'eau, rendra vne grande lumiere à l'aide d'vne chandelle, y en ayant plusieurs arrengées d'ordre à l'entour d'vne chandelle sur vne table, ils rempliront la salle d'vne tres-grande clairté.

PROBLEME XVIII.

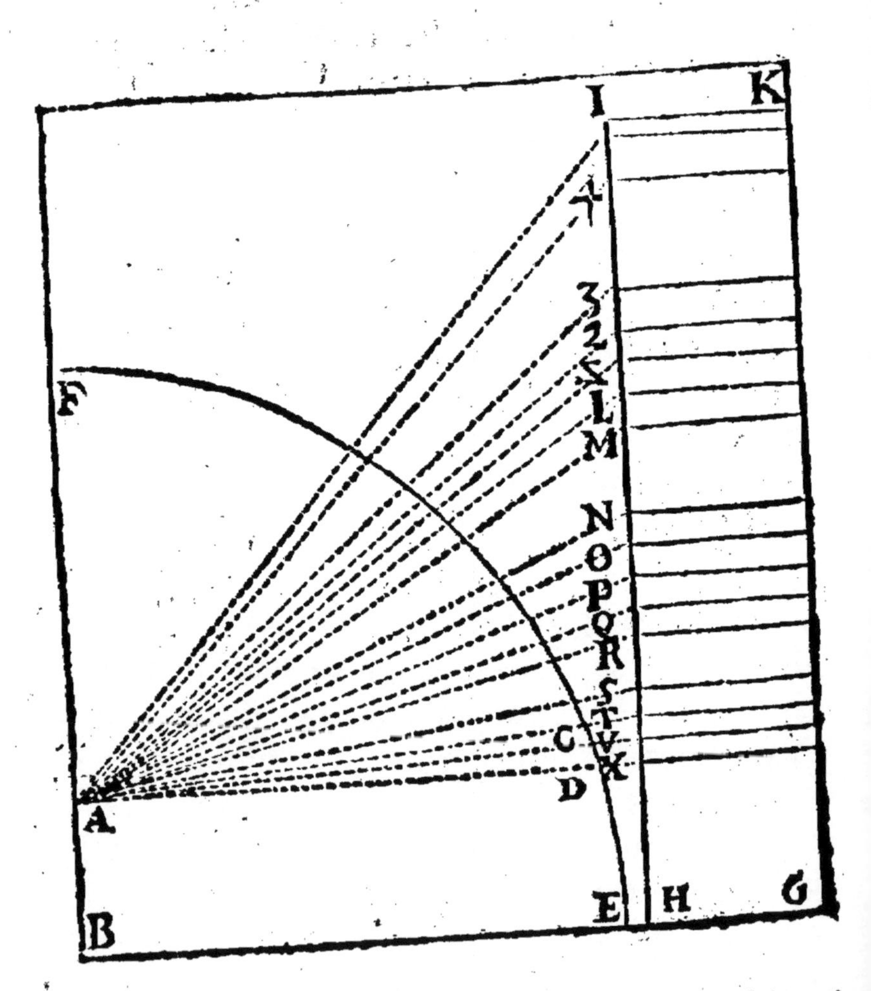

Escrire des lettres contre vne muraille, qui seront inesgales, & neantmoins paroisteront esgales.

SOIT la muraille donnée GHIK. contre laquelle on veut escrire, soit le poinct de profondeur B. celuy de hauteur A. (qui est proprement l'œil du regardant) sur le poinct B. de l'espace BE. à discretion descriuez le quart de cercle EF. escriuez apres contre la muraille dans la ligne Horizontale, c'est à dire à la hauteur de l'œil le mot que vous voudrez, en sorte que vous le puissiez facilement lire vous reculant de la muraille: puis menez les rayons AX. & AV. qui est la largueur de vostre escriture, & ils coupperont le quart de cercle en D. & C. qui est la distance qu'il faut rapporter sur ledit cercle autant que vous voudrez escrire de lignes: puis mener des rayons du poinct A. qui couppent lesdits pointes, & les prolonger iusques contre la muraille en ILMN. &c. & vous aurez la hauteur de vos lettres inesgales; mais à cause que elles sont toutes veuës sous angles esgaux, elles paroissent esgales.

Notez.

Qu'à cause qu'on ne peut pas descrire vn demy cercle en l'air, & mener des rayons contre ceste muraille veu qu'ils ne sont qu'abstraits, on fait l'operation, premierement sur le papier, par des mesures discretes que l'on y rapporte, prenant la hauteur de la muraille, la distance du lieu d'où on la doit regarder, & la hauteur de la premiere ligne qu'on a escrite à volonté, & de telle grosseur qu'elle se puisse lire,

Corolaire.

C'est par ceste inuention qu'vn Architecte, ou vn bon Sculpteur, desirant placer sur vn Pinacle ou sur quelque haut frontispice vne figure de ronde bosse ou autre chose, iugeant bien que la distance & l'esloignement ont cela de propre, de rendre les corps difformes, & de faire paroistre vn quarré tout rond : Il proportionne sa figure à la hauteur du lieu, & plus la distance est grande (comme vn autre Appelle) il polit moins son ouurage, & ne recherche pas tant tous les muscles du corps ou plis de la draperie, comme si elle se voyoit de plus pres.

PROBLEME XIX.

Desguiser en sorte vne figure, comme vne teste, vn bras, ou vn corps tout entier, qu'ils n'auront aucune proportion ; les oreilles paroistront longues comme celles de Midas, le nez comme celuy d'vn Singe, & la bouche comme vne porte cochere : Et cependant veue d'vn certain poinct, reuiendra en proportion fort iuste.

IE ne m'arresteray point à vous faire vne figure de cecy Geometriquement, pour estre trop penible à comprendre : mais ie tascheray de vous faire voir nettement par discours comme cela se fait

fait Mechaniquement, auec vne chandelle ou au soleil.

Faut premierement faire vne figure sur du papier telle que vous voudrez, auec ses iustes proportions, & la pigner comme pour faire vn Ponsif, (& les Peintres ignorans & mal-hardis m'entendent bien) faut apres mettre la chandelle sur la table, & interposer ceste figure obliquement entre ladite chandelle & le liure, ou le papier, ou tableau où vous voulez faire vostre deguisement, en sorte que la lumiere passant au trauers de ces trous du Ponsif, porte toute la forme de ladite figure contre vostre tableau, mais auec difformité: suiuez apres le traict que marque ceste lumiere, auec du charbon, de la craye: ou de l'encre, & vous aurez le requis.

Pour trouuer à present le poinct d'où il la faut voir reuenir en son naturel, on a accoustumé suiuant les loix de Perspectiue, de mettre ce poinct dans la ligne, tirée en hauteur égale à la largeur, du costé le plus estroit du quarré difforme, car c'est par ceste voye-là qu'on y trauaille.

PROBLEME XX.

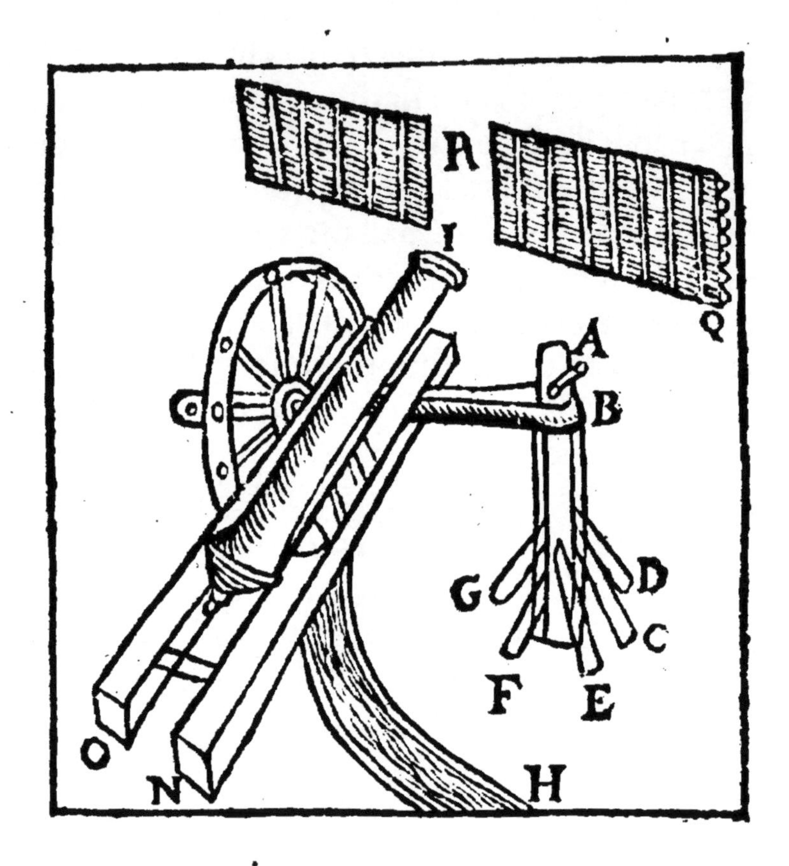

Faire qu'vn Canon apres auoir tiré, se couure des batteries de l'ennemy.

SOit l'Embraseure ou Cazemate I. le Canon M. sur son flasque N O. la rouë L. l'essieu P B. sur lequel le Canon est posé, le pilier AE. appuyé par des contreforts DCEFG. autour duquel tournoyera ledit essieu, le Canon venant à tirer reculera en H. ne pouuant reculer directement à cause de son essieu qui le force a faire vn segment de cercle: Et ainsi se cachant derriere la muraille QR. il se guarantira de la combatterie des assiegeans. Et par ce moyen on euitera beaucoup d'inconueniens, qui peuuent arriuer, & de plus vn homme se pourra facilement remettre en sa place, par le moyen des mousfles attachées à la muraille, ou autre instrument, qui multipliera ses forces: ce qu'il falloit faire.

PROBLEME XXI.

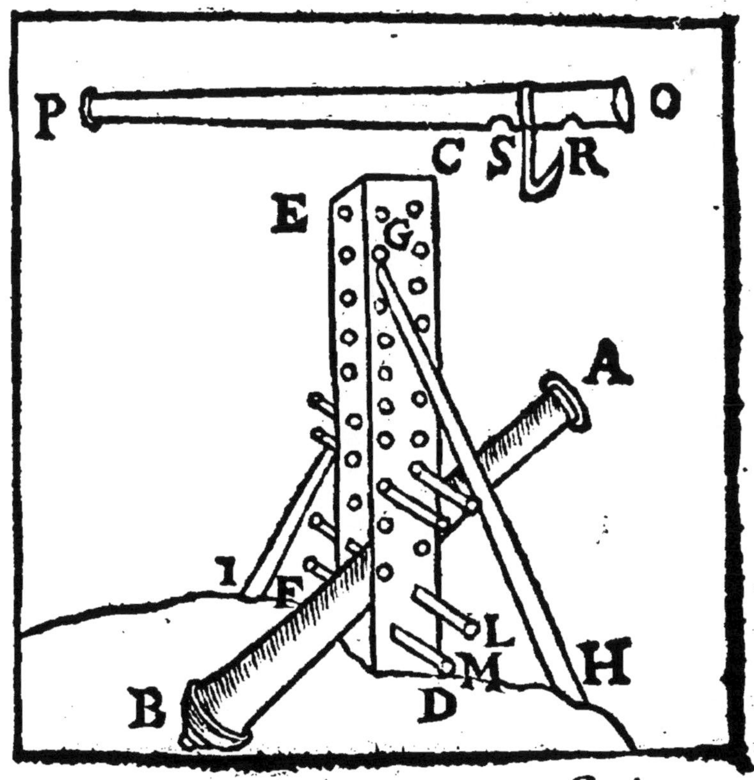

Le moyen de faire vn leuier sans fin, dont la force sera tres-grande, si qu'vn homme seul pourra remettre vn Canon sur son flasque, ou leuer tel autre poids qu'il voudra.

FAut planter deux forts ais debout, en la sorte que vous voyez en ceste figure, & troüez de mesme. Soit donc C D, &c. & E F. les deux ais, & L M. les deux barres ou cheuilles de fer qui passent au trauers des trous, G H. & K I. les deux contreboutans, A B. le Canon OP. le leuier, R S. les deux oches. Q. le crochet ou chorde ou s'attache le fardeau ou Canon: Le reste de l'operation estant si facile, que les plus jeunes escoliers n'y broncheroient pas. Ie croirois enseigner Minerue, & faire tort à ces excellens Mathematiciens du siecle; qui de la seule figure comprennent l'operation, & sçachant joüer aux Eschets, & monstrer la science du Larigot ou du Violon, ne ont point de dificulté d'afficher des plus doctes & epineuses parties de Mathemtique.

PROBLEME XXII.

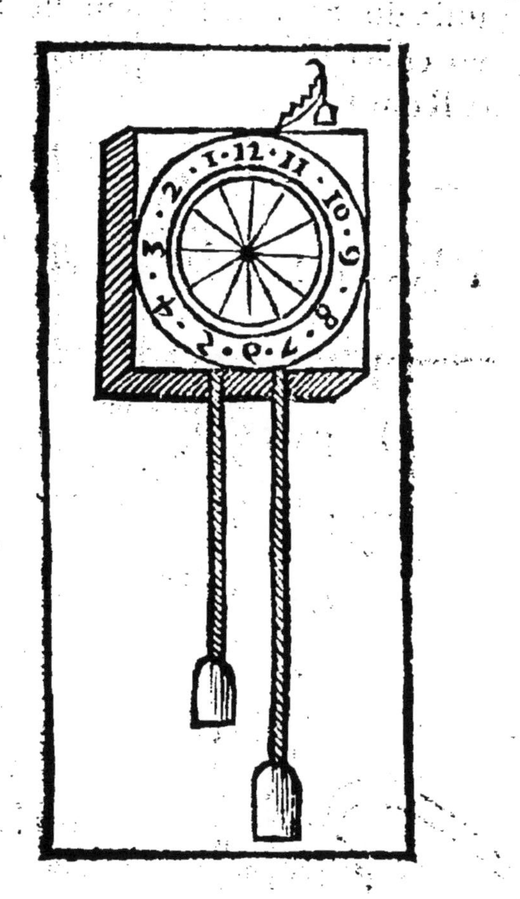

Faire vne Horloge auec vne seule roüe.

FAITES le corps de l'Horloge à l'ordinaire y marquez les heures dans vn cercle diuisé en douze parties : Faites vne grande Roüe au haut autour de l'Axe, de laquelle vous mettrez la corde de vos contre-poids, qui passera par plusieurs mousfles, selon le temps que vous voulez que vos contre-poids mettent à descendre, pour qu'en douze heures de temps vostre aiguille face vne reuolution,

(ce que vous cognoistrez par le moyen d'vne Monstre que vous aurez aupres de vous) & y mettez vn balancier qui arreste le cours de la Roue, & luy puisse donner vn mouuement reglé, & vous verrez vn effect aussi iuste qu'en vn Horloge de plusieurs Roues.

PROBLEME XXIII.

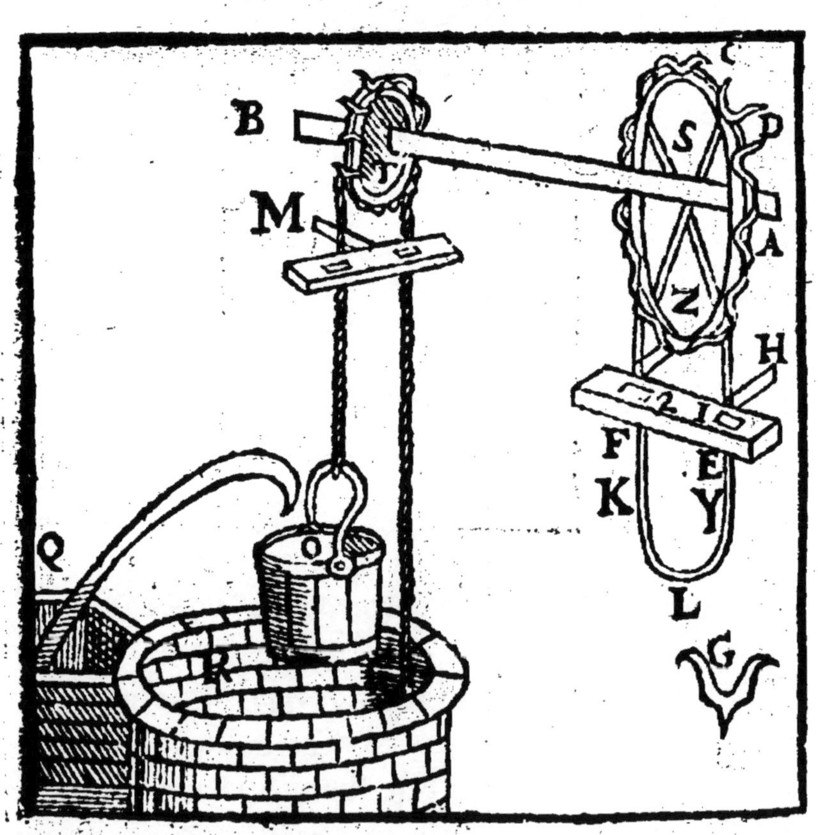

Par le moyen de deux Roues faire qu'vn enfant tirera tout seul pres d'vn muid d'eau à la fois, & que le seau se renuersera de luy-mesme, pour jetter son eau dans vn auge ou autre lieu qu'on voudra.

SOIT R. le puits donné pour y tirer de l'eau, P. le crochet pour renuerser l'eau quand le seau montera, (notez qu'il faut que ledit crochet soit mobile,) soit AB. l'Axe des Rouës ST. qui seront garnies de petites fourchettes de fer, faites comme G. également attachées sur lesdites Rouës, soit I. vne corde qu'on tirera par K. pour faire tourner la Roüe S. qui aura vne proportion à la Rouë T. comme de 8. à 2. N. sera vne chaine de fer, où seront attachez les seaux O. & l'autre qui est dans le puits: E F. est vne piece de bois mortoisée en 1. & 2. par où passera la susdite corde attachée à la muraille, comme K H. & Z. & à l'autre piece de bois de la petite Rouë comme M. mortoisée de mesme pour passer la chaisne: Tirez la chorde I. par K. la Rouë S. se tournera, & par consequent la Rouë T. qui fera leuer le seau O. lequel s'estant vuidé, faut derechef tirer la susdite corde, par le poinct Y. & l'autre seau qui est dans le puits sortira par la mesme raison. C'est vne inuention qui espargne beaucoup de peine: mais aussi faut-il que le puits soit fort large, à fin de pouuoir contenir ces deux grands seaux qui seront bien futez, comme la figure le demonstre. Les Capucins de Dijon le practiquent excellemment, & s'en trouuent fort soulagez.

PROBLEME. XXIV.

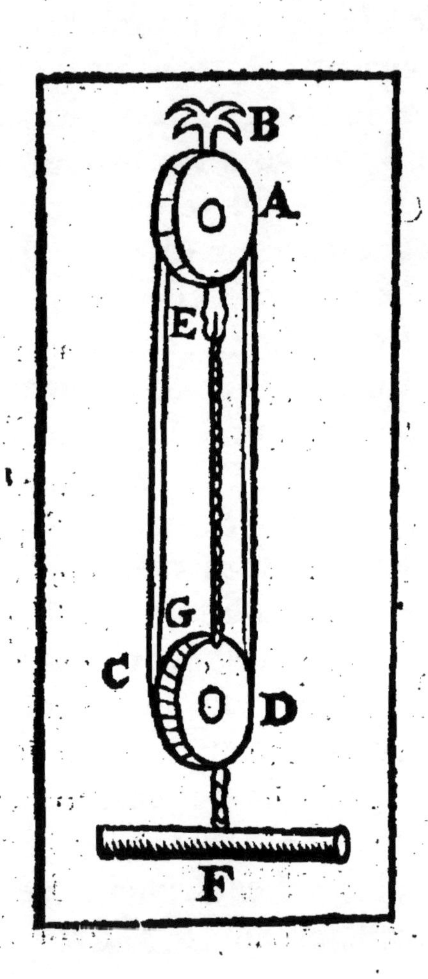

Faire vne Eschelle de corde, qui se porte dans la pochette, fort secrettement.

SOit donné deux mousfles ou poulies, comme A & D. soit attaché en celle de A. vne main de fer comme B. & en D. vn baston long de pied &

demy, en forme de baston d'escarpolette comme F. vous aurez vn cordon de soye bien fait, gros comme vn demy doigt, lequel sera attaché en F. à vn petit anneau qui sera à la poulie A. Faut premierement tascher d'accrocher vostre poulie A. par le moyen de la main de fer B. en quelque grille ou sur le parapel de quelque muraille que vous voudrez escalader : puis attacher le baston F. à la poulie D. sur lequel vous vous affourcherez comme pour faire iouër vne escarpolette, & tenant le cordon en C. vous vous guinderez vous mesme au lieu desiré, multipliant vos forces par la multiplicité des moufles. Ce secret est excellent en guerre & en amour, & ne se peut pas facilement soubçonner pour estre fort portatif.

PROBLEME. XXV.

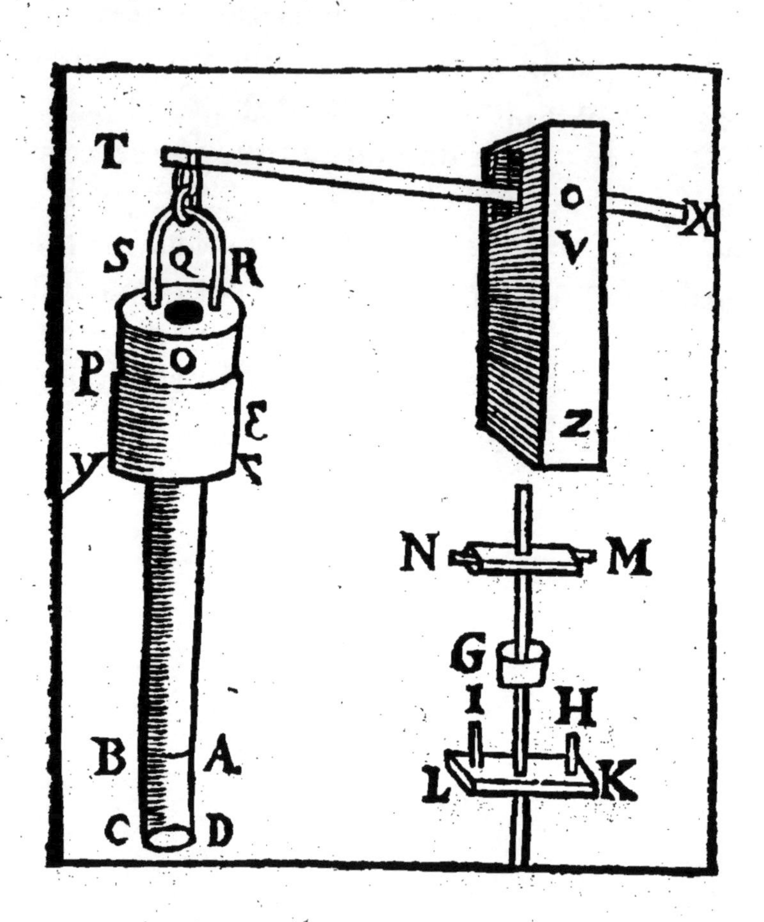

Faire une Pompe dont la force sera merueilleuse, pour le grand poids d'eau que vn homme seul pourra leuer.

SOit αβγδ, le haut du calibre, viron de deux ou trois pieds de haut, & plus large à discretion que le reste du calibre O. la soupape qui est appliquée iustement dans le tuyau αβγδ, laquelle se baissant fait leuer le couuercle P. par ou sort l'eau, & se haussant le renferme.

RS. c'est l'anse de la souspape, attachée à la maniuelle XT. laquelle ioüe dedans le posteau VZ. la souspape doit estre, ou de bois, ou de cuiure, comme on voudra : bien iuste pourtant, & espaisse de 4. doigts & demy pied, pour se hausser & baisser dans le haut du calibre αβγδ, auquel il doit auoir vn trou en ε, par où s'escoulera l'eau.

Soit ABCD. vne piece d'airain, G. la piece qui s'enclaue dans le trou F. sans qu'il y puisse entrer d'air : HIKL. la piece attachée au bout du calibre dedans laquelle ioüe la verge ou axe de G. ainsi que dedans l'autre piece MN. qui est attachée dans le bout du tuyau de cuiure.

Notez.

Qu'il faut que le bas du calibre soit supporté sur vn gril ou cage de fer, qui sera attachée dans le puits ou cisterne ; & par ce moyen haussant ou baissant la maniuelle, vous tirerez plus d'eau que dix ne pourroient pas faire.

PROBLEME XXV.

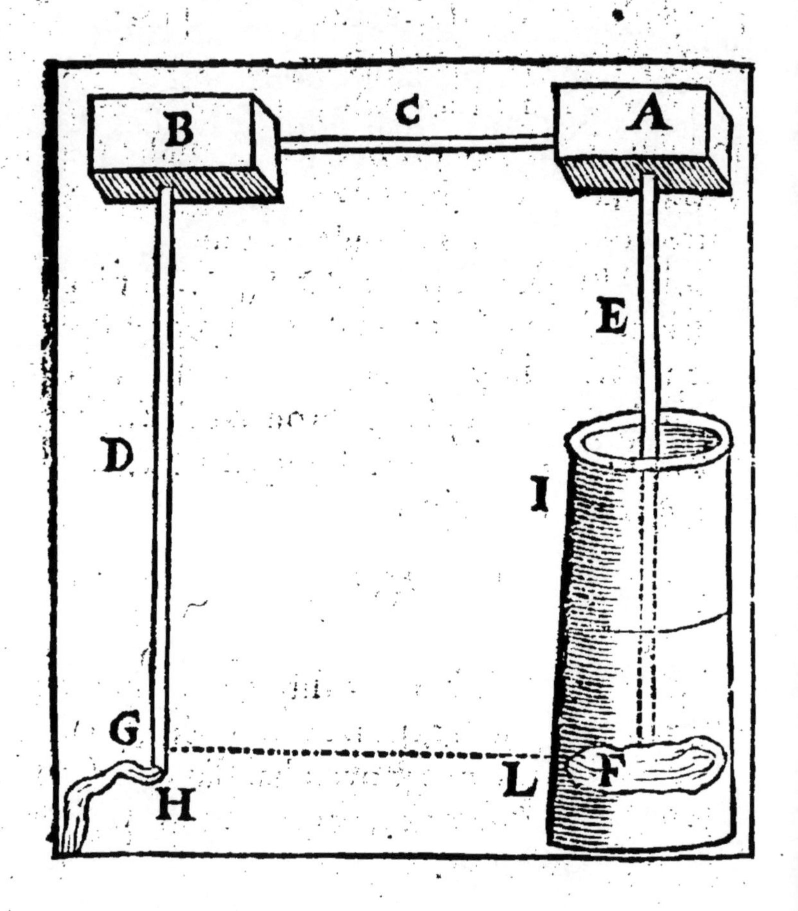

Par le moyen d'vne Ciſterne, faire ſortir continuellement l'eau d'vn puits, ſans force & ſans le miniſtere d'aucune pompe.

SOit le puits donné IL. d'où l'on veut faire ſortir continuellement de l'eau, en quelque office de la maiſon eſloignée : ſoit fait vn Recipient comme A. bien bouché de plomb, ou d'autre matiere n'importe pourueu qu'il ne prenne point d'air: faut y attacher le Syphon E. fait de plomb bien soudé, qui luy donnera ouuerture derechef: soit fait vne Cisterne comme B. qui aura communication auec le Recipient A. par le moyen d'vn autre Syphon G. & que du dessous d'icelle, sorte vn troisiesme Syphon comme D. qui descendra iusques en H. qui est au dessous du niueau de l'eau du puits, de la distance GH. au bout duquel sera soudé fort iustement vn Robinet qui iettera l'eau par K.

A present pour trauailler à la fin requise, faut que B. soit plein d'eau, mais tellement bousché, que l'air n'y entre en aucune façon: Quand vous voudrez faire iouër vostre artifice, reste à ouurir le Robinet, alors l'eau de B. s'escoulant par K. & laissant du vuide dans son vaisseau, la nature qui l'abhorre fournira de l'eau du puits à la place: Et ainsi continuellement vous verrez en apres couler l'eau: & à fin que cela n'asseiche pas incontinent e puits, faut faire des Syphons estroits, à propor-ion de la grosseur de la source qui luy fournit l'eau: & vous aurez le requis.

PROBLEME. XXVII.

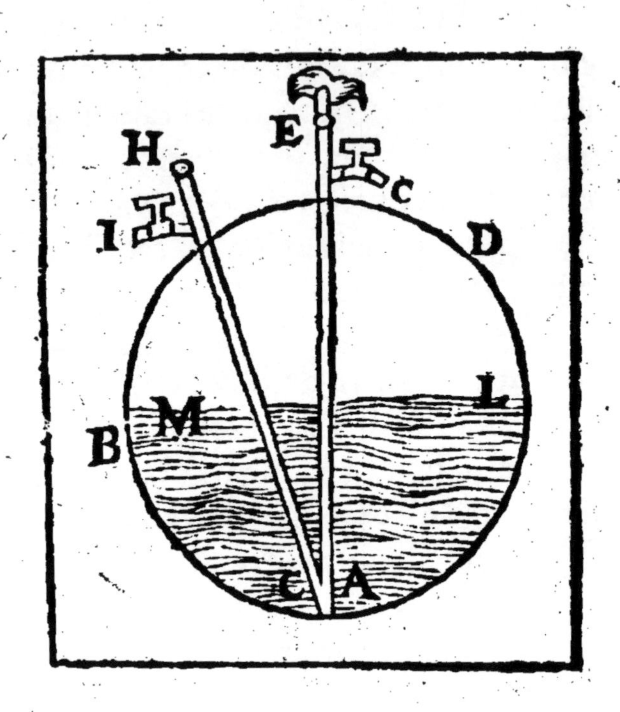

Faire une fontaine boüillante, qui jettera son eau fort haut.

CESTE proposition (que l'Autheur a voulu traicter en son 88. Probleme de la premiere partie) m'ayant semblé trop obscure & mal figurée pour estre si gentille : I'ay creu deuoir à la curiosité des bons esprits, moins vsitez aux demonstrations Mathematiques, ceste explication qui n'est pas si difficile.

Soit donc proposé la Fontaine boüillante BD. de forme ronde, puis que c'est la plus capable & la plus parfaite: Apliquez dans icelle auec vne bonne soudure le tuyau EA. de plomb ou d'autre matiere, ayant vn Robinet en C. & vn autre HG. touchant quasi au fonds, & ayant au poinct G. vne souspape comme vn baton & vn Robinet en I. le Robinet C. estant fermé, faut ouurir celuy de I. & chasser par le trou H. auec vne forte Syringue autant d'eau dans ledit vase rond, qu'il en peut contenir; puis fermant le Robinet A. & tirant la Syringue, & ouurant le Robinet C. l'air auparauant rare, qui aura esté compressé par la force de l'eau, & cherchant à estendre ses dimensions, forcera l'eau auec vne telle violence, qu'elle surmontera la hauteur d'vne ou de deux piques, selon la grandeur de la Machine: Ceste violence dure peu, si lesdits tuyaux ont trop d'ouuerture, car à mesure que l'air approche de sa naturelle assiette, il relasche ses forces.

PROBLEME XXVIII.

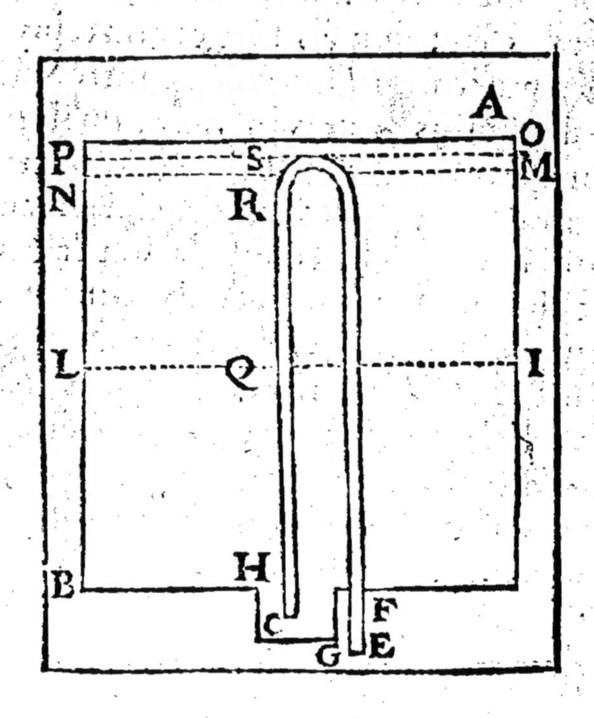

Vuider toute l'eau d'vne Cisterne, par le moyen d'vn Syphon qui aura mouuement de luy mesme.

SOit donné AB. le vaisseau. CDE. le Syphon, HG. vn petit vase au fond du grand, dans lequel se rencontre le bout du Syphon C. que l'autre bout du Syphon E. perce le vase au poinct F. soit remply le vase ou Cisterne d'eau, lors que elle sera montée iusques en IL. le Syphon sera plein iusques en Q. & surmontant d'auantage iusques à M N. il le sera iusques en R. puis remplissant d'auantage iusques en OP. l'eau du Syphon touchera le haut D. & rencontrant la pente DE. commencera son mouuement d'elle mesme, & continuera ainsi tant que le vase luy en fournira : ce qu'il falloit faire.

PROBLEME XXIX.

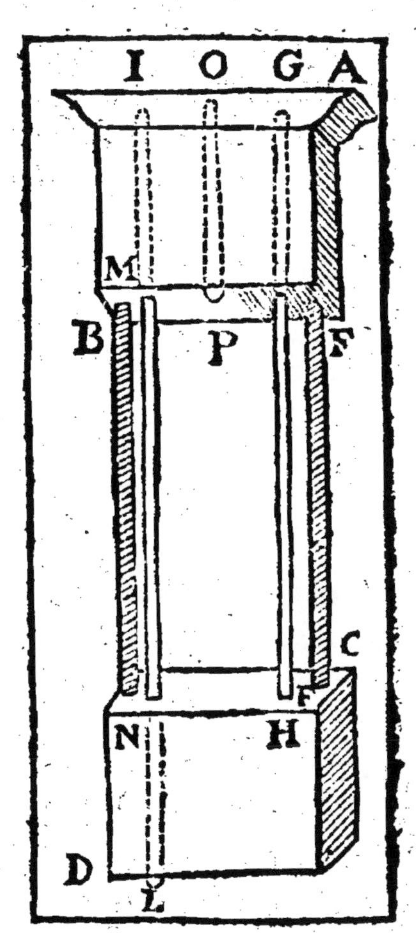

Trouuer l'inuention de Syringuer vn petit filet d'eau fort haut, par vn mouuement Authomatique, en sorte qu'vn pot d'eau durera plus d'vne heure.

FAut construire deux vases equimasse formes d'airain, de plomb, ou autre matiere, comme sont les deux AB. & CD. & les joindre ensemble par les deux liaisons EF. & MN. faut souder les deux tuyaux esgaux comme HG. qui passera au trauers du couuercle du vase CD. & passant au trauers le dessous AB. ira iusques en G. faisant vne petite bosse au couuercle du vase AB en sorte que le tuyau ne touche pas au fonds : derechef faut souder vn autre tuyau comme IL. qui partira du fonds du vase BC. & aura sa bosse comme l'autre, sans toucher au fonds. comme il se represente en L. & passant au trauers du fonds de AB. se continuëra iusques en I. c'est à dire, fera ouuerture au couuercle du vase AB. & aura vne petite embouscheure comme vne trompette, à fin de reçeuoir l'eau : Faudra encore y adiouster vn petit tuyau fort menu, qui partira du fonds du vase AB. comme OP. & aura sa bosse comme les autres en P. sans toucher au fonds, & faire au dessus de ce dernier vase, vn bord en forme de bassin pour receuoir l'eau : Cela estant ainsi fait, il faut emplir d'eau par le tuyau IL. le vase CD. & estant plein, tournera toute la Machine le dessus dessous, en sorte que par le tuyau HG. l'eau du vase CD. s'escoule dans le vase AB. & le remplissez, remettant alors la Machine en sa premiere assiette, & coulant vn verre d'eau par le tuyau IL. elle pressera l'air dans CD. sera plein, & par ce moyen forcera l'eau du vase AB. de sortir par le tuyau PO. ce qu'il falloit faire.

Ceste inuention est plaisante en vn festin, remplissant ledit vase de vin, qui sortira comme vne fontaine bouillante, par vn petit filet fort agreable.

PROBLEME. XXX.

Practiquer excellemmẽt la regeneration des simples, lors que les plantes ne s'en peuuent transporter, pour estre transplantées, à cause de la distance des lieux.

OPERATION.

PRenez tel simple qu'il vous plaira, le bruslez & prenez la cendre, & la calcinez l'espace de deux heures hermetiquement, auec deux creusets l'vn sur l'autre bien lutez, faut en tirer le sel, c'est à dire mettre l'eau dedans, la mouuoir puis la laisser rasseoir, & faire cela deux fois, la faire euaporer, c'est à dire boüillir ceste eau dans quelque vaisseau, iusques à ce qu'elle soit toute consommée: Il reste vn sel au fonds que vous semerez par apres en bonne terre bien preparée, comme l'enseigne le Theatre d'Agriculture.

PROBLEME. XXXI.

Faire vn mouuement perpetuel infaillible combien qu'on ne l'aye iamais peu trouuer, ny Hydrauliquement ny par Anthematés.

AMALGAMEZ cinq ou six once de ♀. auec son poids esgal de ♃. broyez le tout auec dix ou douze onces de sublimé dissouds à la caue sur le marbre l'espace de 4. iours, il deuiendra comme huile d'oliue que distillerez, & sur la fin donnez feu de chasse, & il se sublimera en substance seiche: remettez de l'eau sur les terres (en forme de lescique) qui sont au fonds de la Cornuë & dissoudez ce que pourrez: Philtrez puis distilez, & viendra des atomes fort subtils que vous mettrez dans vne bouteille bien bouschée & la garderez seichement, & vous aurez le requis, auec vn estonnement de tout le monde, mesme de ceux qui ont tant trauaillé sans fruict.

PROBLEME XXXII.

Inuention admirable pour faire l'Arbre Vegetatif des Philosophes, où l'on remarquera la croissance à veuë d'œil.

PRenez deux onces d'eau forte, & dissoudez dedans demy once d'argent fin de Coupelle: puis prenez vne once d'eau forte & deux drachmes de vif argent dedans, & meslez les deux dissolutions ensemble: Puis les jettez dans vn Flacon où il y aura demie liure d'eau, & qui sera bien bousché, tous les iours on le verra croistre en tronc & en branchage.

Corolaire.

On ſe ſert de ce Secret pour noircir les cheueux rouges ou blancs, ſans qu'ils deſteignent iuſques à ce que le poil ſoit tombé.

Notez.

Qu'il ſe faut bien prendre garde en teignant le poil de toucher la peau; car ceſte compoſition eſt ſi corroſiue, qu'auſſi toſt elle s'eſleueroit en empoulles & veſſies fort douloureuſes.

PROBLEME. XXXIII.

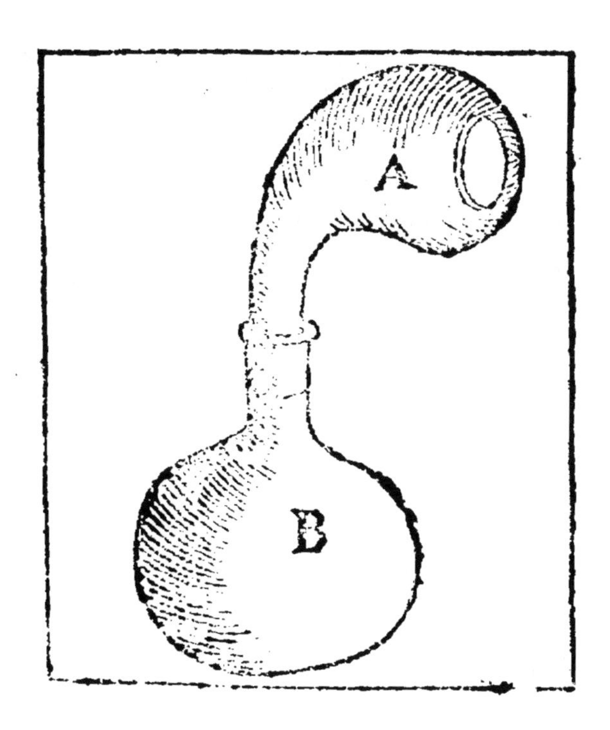

Faire la representation du grand Monde.

TIREZ selnitre de terre grasse qui se trouue le long des ruisseaux au pied des montagnes, où il y ayt quelques Minieres d'or ou d'argent: Meslez iceluy nitre bien net auec du ♃, calcinés les hermetiquement, puis les mettez dans vne Cornuë, que le Recipient soit de verre bien luté & oualisque, où vous aurez mis des fueilles d'or au fonds, donnés le feu sous vostre Cornuë iusques à ce qu'il s'esleue des vapeurs qui s'attacheront à l'or; augmentez vostre feu iusqu'à tant qu'il ne remonte plus: Alors ostez vostre Recipient & le bouschez hermetiquement, & faites feu de lampe dessous, iusques à tant qu'il se puisse remarquer dedans tout ce que la Nature nous represente; fleurs, arbres, fruicts, fontaines, Soleil, Lune, estoilles fixes & errantes: Voyez la forme de la Cornuë & du Recipient par la figure qui est au commencement de la page precedant celle-cy. A. la Cornuë ou Retorte, B. le Recipient.

PROBLEME. XXXIV.

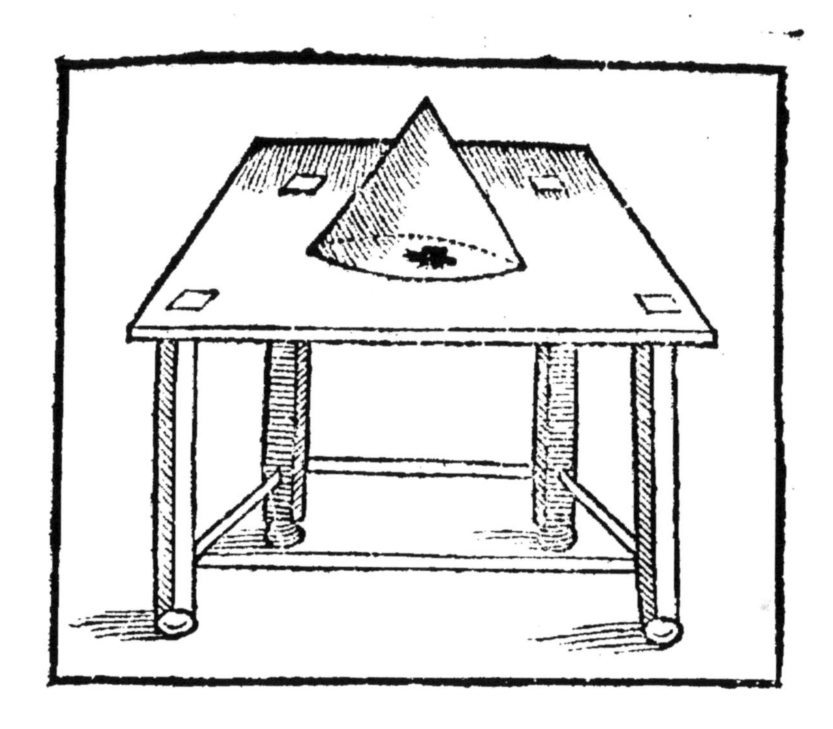

Faire marcher vn Cone, ou autre corps Pyramidal, auec quelque forme superficielle qu'on luy peut donner sur vne table, sans ressorts ny autres mouuemens artificiels, en sorte qu'il tournoyera tout au tour de la table sans tomber & sans qu'on le destourne.

L'Operation de ce Probleme n'est pas si espineuse & si subtile comme elle paroist d'abord: Car mettant dessous le Cone vn escarbot ou autre tel animal, à condition qu'il soit fait de carte ou autre matiere fort legere, vous en verrez le plaisir auec estonnement & admiration des ignorans ou moins experts : car cét animal taschera tousiours de s'affranchir de la captiuité où il est reduict dans la prison du Cone, venant proche du bord de la table retournera d'vn autre costé de peur de tomber.

PROBLEME XXXV.

Fausser vne Enclume d'vn coup de Carabine.

CEcy n'est propre qu'à vne gageure : Et pour y paruenir faut faire rougir ladite Enclume le plus qu'on pourra, en sorte que toute la solidité de ce corps soit mollifié par ceste ignition : puis charger sa Carrabine d'vne basle d'argent massiue, & vous en verrez infailliblement l'experience.

PROBLEME XXXVI.

Rotir vn Chapon, porté dans vne bougette à l'arçon de la selle, dedans l'espace de deux ou trois lieues ou enuiron.

FAVT apres l'auoir appresté & lardé, le farcir d'vn peu de beurre, & le mettre dans quelque boëte de fer, ou mesme de bois : Puis auant que partir bien chauffer (sans rougir pourtant) vn morceau d'acier qui aye forme ronde, & qui soit de la longueur du Chapon, & gros assez pour luy remplir le ventre & le couler dedans auec du beurre : puis renfermer & enuelopper bien la boëtte dans la bougette, & vous verrez le plaisir. Le Comte Mansfeld ne se seruoit point d'autres viandes que de celles qui estoient cuites de la sorte, parce qu'elle ne perd point sa sustance & est cuite fort esgalement.

PROBLEME. XXXVII.

Faire tenir une chandelle allumee dans l'eau, qui durera trois fois plus qu'elle ne fereit.

FAVT coller au bout d'vne Chandelle, plus que demy bruslée & fort ronde & droite, vne piece de trois blancs, ou vne maille, puis la laisser couler tout doucement dans l'eau, iusques à ce qu'elle

se soustienne d'elle-mesme, & la laisser flotter en ceste sorte, la mettant dans vne fontaine ou plusieurs
ensemble, ou dans vn estang ou riuiere qui coule
lentement, cela cause vne frayeur extréme à ceux
qui en approchent de nuict.

PROBLEME XXXVIII.

*Faire en sorte que le Vin le plus fumeux & mal-fai-
sant, ne pourra enyurer, & ne nuyra pas mesme
à vn malade.*

FAVT auoir deux Phioles en ceste sorte, qui
soient de mesme grandeur de ventre & de col,
& emplir vne d'eau & l'autre de vin, & remuer
subtilement celle d'eau sur celle de vin, le vin comme plus leger montera en haut en la place de l'eau.

& l'eau plus pesante descendra en bas au lieu du vin : Et en ceste penetration le vin perdra ses vapeurs & ses fumees.

PROBLEME XXXIX.

Faire deux petits Marmonzets, dont l'vn allumera la chandelle, & l'autre l'esteindra.

SOit donné deux petites figures, representans ou deux hommes ou deux animaux : dans leur bouche ou gueulle, vous y mettrez deux tuyaux si dextrement qu'ils ne paroissoient point : dans l'vn d'iceux mettez-y du salpetre bien fin, sec & pulucrisé, & au bout vne petite mesche de papier : à l'autre mettez-y du soulphre pilé, tenant alors en main vne chandelle allumee, on dira à l'vn, en forme de commandement, esteins moy cela ; le papier s'allumant auec la chandelle le salpetre s'enflammera, & de son souffle violent l'esteindra : Faut aller apres à l'autre tout sur le temps, auant que la mesche soit esteinte, & luy dire allume moy cela, approchant la chandelle de la mesche de son tuyau ensouffré, elle prendra feu tout aussi tost, & causerez vne admiration à ceux qui verront ceste action, pourueu qu'elle soit faite auec vne prompte & secrette d'exterité, ce qu'il falloit faire.

PROBLEME XL.

Tenir du vin frais comme s'il estoit enfermé dans vne caue, au plus chaud de l'Esté, sans glace ou neige, & le portant mesme exposé au Soleil à l'arçon de la selle.

FAut mettre dans vn bon Flaccon de verre, que l'on enfermera par apres dans quelque autre vaisseau, soit ou de cuir ou de bois, & fait en sorte qu'on le puisse tout remplir de salpetre, c'est à dire qu'il faut que le Flaccon soit plus petit, & vous aurez du vin grandement frais en tout temps: Ce qui n'est pas peu commode à ceux qui pour auoir des maisons basties en des lieux eminents & exposez au Soleil, ne peuuent auoir des eaux fraisches.

PROBLEME XLI.

Faire vn Ciment dur comme marbre, qui resistera à l'air & à l'eau sans iamais se dissoudre.

PRENEZ vn boisseau de bon Ciment bien battu, meslez auec demy boisseau de chaux esteinte nouuellement, & sur cela iettez vn pot d'huyle d'Oliue ou de lin, qui est seccatiue, ou de noix: Et il deuiendra dur comme marbre l'ayant appliqué en temps.

PROBLEME XLII.

Faire fondre tout metal promptement, soit qu'il soit auec d'autre, ou qu'ils soient separément, mesme dans vne Coquille, & la mettre sur le feu.

FAictes lict sur lict de metal, auec poudre faite de soulphre, de salpetre, & scieure de bois de buys ou d'autre par parties esgales : Puis mettez le feu à ladite poudre auec vn charbon allumé, & vous verrez que le metail se dissoudra incontinent, & se mettra en masse. Ce secret est excellent, & a esté practiqué par le Reuerend Pere Mercenne de l'Ordre des Minimes.

PROBLEME. XLIII.

Tremper le Fer ou l'Acier, & luy donner vne incroyable dureté.

TREMPEZ vostre trenchant ou autre instrument dans du sang de pourceau masle, & graisse d'Oye par sept fois, & chaque fois seichez-le au feu auant que le retremper, & vous le rendrez dur à merueilles & non cassant, ce qui n'est pas ordinaire aux autres trempes : C'est vn secret esprouué, & qui ne peut pas couster beaucoup à en faire experience. & est d'vne grande vtilité pour les armes.

PROBLEME XLIV.

Faire prendre couleur d'Ebene à toute sorte de bois pourueu qu'il soit bien poly, en sorte qu'on s'y pourra tromper.

FRottez vostre bois d'vne couche d'eau forte d'esteinte, puis estant seiche faites trois ou quatre couches de bonne encre qui ne soit point gommée : faut frotter ledit bois auec vne chiffe, ou linge, ou brosse faite auec jonc d'Espagne, puis le refrottez legerement de cire, & apres l'essuyer d'vn morceau de drap net, & sera comme Ebene.

Notez.

Que le Poyrier y est plus propre qu'autre bois.

PROBLEME XLV.

Conseruer le feu si long temps qu'on voudra, imitant le feu inextinguible des Vestales.

APres auoir tiré l'esprit ardant du sel de ♃. par les degrez du feu, comme il est requis selon l'art des Chimistes, le feu estant esteint de luy mesme, faudra casser la Cornuë, & les fers qui se trouueront au fonds s'enflammeront, & paroistront comme charbons ardens si tost que ils auront senty l'air: lesquels si vous enfermez promptement dans vne Phiole de verre, & que vous la bouchiez exactement auec quelque bon lut, ou pour le mieux & plus asseuré, que vous la seelliez du seau d'Hermes, de peur que l'air n'y entre: Il se gardera sans s'esteindre plus de mille ans, à maniere de parler, au fonds de la mer mesme: & l'ouurant au bout du temps, on y trouuera du feu si tost qu'ils sortiront à l'air, dequoy vous pourrez allumer vne allumette: Ce Secret là, ce me semble, merite bien qu'on trauaille à sa practique, parce qu'il n'est pas commun: & est plein d'estonnement veu que tout feu ne dure qu'autant que sa matiere dure, & qu'il ne se trouue point de matiere de si longue durée.

TROISIESME PARTIE, DES RECREATIONS MATHEMATIQVES,

Composée d'vn Recueil de plusieurs plaisantes & recreatiues inuentions de feux d'artifice.

PLVS

La maniere de faire toutes sortes de fuzees, tant simples que doubles, auec leur composition, le tout representé par figures.

Au Lecteur.

PVIS qu'il est vray que soubs les diuers Problemes de ce liure qui ne sont qu'en leur premiere vertu, il y a plusieurs mysteres d'esprit cachez soubs leur obscure clarté : J'ay creu que tu ne trouuerois pas mal à propos le dessein que i'ay fait d'adjouster encore aux deux premieres parties precedentes ceste troisiesme, puis que le Trois est le plus mystique & le plus parfaict de tous les nombres, & me suis promis de ta curiosité vne lecture pleine d'attention dans cette Pyrotechnie, iugeant bien que ton esprit, qui suit le mouuement du feu, quittera celuy de tous les autres Elemens pour s'essorer dans vne plus haute contemplation, comme est celle du Ciel, qui doit faire leuer les yeux aux hommes pour les tirer de la comparaison des bestes ; qui n'ont pour object que la surface de la terre.

Ces Ieux sont intitulez Plaisants, par la raison de leur nature, autant que la melancholie abaisse ceux qui ne considerent que les choses terrestres : Ie ne les addresse point aux graues Senateurs du temps qui adioustent au tiltre de plaisans, & pueriles: mais à toy digne Scrutateur des belles choses, dont la Nature nous fournit la matiere, & que ton bel esprit digere, & applique, & met excellemment par ordre. Prens en gré ce petit ouurage & ne le mesprise point.

TROISIESME PARTIE DES RECREATIONS MATHEMATIQVES.

La maniere de faire poudre à Canon.

CHAPITRE I.

LE Salpetre doit estre tres-blanc, bien escumé, lors que pétit à petit l'on y iette de l'Alun broyé, estant fondu en eau boüillante, si l'on desire auoir de la bonne poudre. Et si l'on fond tel Salpetre, & que l'on y iette quelques morceaux de soulfre iaune, il bruslera, & consumera toute la graisse : Mais il y en faut peu, autrement il se graisseroit d'auãtage. L'on le met en farine, & le boüillant auec eau, (ou vin blãc qui vaut mieux) si en le desseichant sur vn feu de charbon, vous le remuez continuellement auec vn gros boston, & poursuyuez ceste agitation tant & si longuement qu'il se desseiche du tout, & qu'il vienne à prendre la forme de farine. Cela empeschera de ne le battre pour le mettre en poudre, & ne le faudra que passer au trauers du tamis. Le soulfre se prepare diuersement ; Neantmoins ceux qui font la poudre commune. (& de laquelle nous descriuons, comme de chose trop frequente) se contentent d'en choisir du iaune, qui crie en le tenant pres de l'oreille, & qui est fortaërien & vnctueux : Mais pour faire de la poudre fine pour des pistolets, carrabines, & autre chose semblables, nous le parons. Le soulfre sublimé est tresbon, sans excremens, & reuient en poudre impalpable : & si nous voulons rendre ce soulfre encore plus spirituel, nous le fondons, & adioustons vn quart de son poids de Mercure, (ou vif argent) & le mounons tres-bien. tant que tout soit reuny en vn corps solide. Le charbon plus leger est le meilleur. Partant celuy qui est fait du bois de chanure est à preferer à tous les autres : Mais il faut noter, que ce charbon estant leger, comme il est, qu'il tient grande place en petite quantité, & en faut mettre moins en la poudre que si c'estoit charbon de saulx noir, de bois puant, de noyer, & autre bois. Le charbon se fait, en allumant ce bois dans vn grand pot, ou vn mortier, & estant bien allumé, l'on couure ledit pot, & le faut ainsi laisser sans air, iusques à ce qu'il soit froid. La composition de poudre fine est faicte de Salpetre tres-fin, affiné comme dessus, vne liure & demie, charbon de saulx six onces, fleurs de Soulfre trois onces.

Autrement.

Prenez six liures de Salpetre, Soulfre & charbon, de chacun vne liure.

Autrement, & tres fine,

Salpetre sept liures, Soulfre preparé auec le Mercure, ou en fleurs, vne liure, charbon de bois de Chanure vne demie liure.

Autrement.

Si vous meslez autant de chaux viue dedans l'vne ou l'autre de ces trois compositions, qu'il y entre de Soulfre, vous ferez vne poudre, que l'eau n'empeschera pas d'allumer.

Il est à noter, que c'est fort peu de cas d'auoir vne bonne composition de poudre, si l'on ne sçait le moyen de la bien faire. Il faut donc premierement tres-bien battre au mortier de bronze, auec le pilon de mesme estoffe, toute la composition sans perdre courage à la battre, six, sept ou huict heures durant sans discontinuation, & à plein bras, en l'arrousant & humectant auec du tres fort vinaire, ou de l'eau de vie. Et si vous desirez de faire vostre poudre encor plus subtile, legere, & quasi volante, il la faudra humecter auec de l'eau distillée de la superficie, ou escorce d'Orange. Ceste humectation se doit faire moderément ; car il ne faut rendre nullement liquide ladite composition, ains il suffit qu'en la pressant auec la main, l'on void qu'elle demeure à demy compacte, & non du tout compacte. Il faut encor obseruer de faire dissoudre vn peu de colle de poisson dedans vostre humectation, afin que vostre charbon de chanure ne s'enuole en la battant. Et si vous desirez que les grains de vostre poudre soient tres durs, apres leur dessication, il faudra sur la fin arrouser vostre composition auec de l'eau claire, qui aura auparauant esteint de la chaux viue. La composition estant ainsi arrousée, & battuë plus que moins, il la faudra mettre dedans vn crible ayant des trous percez en rond, de la grosseur que desirez vostre poudre, mettant deux morceaux de bois applanis d'vn costé dedans ledit crible (ce qu'on appelle ordinairement les valets) l'agitant sur vn baston arresté au dessus d'vn vaisseau, ou linge, pour receuoir toute la poudre laquelle doit passer toute par ce crible, sans qu'il y en demeure. La poudre estant ainsi passée, l'on prendra vn tamis ayant ses voyes petites, & y faudra mettre toute ceste poudre passée & criblée : agitant ledict tamis, tant que la poussiere & composition non grainée soit du tout separée de celle qui est grainée. Laquelle il faudra mettre seicher au Soleil, ou en lieu chaud, & la poussiere doit estre remise dedans le mortier, l'arrouser, cóme dessus s'il est besoing, la battre ainsi qu'auparauant, puis la cribler, tamiser, & reïteter ceste operation, tant que tout soit bien grainé. La poudre estant bien seichée, il la faudra tamiser derechef, afin de la priuer de sa poussiere, & qu'il n'y demeure rien sinon le grain, qu'on gardera pour le besoing. Le Camphre trouue quelquesfois place dans la poudre fine : Mais à raison que la poudre en deuient moite, si elle n'est tousiours conseruée en lieu chaud & sec, nous n'en mettons point dedans nos compositions suscriptes : lesquelles nous auons choisies comme les meilleures & tres-excellentes : laissans la poudre à canon, & la poudre grosse, pour ceux qui font profession d'en faire ordinairement. Lesquels la font de mesme que la nostre, excepté que leurs ingrediens ne sont si purs que les nostres, & n'y obseruent pas tant de choses.

Diuision de cet œuure.

CHAP. II.

LEs feux que nous enseignons en ce liure sont proprement appellez feux de ioye: D'autant qu'ils sont propres au temps d'allegresse, de recreation, & lors qu'on a obtenu quelque victoire recente contre son ennemy. Ils sont quelquesfois representez dedans vne place assiegée, au temps que ceux qui l'occupent sont au desespoir, & veulent neantmoins tesmoigner à l'ennemy qu'ils n'ont pas faute de munitions, encores qu'ils en soient fort deffectueux, & taschent par c'est ruse mettre les ennemis eux mesmes aux desespoir. Ces feux sont doubles. Il y en a qui font leurs octions en l'air, & les autres en l'eau. Ceux qui font leurs operations en l'air, sont grands ou petits, simples ou composez. Les grands sont mobils, comme les fuzées, que les Latins & Italiens appellent rochetes, ou sont immobils, comme les trompes à feu, des chandelles diuerses. Et ceux-cy sont simples. Les composez aussi sont ou mobils, comme les rouës, les coutelas, gourdines, les escus, & tout ce qui sert aux combats nocturnes, les Dragons volants, les balles & leur semblable. Ou bien ils sont immobils, comme les tours, arcades pyramides, & autres petits qui sont peu de durée.

Les feux qui font leur actions en l'eau, où ils y sont iettez, & y bruslent: ou bien ils y sont allumez par l'eau mesme. Et nagent dessus l'eau comme les fuzées mises sur vn blanc, des balles nageantes, des serpenteaux, & d'autres tels artifices. Ou bien ils bruslent au fond de l'eau, comme plusieurs balles pesantes, de diuerses compositions & structures. Nous voulons enseigner à faire tous ces feux par ordre, pour euiter confusion, & parlerons premierement des feux aëriens, ou qui font leurs effects en l'air, & commencerons par les fuzées.

Des fuzees & de leurs ſtructure.

CHAP. III.

POur faire des fuzées pluſieurs choſes ſont neceſſaire. Il faut les models, les baſtons, à charger, du papier double bien collé, des ficelles; des baguettes, des poinçons, mortiers, tamis, maillets, & les diuerſes compoſitions dequoy elles ſont faites. Les models doiuent eſtre faits de bois tresfort & ſolide: Comme buis, freſne, ſorbier, ou d'ifs. Ils sont percez sur le tour, en cylindre, ayant six Diamettres de longueur, semblables à celuy du creu dudict model, si c'est pour des fuzées au dessous d'vne liure. Et si c'est au dessus d'vne liure, il suffira d'estre de quatre, quatre & demie, ou de cinq Diamettres. Nous representons vne figure qui monstre ces proportions, auec la culasse qui s'éboëtte dedans le model. Auec les bastons à charger, lesquels sont de trois sortes pour chacun model.

Les bastons à charger seront grands, moyens & petits. Les plus gros seront proportionnez au creu de chacun model. D'autant que nous diuisons le Diametre dudict creu en huict parties esgales, & en prenons cinq pour le Diametre du baston. Le reste est pour la cartoche de papier à contenir la composition laquelle sera roulée sur cedict baston, tant qu'elle puisse iustement emplir ledit creu. Puis il faut vn peu retirer en destournant ce baston, & entortiller d'vn tour & demy le bout de ceste cartoche, à vn, deux, ou trois poulces pres dudict bout, contre le baston, auec vne forte ficelle, ou cordelette, ou corde : le tout selon la grandeur ou petitesse des fuzées. Ceste ficelle ou corde sera attachée d'vn bout contre vn barreau ou quelque solide & ferme crochet, & de l'autre bout contre vne sangle qui seruira de ceinture à l'ouurier : ou bien ceste ficelle ou cordelette sera attachée à vn gros baston, pour le faire passer entre les iambes dudit ouurier, & en tirant & tournant peu à peu, il engorgera & estressira la fuzée, au moyen d'vne fausse culasse, ainsi que la figure le represente : Et le trou estant deuenu petit assez il le faudra lier d'vne ficelle pour le tenir en cét estat. Le baston moyen est vn peu plus petit que le premier, & est percé en long au bout, pour contenir en son creu la pointe de la culasse pour faire vn trou dans le fonds de la composition: Et ceste poincte doit estre longue d'vn tiers, ou vn peu plus de ladite fuzée. Ceste culasse à poincte sera mise dedans la base du model : & le baston percé mis dedans le model auec ladicte fuzée, l'on donnera cinq ou six coups de maillet sur ce baston, pour donner belle forme au col de la fuzée : Et alors vostre cartoche sera preste à charger. La composition l'estant aussi, vous en mettrez petit à petit dedans la cartoche mise au model, auec la culasse & la base. Et quand il y en aura vn peu, de la iettée il faut fort frapper sur ce baston percé au bout, en continuant cecy tant que le baston ne fasse plus paroistre que la poincte de la culasse y entre, & que la composition ait emply la hauteur de ladite poincte. Le tiers baston sera lors en vsage, lequel doit estre plus petit, mais de peu, & sera plus court que les autres. L'on les fait ainsi petits par degrez, afin qu'ils ne fassent nuls replis dans l'interieur de la fuzée, d'autant que cela la feroit casser. Le papier duquel on vsera sera le plus fort qu'on pourra auoir & qu'il soit doublement collé comme dit est. Autrement la fusée ne voudroit rien du tout. Et pour estre plus asseuré du papier, il le faut faire faire expressément, ou en coller deux fueilles en vne, auec de la colle faicte de fine farine, & eau claire, car cela importe beaucoup, & est necessaire. Et bien que la fuzée soit faicte auec du bon papier, si elle n'est bien percée, elle ne montera pas. C'est pourquoy les pointes sont mises dans les culasses : ou bien l'on peut percer les fuzées estans faictes, auec vn long poinçon, iusques au tiers d'icelle. Le plus grand secret des fuzées, c'est cela.

Des compositions des fuzees.

CHAP. IV.

SElon la grandeur ou petitesse des fuzées, il faut auoir des compositions. D'autant que celle qui est propre aux petites, est trop violente pour les grosses : à cause que le feu estant allumé dedans vn large tuyau, allume vne composition en grande abondance, & brusle grande quantité de matiere. Les fuzées qui pourront contenir vne once ou deux de matiere, autour pour leur composition ce que s'ensuit.

Prenez poudre d'Arquebuse vne liure charbon doux, deux onces Ou bien. Prenez poudre d'Arquebuze, & grosse poudre à Canon, de chacune vne liure. Ou bien, poudre d'Arquebuze neuf onces, charbon deux onces.

Autrement.

Poudre vne liure, salpetre & charbon de chacun vne once & demie.

Pour fuzees de deux a trois onces.

Prenez poudre quatre onces & demie, salpetre vne once.

Autrement.

Prenez poudre quatre onces, charbon vne once.

Pour fuzee de quatre onces.

Les serpenteaux sont faits de là composition suiuante, & est tres-bonne pour les fuzées de quatre onces.

Prenez poudre quatre liures, salpetre vne liure, & charbon quatre onces. L'on y adiouste quelquesfois vne demie once de soulfre.

Autrement.

L'on prend poudre vne liure & deux onces & demie, salpetre quatre onces, & deux onces de charbon.

Autrement.

Poudre vne liure, salpetre quatre onces, & vne once de charbon : Elles sont fort experimentées.

Autrement.

Prenez poudre dix-sept onces, salpetre & charbon de chacun quatre onces.

Autrement.

Prenez salpetre dix onces, poudre trois onces

& demie, auec autant de charbon. Les fuzées en sont vn peu lentes : Mais les suyuantes monteront plus viste, si vous prenez salpetre trois onces & demie, poudre dix onces, charbon trois onces.

Pour fuzee de cinq ou six onces.

Les fuzées de six onces se font de ceste composition : Prenez deux liures cinq onces de poudre, salpetre vne demie liure, charbon six onces, soulfre & limaille de fer de chacun deux onces ; Si l'on y adiouste vne once de limaille de fer, & vne once de charbon, la composition seruira pour huict, neuf, dix & douze onces.

Pour autre fuzee de 7 ou 8. onces.

Prenez poudre dixsept onces, salpetre quatre onces, & soulfre trois onces.

Pour fuzee de dix & douze onces.

La composition precedente seruira si vous adioustez vne once de charbon, & vne demie once de soulfre.

Pour 14. & 15. onces.

Prenez poudre deux liures & vn quart, salpetre neuf onces, charbon cinq onces, souffre & limaille, de chacun trois onces.

Pour

Pour fuzee d'vne liure.

Prenez poudre vne liure, trois onces de charbon, & vne once de souffre.

Pour fuzee de deux liures.

Prenez salpetre douze onces, poudre vingt onces, charbon doux trois onces, limailles de fer deux onces, & souffre vne once.

Pour fuzee de trois liures.

Prenez salpetre trente onces, charbon vnze onces, souffre sept onces & demie.

Pour fuzees de 4. 5. 6. ou 7. liures.

Salpetre trente vne liure, charbon dix liures souffre quatre liures & demye.

Composition pour les fuzees de 8. 9. & 10. liures.

Prenez salpetre huict liures, charbon deux liures & douze onces, soulfre vne liure & quatre onces.

L'on ne met point de poudre aux grosses fuzees, pour les raisons que nous auons specifiées: à cause aussi que la poudre estant longuement battuë elle se fortifie & se rend trop violente. Les plus grosses fuzees sont tousiours faictes de mixtion plus lente. Il faut soigneusement piller les drogues cy-deuant narrées, & les passer par le tamis chacune à part puis les peser & messer ensemble.

Apres que la fuzée aura esté emplie iusques à deux doigts pres du bord. Il faudra reployer cinq ou six doubles de papier sur la mixtion, donnant du baston & maillet dessus fermement afin de comprimer lesdits replis : dedans lesquels il faut faire passer vn poinçon en trois ou quatre endroits, iusques à la mixtion de la fuzée. Alors elle sera preparée pour y mettre vn petard d'vne boëtte de fer soudée, comme vous la voyez representée en la figure qui est au commencement du Chapitre 5. auec le contrepoids d'vne baguette attachée à chacune fuzee, pour les faire monter droittement. Si donc vous voulez y adapter ledit petard, (lequel doit estre plein de fine poudre) vous ietterez sur lesdicts replis percez, vn peu de composition de vostre fuzee, Puis vous poserez ledit petard sur ceste composition, par le bout que vous l'auez emply de poudre, & r'abbattrez le reste du papier de la fuzee sur luy. L'on fait vn autre petard plus facilement, en enfermant simplement de la poudre entre les susdits replis : mais ils ne se font si bien ouyr en l'air que le precedent. L'on met aussi des estoilles & autre chose deuant l'auant-creu de ce petard: desquelles nous traitterons au chapitre suiuant. La fuzée ainsi disposée, il la faudra lier auec vne baguette de bois leger, comme est le sapin, laquelle sera grosse, & platte au bout qu'elle sera attachée, en estressissant vers l'autre bout, ayant de longueur 6. 7. ou huict fois plus que ladite fuzée. Et pour voir si elle est disposée d'aller droict en l'air, il faudra poser la baguette à trois doigts pres de ladicte fuzée sur le doigt de la main, ou sur quelque autre chose: Si alors le contrepoids est égal à la fuzée, & bien liée auec sa baguette. Autrement il faut changer de baguette, ou en diminuer si elle est plus pesante que la fuzee. Ces baguettes doiuent estre droictes, & celles de saulx longuettes & droictes, & peuuent seruir pour les petites. Si les fuzees sont trop fortes, il les faut corriger en y mettant du charbon d'auantage. Et si elles sont foibles, paresseuses, & qu'elles fassent l'arc en montant, diminuez le charbon.

Des Estoilles, & autres choses que l'on met aux testes des fuzees.

Chap. V.

NOus n'auons voulu celer à la posterité, la composition des estoilles, comettes, & autres choses que l'on met assez souuent aux fuzées pour se faire paroistre apres que lesdictes fuzées ont fait leurs operations. La donnant gratuitement encor que nous ne l'auons obtenu à si bon prix. Voicy le moyen de la faire.

Prenez vne demie once de gomme adragant, (que les Apoticaires appellent tragagant) & la faites griller & fort rostir dedans vne cueiller de fer sur le feu, tant que ceste gomme puisse estre redigée en poudre, & tamisée. Destrempez ceste gomme dans vn plat sur le feu auec vne demie chopine d'eau de vie: & comme l'eau sera fort visqueuse, il la faudra passer par vn linge net, & en tordant le fort presser. Prenez camphre quatre onces, & le dissoudez aussi en eau de vie. Meslez ces deux dissolutions ensemble, puis y iettez peu à peu (en bien remuant) les poudres suyuantes.

Prenez salpetre vne liure, soulfre vne demie liure, poudre trois liures, sublimé deux liures, anthimoine vne liure, charbon doux vne demie liure, limaille de fer ou d'acier, & ambre blanc, de chacun vne liure. Le tout soit desseiché lentement sur vn petit feu de charbon (car ceste matiere est fort susceptible du feu,) vous en formerez des morceaux de telle grosseur qu'il vous plaira. L'on peut mesler les poudres sans la gomme, auec huile petrolle, pour les incorporer, & les desseicher lentement sur vn petit feu de charbon.

Autre description d'Estoiles.

Prenez gomme adragant deux trezeaux dissouds comme dessus en eau de vie, camphre trois trezeaux dissouds comme dit est. Puis meslez en poudre ce qui s'ensuit.

Poudre fine vne once, soulfre demie once, limaille de fer, cristal grossierement pilé, ambre blanc, anthimoine, sublimé, & orpiment, de chacun vn trezeau, mastix, oliban, & salpetre, de chacun vn trezeau & demy. Soit fait comme dessus.

Autre description d'Estoiles.

Prenez soulfre deux onces & demie, salpetre six onces, poudre tres-fine cinq onces & demie, oliban, mastix, cristal & sublimé, de chacun demie once, ambre blanc vne once, camphre vne once, anthimoine & orpiment de chacun six trezeaux, gomme adragant & eau de vie pour la dissoudre, auec ledict camphre, & pour en imbiber vos poudres, tant qu'il suffira, en y adioustant vn peu de poudre de charbon. Soit fait selon l'art.

Autre description de belles Estoiles.

Toutes les compositions d'Estoiles precedentes sont noires, & les presentes sont iaunes. Prenez gomme adragant, ou gomme arabique broyée & passée par le tamis quatre onces, camphre dissouds dedans vne demie chopine d'eau de vie, deux onces, salpetre vne liure & demie, soulfre vne demie liure, verre grossierement pilé quatre onces, auec vne once & demie d'ambre blanc, & deux onces d'orpiment. Cela fait vn beau feu. Il durera d'auantage, si vous dissoudez la gomme : mais le feu n'en est si beau.

Les seuls morceaux de camphre estans allumez font vn feu extrémement clair. Toutes ces Estoilles se mettent en morceaux bien desseichez dedans les testes desdictes fuzées : mais il les faut enuelopper de chanure, & la broüiller dedans la poudre battuë auant que de les y mettre. Si vous enfermez des petits petards de fer dedans ces Estoilles, elles leur feront donner vne scopeterie en l'air. Comme vous ferez representer vne comette, si vous enfermez dedans vne grosse estoille vn canal, ayant son orifice estroit d'vn costé, comme vne petite fuzée, & l'emplissez de sa composition lente le bout plus estroit de ce petit canal, estant au dehors de l'estoille, & posé du costé des replis internes de ladite fuzée.

Les testes des grosses fuzees sont quelques-fois remplies de plusieurs petits serpenteaux, (ce sont tres petites fuzees, emplies de la composition des fuzées, de quatre onces, & n'ont point de baguettes) & les fait beau voir viruolter en l'air. L'on enferme aussi souuent des estoilles petites, ou des petits morceaux de camphre dedans les testes de ces serpenteaux, ou des petits petards, & cela recrée fort les assistans. Si vous mettez dedans les testes des grosses fuzées du parchemin couppé en petit filet long, ou des cordes de luth, ou des petits fils de fer faits en forme de chiffre, & que cela soit trempé dedans force camphre dissouds en peu d'eau de vie. Ils n'auront moins de contentement.

Des fuzées qui sont portées par des cordes.

CHAP. VI.

IL y a diuerses façons de fuzées qu'on fait voler sur des cordes, & ornées de plusieurs figures : Il y en a aussi de simples & de composées. Les simples sont emplies de leur composition, iusques au milieu. Puis l'on met vne petite rotule, ou vne separation sur la composition, & l'on fait vn trou au dessous de ceste separation, qui correspond à vn fort petit canal plein de composition, qui se va terminer à l'autre bout de ladite fuzee, laquelle est aussi emplie, tellement que le feu estant finy au milieu du chemin, il allume l'autre bout de la fuzée, & la fait retrograder. Comme il se void par la figure. Laquelle represente aussi vne double fuzee, ayant la teste de l'vne attachée contre le col de l'autre, couuerte d'vne chappe de toille cirée, ou autre chose pour empescher le feu : & font le mesme effect que la precedente. Ces fuzees sont attachées à vn petit Canal de roseau, qui reçoit la corde. De ces fusees se font les dragons, serpents & autres figures d'animaux. Il faut à ceux-cy deux ou trois fuzees, comme soubs les aisles & sur le dos. Et sont portees par cordes diuerses & annelets. A ces corps l'on donne diuerses couleurs; & si l'on peut mettre des chandelles de cire dedans leurs creux, car ils ne sont couuerts que de papier huilé depuis qu'ils sont faits. Cela recrée fort. Les testes de toutes sortes de fuzees peuuent estre remplies de compositions diuerses, outre celles que nous auons specifiées : Comme de pluye d'or, de plusieurs morceaux de roche à feu, des longs cheueux trempez dedans icelle lors qu'elle est fonduë, des noisettes vuides, & emplies de composition de fuzee; & si les fuzees sont grosses, des balles sautantes que nous descrirons cy apres, & d'vne infinité d'autres choses recreatiues. Specialement aux fuzées que l'on iette en l'air. Nous delaissons les fuzees qui ont des branches d'épines couuertes de roche à feu, au lieu de baguette. D'autant que cela sert plustost à mettre le feu en quelque lieu qu'autrement. Encore que cela puisse recreer sans faire dommage.

Des combats nocturnes.

Chap. VII.

Les rondaches, les cimeterres, les masses à feu, les gourdines, & choses semblables sont les armes dequoy se font les combats de nuict. Les gourdines sont comme masses à feu, (entre lesquelles aussi nous les representons) & sont construites auec vne sorte de panier, plein de petites fuzées, collées & accommodées en ligne spirale, afin que le feu s'y puisse prendre l'vne apres l'autre & les enuoyer par l'air en roulant & s'esclattant

Les masses à feu sont diuerses, & en faisons de trois sortes, l'vne en coquille spirale, l'autre oblongue, & l'autre en masse. Toutes ces masses sont creuses, pour mettre de la composition, & sont percées en diuers lieux, qui reçoiuent des fuzée qui sont collées, & sont allumées en diuers temps par la composition interne. Les cimeterres sont de bois, faits en coutelas courbez, ayant le dos large & creux pour receuoir plusieurs fuzées, la teste d'vne pres le col de l'autre, bien collées & arrestées : Afin que le feu ayant consumé la matiere d'vne, l'autre en soit allumée. Les rondaches sont planches de bois rondes, ou en escussons, lesquelles sont canelées en lignes spirales, pour y mettre de l'amorce à porter le feu d'vne fuzée à l'autre. Ceste planche est couuerte d'vne subtile, couuerture de bois, ou de carton, percée aussi en ligne spirale, pour coller les fuzeés à l'endroict de la ligne canelee. Deux hommes, ayant chacun vn de ces coutelas en main, auec la rondache, & quelques autres hommes armez de masses, si l'on veut emplir l'air d'auantage de flammes volantes auront de la roche à feu allumée dans vn creuset en vne grande place, l'vn desquels allumera son coutelas en la roche : & allumera du bout de son coutelas, le bout du coutelas de l'autre. Cela estant allumé il ne faudra que s'escouër les bras de bas en haut. Et ils feront vn beau spectacle : car l'air semblera estre plein de flammesches & de langues de feu. Le Soleil à feu est aussi en vsage en ces combats, lequel est fait en forme de rouë, telle qu'il se void representé en la figure suiuante chap 8.

Des roues à feu.

CHAP. VIII.

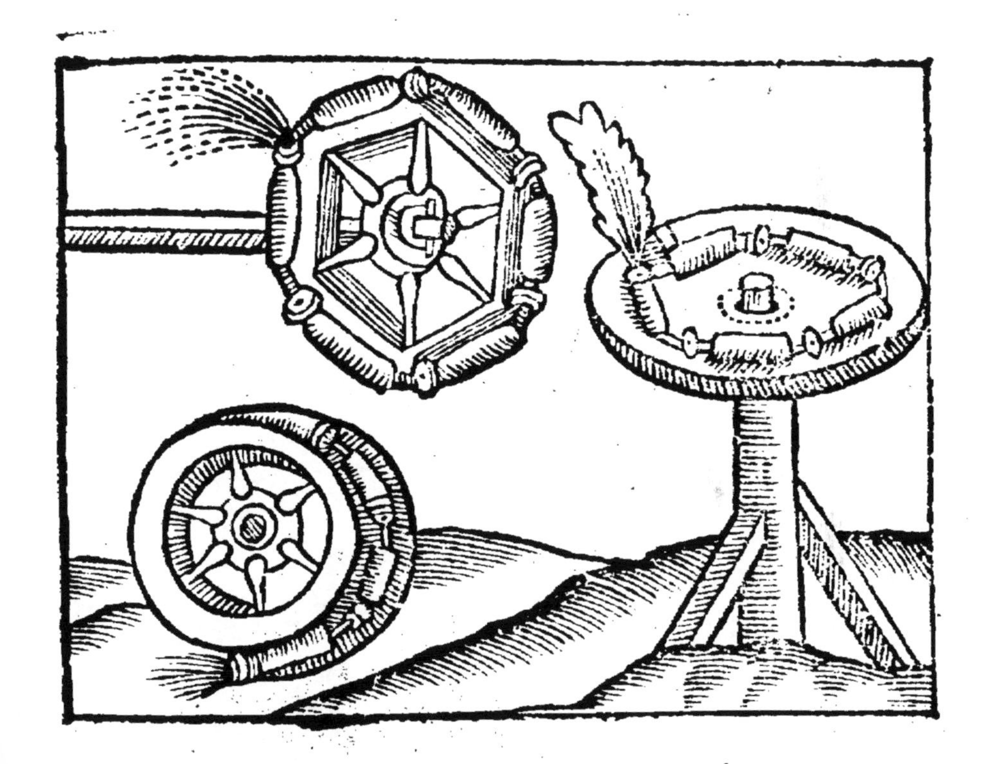

NOus representons trois sortes de roües mobiles, entre les feux mobiles, sçauoir vne ronde, vne à plusieurs pans, & ces deux sont propres pour monter ou descendre par vne corde, à fin d'allumer quelque artifice, & la troisiesme est platte, pour se mouuoir sur vn pal. Toutes ces rouës sont armées de fuzées, la fin d'vne desquelles allume le commencement de l'autre. Le feu fait tourner en rond ces rouës. Et la ronde, est celle que cy deuant nous auons appellé soleil de feu. Si ceste rouë est posée sur vn pal, ayant vne largeur au dessous de la rouë, pour empescher qu'elle n'approche pres de celuy qui la porte, elle tournera & representera vn soleil, aux combats de nuict.

De diuerses lances à feu.

Chap. IX.

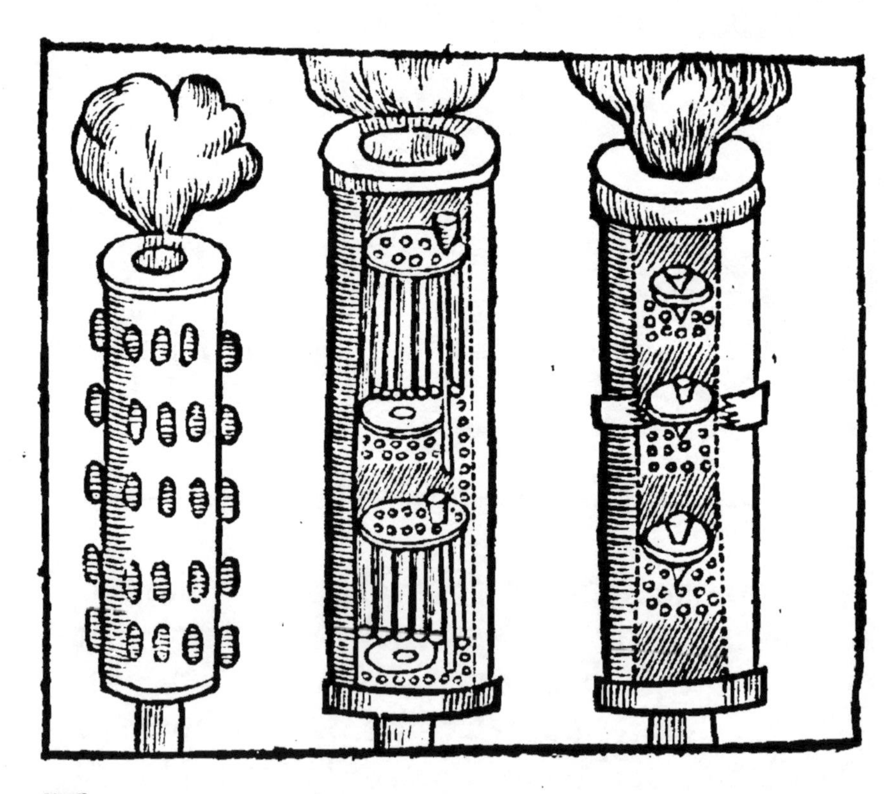

Les lances à feu, seruent souuent aux combats nocturnes, tant pour ejaculer des fuzées, que pour faire vne scopeterie. Ces lances sont des tuyaux ou canons de bois creux, & percez en diuers endroits, pour contenir les fuzees ou les petards qu'on y applique, selon que la figure vous represente de diuerses sortes, & sur le model desquelles, il est facile d'en inuenter & adiouster d'autres. Ces bois creux sont emmanchez auec de bons bastons bien retenus, pour n'eschapper par les mouuemens violents des agissans.

Le Canon 2. contient en diuers trous des fuzees qui sautent en l'air à mesure que la composition qui est au creu les allume. Le canon 1. est plein de composition en son creu, & percé en plusieurs lieux en ligne spirale, en chacun trou, le bois est diminué auec vne couge demie ronde, pour faire vne capacité pour y loger des tuyaux de carton pleins de poudre fine, couuerts de tous costez de poix noire, excepté vn petit trou d'amorce. Tous ces petards seront donc attachez en ces creux, auec de la poix noire comme dessus. Et quand le feu mis en la composition abordera en l'endroict d'iceux, ils seront allumez, & donneront leurs coups tandis que le feu du canal s'espuisera. L'autre Canon 3. est vn canal simplement creu: Mais il est emply lict sur lict, de poudre grainee, & de composition lente. Entre lesquels il y a vne roüelle de carton percée du diametre dudit creu, auec vne de drap surpassant le bord, & vn canal de fer blanc, de la grosseur d'vn fer d'esguillette. Ainsi que la figure le monstre. Ces roüelles se colleront sur la composition contre les parois dudit creu. Quand le feu vient de ladicte composition au canal (lequel en est plein) il est porté à la poudre, laquelle donne son coup, en allumant la seconde composition. continuant ainsi tant que ledit canal est vuidé.

Mais si vous voulez que l'vne de ces lances

iette en vn instant diuerses fuzees. Disposez son fonds, qu'il soit plein de composition, auec vn canal de carton plein d'icelle, posé au long du bois en l'interieur: emplissez tout le reste du creux des fuzees; puis les couurez bien (moyennant que vostre canal paroisse) mettez de la composition dessus, & chargez le reste de telle façon que vous iugerez estre commode, & à choisir. Le feu ayant rencontré le canal, penetrera iusques au fonds, & fera esleuer toutes ces fuzées. La lance iettera encor vne balle à feu, auec tout cecy, si ledit canal passe plus bas, ayant vn trou pour brusler l'amorce de la composition des fuzees, & que ledit canal poursuiue iusques à vn autre lict de composition. Entre quoy sera ladite balle. Ces feux sont du nombre des composez & mobils.

Des balles à feu.

CHAP. X.

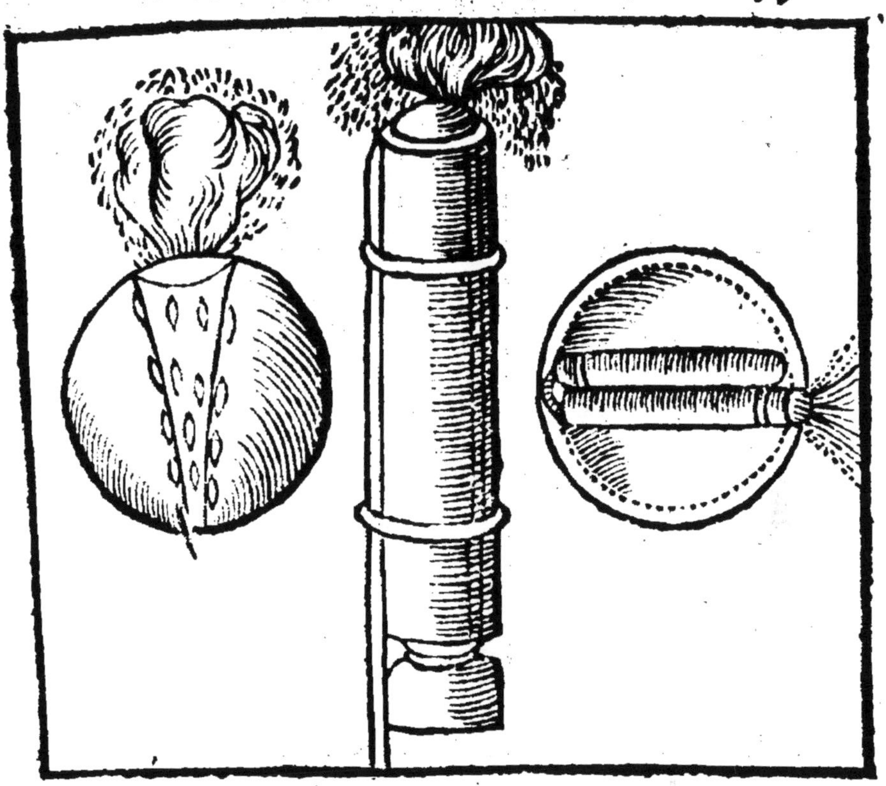

ENtre toutes les balles mobiles, nous auons choisi les trois suiuantes, pour seruir deschantillon à ceux qui en desireront faire d'autres. La premiere est faicte de plusieurs petites fuzée, attachées la teste d'vne contre le col de l'autre: puis le globe estant fait, & couuert de deux demis globes de papier bien aglutinez de poix noire (excepté le trou pour mettre le feu en la premiere fuzée) soit allumé. Ceste balle roulera par terre entre les iambes des assistans. La seconde semblera courir çà & là en l'air, si vous prenez vn canal de fer du Diametre de vostre balle, percé en plusieurs lieux en ses enuirons, comme en ligne spirale; contre lequel il faudra conioindre autant de petits petards de carton (comme la figure le monstre) qu'il y en pourra auoir. Faictes vn globe de cela, & le couurez comme dessus, ne l'aissant qu'vn trou au canal, qui sera plein de poudre pillée, soulfre, & vn peu de charbon. Ceste balle allumée soit iettée dans vn mortier promptement, ou l'enuoyez en l'air dans la teste d'vne fuzée, & il semblera qu'elle soit portée çà & là, (à cause du mouuement desdicts petards) & donnera plusieurs coups en l'air. La troisiesme est la pluye d'or, de laquelle nous ne traictons pour le present, pour estre assez commune.

Des feux immobils.

CHAP. XI.

LES feux de ioye immobils, sont de diuerses sortes: Mais nous nous contenterons d'en escrire de plusieurs vn peu. Entre les feux immobils & de recreation, nous comptons les collosses, arcades, pyramides, cartosses à feu, chars de triomphes & leurs semblables. Lesquels sont couuerts de roche à feu, ornez de diuers feux artificiels. Comme pots à feu, qui produisent en l'air plusieurs impressions & figures, des fuzées simples & doubles, des estoilles, chiffres, & autres choses. Les bancs armez de diuerses fuzées, les flambeaux de senteur, les oiseaux de cypres, les feux à lanterne, les chandelles de diuers vsages. Et faudroit estre trop prolixe pour specifier par le menu les compositions de tout ce qui appartient aux feux immobils

bils

bils. Encor moins representer les figures de ces choses. Parce que elles sont faites selon l'imagination & la volonté de ceux qui les construisent. Ce qui sera cause que nous n'appliquerons icy aucunes de ces figures. Parce que amplement nous auons parlé des feux: Nous donnerons seulement en ce lieu, la description des feux de senteur, pour former tel corps qu'on voudra.

Des feux de senteur.

Prenez styrax, benjoin & sandarac, de chacun deux onces, encens, oliban & mastix, de chacun vne once ; tamach vne once & demie de charbon doux, trois, cloux de girofle, vne once & deux trezeaux. Le tout en poudre subtile soit meslé auec gomme adragant, dissoude en eau de rose, pour en former des pastilles de telle grosseur qu'on desire.

Si c'est pour mettre dedans quelque lanterne de fer, pour allumer dedans vne ruë, lors qu'vn grand Seigneur y veut passer la nuict, il faudra mesler ces poudres, auec de la therebentine ; deux liures de poix raisine : mais si c'est pour faire des flambeaux, il faudra ioindre lesdictes poudres, auec la cire, la poix resine, & vn peu de poix blanche.

Des feux qui operent dedans & dessus les eaux.

CHAP. XII.

NOus auons traicté par cy-deuant des compositions de plusieurs feux qui operent dedans les eaux, & sur icelles: auquel lieu, l'on pourra auoir recours pour les compositions des feux que nous desirons de faire voir en ce lieu. Nous faisons donc voir icy vne figure pour toutes, d'vne piramide armée de diuerses fuzées, & en diuers estages, auec vne boule au comble d'icelle, peine d'autres petites fuzees chargees les vnes d'estoilles, les autres de ce qu'on voudra. Ceste pyramide est de bois, assise sur vn ou deux batteaux pour la supporter de part & d'autre d'icelle, nous representons aussi des balles pour brusler dans l'eau, de diuerses sortes. Entre lesquelles est vne balle armée plusieurs petards de carton. Ces petards sont conſus, ou collez, & couuerts de poix, quand ils ſont emplis de fine poudre. Puis l'on fait vn pertuis dans iceux iuſques à la poudre, pour les adapter contre vne balle de bois creuſe & longuette, pleine de compoſition propre pour bruſler dans les eaux, comme eſt la ſuiuante. Prenez maſtix, vne part, encens blanc, vernix en larme, ſoulfre camphre, & poudre d'arquebuſe, de chacun trois parts, colophone deux parts, & neuf de ſalpetre. Le camphre ſera mis en poudre auec le ſoulphre (ou auec du ſel) tout le reſte ſoit pillé & tamiſſé, puis meſlé auec huile petrolle, pour vn peu eſtre humecté. Contre ceſte boule ſeront pluſieurs pertuis, comme pour paſſer vn tuyau de plume: A l'endroit deſquels le bois de la boule ſera caué, iuſques aupres dudict creux, ces petards y ſeront collez, puis couuerts de poix noire par tout. Au lieu d'iceux l'on y pourra mettre des petites balles à feu, faites de toille, emplie de la ſuſdite compoſition, & couuertes de poix, en y faiſant vn trou d'amorce, & adaptées comme les petards ſuſcrits. Nous repreſentons encor vne balle longue de trois quarts de pied, & creuſe pour y loger la compoſition precedente: Sur ceſte compoſition l'on faict pluſieurs fuzees ou ſerpenteaux, pour en emplir toute la cauité: ces fuzees ſont couuertes de toille cirée & collee contre les parois externes de ladicte balle. Au fonds de ceſte balle, eſt vn canal oblique, emply de la meſme compoſition, lequel, peut venir au niueau de l'eau, le contrepoids (pour la tenir droicte) y eſtant obſerué. Le feu y eſtant mis, & la balle iettee en l'eau, elle bruſle la compoſition qui eſt au deſſous des fuzées: & quand le feu arriue à icelles, il les enuoye en l'air, & tombent sur la surface de l'eau, auec admiration des assistans.

Nous representons aussi vn balle simple, faite en poire, auec vn manche creux. A ceste balle creuse l'on met quelques morceaax de fer, plomb, ou autres corps pesants, pour luy donner du contrepoids. Le reste du creux est plein de la susdite composition, puis le manche creux en est emply, ensemble de la poudre pilée. Puis le tout est couuert de poix noire. Le feu y estant mis l'on là tiendra iusques à ce qu'elle sifflera fort, puis la ietterez en l'eau.

Mais si vous desirez qu'vne balle brusle au fonds de l'eau. Emplissez vn sachet de toille auec ce qui s'ensuit.

Prenez soulfre vne demie liure, poudre non grainée neuf onces, salpetre bien affiné vne liure & demie, camphre deux onces, vif argent mis en poudre auec le soulfre, vne once. Le tout en poudre tamissee soit meslé auec la main, & vn peu humecté d'huile petrolle, ou de lin. La balle en estant bien emplie & serrée, le trou soit cousu, la balle arrondie, & couuerte de poix de tous costez. Faites vn trou dans icelle, qu'emplirez de poudre battuë, & liez auec fil de fer, du plomb, ou vne pierre. Allumez l'amorce quand vous voudrez. Et alors qu'elle sifflera iettez-là dedans l'eau.

Toutes ces compositions sont asseurees, & n'en donnerons à present point d'autres. Lesquelles pourront seruir à toutes sortes de feux que l'on voudra faire brusler sur l'eau. Les figures que nous auons icy apposées sont en petit nombre, d'autant que chacun en peut bastir à sa fantaisie, & ce qui plaist à vn, desplaist à l'autre. Cecy donc suffira, puis que lesdites compositions ne manqueront iamais de produire l'effect dont nous auons assez amplement traicté.

De quelques choses recreatiues touchant les feux

CHAP. XIII,

VIgenere, sur les Commentaires de Philostrate, affirme que le vin enfermé dans vn buffet, auquel l'air ne puisse sortir, s'il est mis dans vn plat, sur vn rechaud plein de gros charbons allumez, pour en faire exhaler l'esprit & le laisser ainsi sans l'ouurir plusieurs années, voire iusques à trente ans. Il se fera que celuy qui l'ouurira, s'il a vne bougie allumée, & qu'il la mette dedans ce buffet, qu'elle fera paroistre en iceluy plusieurs figures d'estoilles fort claires. Mais si vous faictes euaporer de l'eau de vie auec du camphre dissoud en icelle dans vne chambre bien fermée, & où il n'y aye d'autre feu que de charbon, le premier qui y entrera auec vne chandelle allumée, sera estonné extremément. Car toute la chambre paroistra en feu fort subtil : mais de peu de durée.

Les chandelles trompeuses sont faites à demy de poudre grainée, amassée auec fort peu de suif pour la lier seulement, puis ceste moitié inferieure formée en chandelle, là dessus sera faict auec suif ou cire, le lumignon ordinaire. Le feu ayant consummé la matiere iusques à la poudre, elle sera allumée: Non sans grand bruit & estonnement.

Des autres feux recreatifs.

Chap. XIV.

LEs lieux situez pres des riuieres, ou de quelques grands estangs, sont propres à faire sur iceux plusieurs feux de recreation: Et s'il est necessaire d'y faire quelque chose de beau, cela se faict sur deux bateaux, sur lesquels sont erigez des maisonnetes de bois, ou quelques petits chasteaux pour receuoir en leur exterieur diuerses sortes de fuzées. Ainsi que la figure le represente. Et dedans leur interieur, l'on y peut faire ioüer diuers feux diuers petards, ietter plusieurs grenades simples, des balles à feu pour brusler dans l'eau, des serpenteaux & autres choses. Et souuent l'vn de ces Chasteaux est attacqué par ceux qui gardent l'autre, auec Lances à feu, Coutelas, Rondaches, Masses, & autres feux artificiels, seruans aux combats nocturnes. Ce qui donne beaucoup de contentement aux yeux des spectateurs, & souuent se bruslét l'vn l'autre, par des fuzées iettées dextrement d'vn bateau sur vn autre. Or d'autant que ceste dexterité est propre à la guerre, tant pour brusler des Nauires, maisons, ou pour autre chose, nous auons fait vn petit chapitre à part, du moyen de tirer droitement vne fuzée, d'vn lieu en vn autre.

Comme l'on peut tirer droittement vne fuzee Orizontalement, ou autrement.

CHAP. XV.

CEcy est propre à vne gageure: Il faut auoir vne composition de fuzée bien asseurée, selon le poids & grosseur que vous luy voulez donner, à fin de ne faillir en vostre entreprise. Disposez vostre dite fuzée, montée auec sa baguette bien proprement, sur vne planche polie, & qui puisse aller en basculant & tournant à vostre volonté. Ainsi que vous pourrez voir par la figure que nous vous representons. Ceste planche soit montée sur vn trepied, ayant vne courte chenillette pour iouër & entrer facilement dedans vn trou faict en ladite planche. Puis visez & mirez où il vous plaira, & asseurez la planche sans qu'elle se puisse mouuoir. Amorcez & mettez le feu, elle ira droict au lieu desiré, pourueu que la composition soit bonne: Et que la distance ne soit si grande que le feu (à faute de matiere) ne la puisse porter.

Des feux mouuans sur les eaux.

CHAP. XVI.

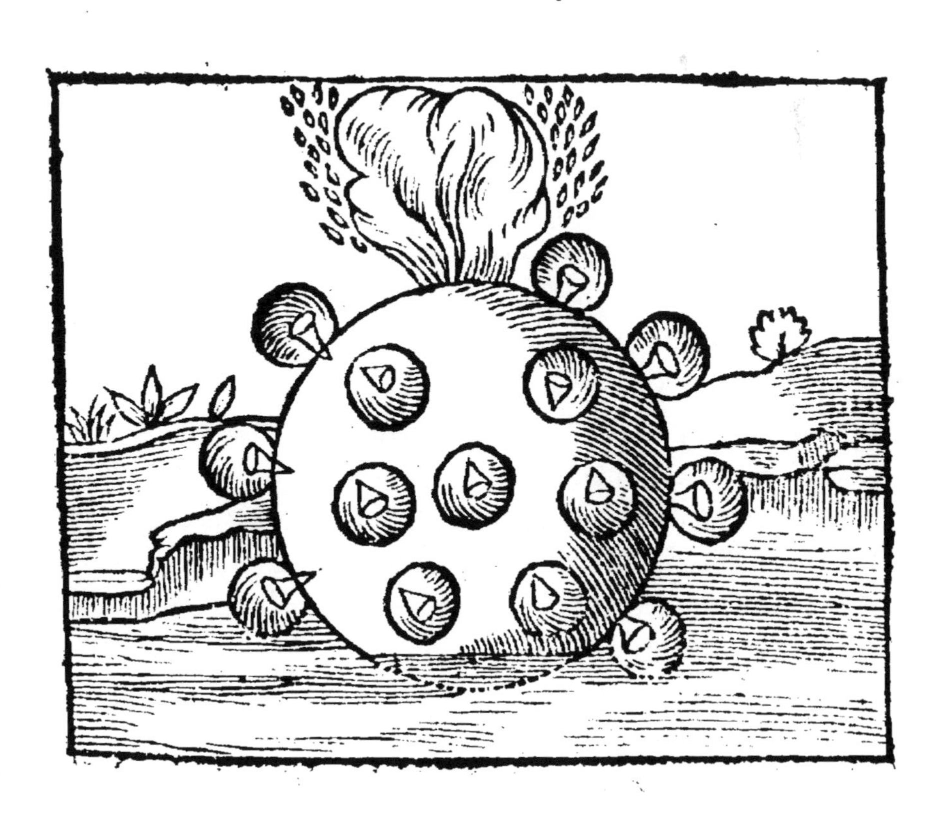

PAr ceste presente figure nous vous donnons vne balle farcie : Laquelle composée d'autres petites balles semees tout autour, & pleines de composition, lesquelles rendent vn merueilleux & admirable effect. Il faut auoir des petits canaux de fer blanc, comme des tres-petits entonnoirs. le plus gros desquels ne doit estre plus espois qu'vne petite chasteigne. Ces canaux sont percez en plusieurs lieux, aux trous desquels sont adaptees des petites balles pleines de composition de feu pour eau, ainsi que deuant nous auons traicté. Toutes ces petites balles seront percees fort profondement, & assez largement, bien couuertes de poix, excepté ce trou, dans lequel au commencement sera mis vn peu de poudre non battuë. Ces canaux seront emplis de composition lente, mais propre à brusler en l'eau, ramassez ensemble pour en faire vn globe, & les trous des canaux correspondront aux trous des petites balles. Couurez le tout de poix noire & de suif de mouton, percez ceste balle à l'endroict du plus grand canal, (auquel tous les autres doiuent correspondre) iusques à ladite composition, & la iettez en l'eau quand elle commencera à siffler. Le feu venant à l'endroict des pertuis allumera la poudre grainée, laquelle fera separer & voler çà & là tantost vne petite balle ou deux, ou trois, ou quatre, ou plus, selon sa composition, & ladite poudre grainee en allumera encor d'autres. Lesquelles brusleront toutes dedans l'eau, auec estonnement & au grand contentement de ceux qui s'y trouueront.

Admirable inuention de faire vne fuzee qui s'allumera dans l'eau, y bruslera iusques à la moitie de sa duree, & de là prendra le haut de l'air d'vne vistesse incroyable : & toutes-fois n'y entrera que d'vne seule & mesme composition.

CHAP. XVII.

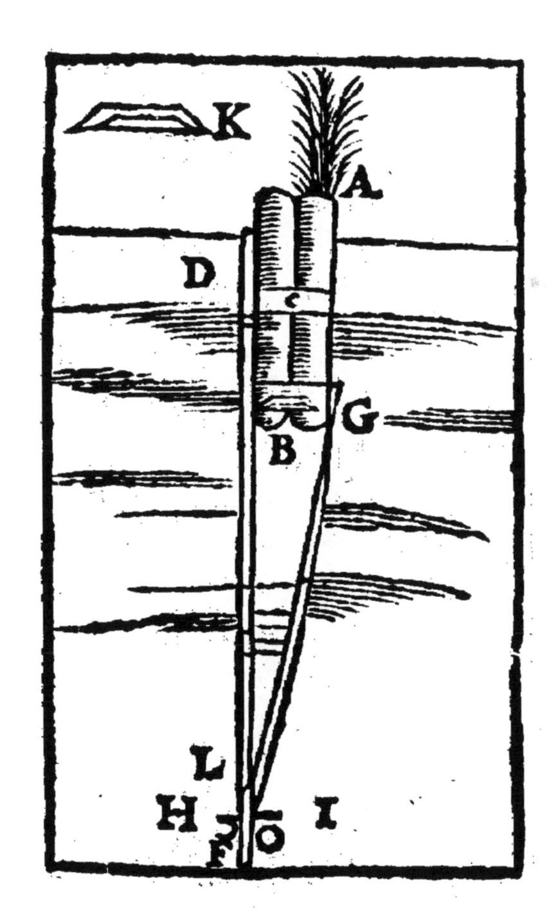

POur paruenir à vne exacte operation de ceste proposition : Il faut premierement faire deux

Cartoches esgales, par la voye qui a esté enseignée dans le traicté des fuzees chap. 3. les remplir de la meilleure composition qu'on pourra choisir parmy la la grande diuersité qui en a esté cy-deuant enseignée: Puis les joindre l'vn à l'autre auec de la colle, seulement par le milieu C. en sorte que le feu puisse aller librement de l'vne en l'autre, estant premierement allumé en A. & paruenu en B. se communiquent de l'vn à l'autre, par le moyen d'vne petite canulle ou conduict, soit de plume ou de roseau : mais couuert de papier, & appliqué si dextrement, que l'eau ne puisse estaindre le feu, (laquelle doit estre faite de ceste façon,) cela fait, vous attacherez vos deux fuzees à vne houssine en D. qui les puisse mettre en equilibre, estant de longueur & de grosseur proportionnée à leur pesanteur: Puis vous aurez vne fiscelle qui sera nouée en G. aura vn anneau en H. où pendra vne balle d'arquebuse, & sera arrestee d'vne aiguille ou fil de fer, trauersant la baguette comme I. L. à present, si vous mettez vostre fuzée dans l'eau, la queuë en bas, & que vous l'allumiez par A. elle n'en sortira point, iusques à ce que le feu paruenu en B. se coule dans l'autre par B. Car alors suiuant sa naturelle inclination, de monter en haut pour trouuer son centre il partira ceste seconde fuzée droit en l'air, qui laissera l'autre dans l'eau, par l'effort qu'elle fera en partant, à l'aide de ceste balle, qui prendra à la fiscelle susdite) l'empeschera de la suiure par sa pesanteur.

FIN.

RECVEIL DES PRINCIPALES Recreations de Mathematique, contenuës en la seconde partie de ce liure, selon le nombre des Problemes.

En faict d'Arithmetique, Seconde partie.

En faict d'Astrologie, Seconde partie.

En fait de Geometrie, Seconde partie.

En matiere d'Optique. Seconde partie.

En faict de perspectiue, Seconde part.

En matiere de Chimye, Secon. part.

Faire

Touchant les Mechaniques. Seconde partie.

Fin de la table de la seconde partie des Recreations Mathematiques.

TABLE DES CHAPITRES, contenus en la troisiesme partie des Recreations Mathematiques, des Feux d'Artifice.

PREMIEREMENT.

Fin de la Table de la troiſieſme partie.

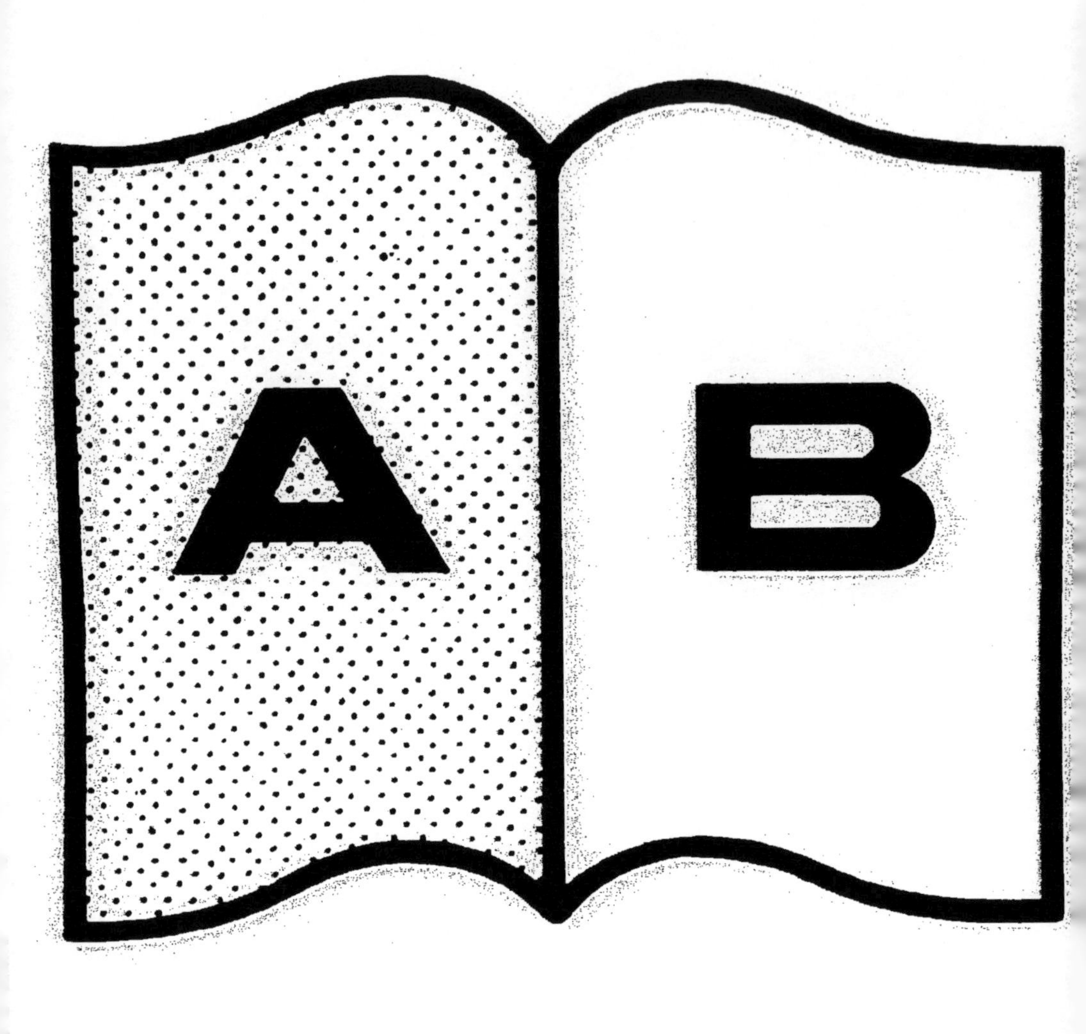
A
B

Imprimé en France
FROC032025270520
24120FR00017B/482

9 782012 662919